"十二五"国家重点图书出版规划项目

Resemblance and Principles of Similarity

相似性和相似原理

第 2 版

李铁才　李西峙　编著

U0223263

哈尔滨工业大学出版社
HARBIN INSTITUTE OF TECHNOLOGY PRESS

内容简介

本书由相似的世界、事物的相似性及相似原理基础、生物的相似性、思维的相似性、宇宙定律与相似原理、相似原理的特殊应用6章组成。本书用数学、逻辑、思辨的方法构建相似原理的定理群和方法论；从相似的角度，探讨自然事物和抽象事物。书中公开了大量具有应用价值的科学技术和方法。

本书可作为理工科大学本科生及研究生开阔视野、启发创新思维能力的技术参考书，也可为相关领域的研究人员和工程技术人员提供研究问题的新视角和新方法。

图书在版编目(CIP)数据

相似性和相似原理/李铁才,李西峙编著.—2版.—哈尔滨:哈尔滨工业大学出版社,2019.9

ISBN 978 - 7 - 5603 - 8254 - 8

Ⅰ.①相… Ⅱ.①李… ②李… Ⅲ.①相似性理论 - 研究 Ⅳ.①O303

中国版本图书馆 CIP 数据核字(2019)第 101798 号

责任编辑　王桂芝

出版发行　哈尔滨工业大学出版社

社　　址　哈尔滨市南岗区复华四道街 10 号　邮编 150006

传　　真　0451 - 86414749

网　　址　http://hitpress.hit.edu.cn

印　　刷　哈尔滨市石桥印务有限公司

开　　本　787 mm×1092 mm　1/16　印张 15.5　字数 400 千字

版　　次　2014 年 9 月第 1 版　2019 年 9 月第 2 版　2019 年 9 月第 1 次印刷

书　　号　ISBN 978 - 7 - 5603 - 8254 - 8

定　　价　78.00 元

再 版 前 言

本书 2014 年第一版发行数量十分有限,在小范围产生了一些影响。有读者来信希望再版,让更多人能够分享和思考这些内容。本书涉及面广,可以延伸的知识很多,其应用潜力很大。作者本人仅仅开展了神经元并行计算机语言(NPL)一项研究就耗时 15 年之久,所幸这项研究可以部分展现和仿真"相似性和相似原理"的应用。更可喜的是,已经有数十万人,特别是青少年儿童直接或间接参与了这项有意义的工作,创作出了大量作品。此次再版,在第 6 章中增加了关于思辨相似的研究内容,并介绍了相似性和相似原理在人工智能和编程教育领域的应用成果。

在人类目前的科学史上,科学界对于相似的分析是持排斥态度的。但是,每一个科学家都在自觉不自觉地利用"相似现象"。物理学是科学最重要的部分,迄今人类拥有的物理学理论体系(包括牛顿力学)是由几个世纪的成千上万著名和不著名的科学家共同建立起来的,它从来都是暂时完美的、暂定的理论,这些理论通过人类无数次的摸索、探究和推敲,才慢慢地进展到今天的理想形式。

在人类建立物理学体系的时候,我们常常处于矛盾的两难:一方面尽可能排斥相似的表面现象;另一方面又必须寻找相似的根源。所建立的新理论,一方面以它的创新和区别为标志,而另一方面又要以它能解释相似现象的广度为标志。要把相似的本质与相似的表面现象分开的唯一手段就是寻找事物的因果关系。

有志青年不要以挑战和推翻物理学历史为动力,没有一个人能够改变科学的历史,而要以完善和发展物理学为使命,去努力思考和实践,勇于提出自己的看法,这才是科学工作者的基本素质和科学态度。

人类科学的进步从来都不依赖于革命或颠覆前人的论述,人类科学的进步是连续的、渐进的、群体的。人类建立的物理学定律与数学定律不同,任何物理学理论都是对于自然事物的抽象,你永远无法证明它未来的准确性。尽管过去和今天它与实验如此精确一致,但仍无法保证它们下一次可能产生矛盾的结果。哪怕找到一个和理论预言不相一致的观测事实,也需要重新审视它的正确性,因此物理学定律是暂时的、近似的、互补的、不断进步的。本人非常认可法国科学家里昂的类似看法,这些看法也构成了相似性和相似原理的科学态度。

今天科学技术如此发达,成果辉煌,有人认为爆发式的"奇点"临近;也有人认为,我们仍有大量最普通的现象无法解释,没弄清楚的问题还很多。悲观的论调认为,21 世纪人类科学发展到了可以预见的尽头,现有科学理论的"红利"已尽,人类似乎看到了科学发展的终点。因此,人们期盼有新的科学理论出现。本书认为这要靠大家一起努力,一起思考,一起实践,为科学进步和发展添砖加瓦,共同迎接和创造 21 世纪"宝瓶座新纪元"。

有的时候我们可能会问以下问题：

（1）奇妙的自然世界，如何用科学的方法来表达和描述？

（2）人类思维想象出来的世界，也可以用数学表达和描述吗？思维到底是什么？思维的本质、思维的过程、思维的特点是什么？

（3）有没有统领宇宙万物的最基本的规律？这些基本规律是什么？

（4）为什么物体之间存在万有引力？它是怎样产生的？牛顿怎么没有讲清楚？

（5）真空中光速为什么不变？光子有质量吗？光子的质量到底是多少？

（6）任意事物之间都有关系吗？如何找到那些类型、性质不同的事物之间的关系，并表达和描述这些关系？若如此，世界上的什么事情都清楚了吗？

（7）仅仅了解过去的一点事情，就能精确预见事情的今天和未来吗？

（8）那些类型、性质不同的事物之间是如何互相影响的？这些影响也可以预见吗？

（9）我们有能力证明古代和近代那些著名的几何学、物理学、生物学、化学、经济学、心理学的重要定律或结论吗？

（10）你了解人工智能吗？你打算研究人工智能最前沿的技术吗？你打算亲自进行人工智能仿真吗？你打算通过收集的数据归纳总结出经验或定律吗？

（11）你打算研究新材料，创造出一些从来都没有的材料吗？也许未来用得上吧？

（12）古老中医好神奇！你打算用相似性和相似原理来揭示它的科学性吗？

相信本书可以帮助你了解、思考和回答的问题远不止这些。人类 21 世纪需要应对许多科学难题，我们希望能够帮助你找到足够你花巨大时间和精力去为之奋斗的重大研究方向；帮助你掌握相似原理的科学方法去解决你未来可能遇到的问题；帮助你成为具有创新能力的发明家；帮助你成为"触类旁通"的科学家、哲学家，或精通"各行各业"的工程师。

作　者
2019 年 5 月

前　　言

本书试图建立自然事物和抽象事物的数学表达;解释事物相似的根源和层次;用数学的、逻辑的、思辨的方法构建相似原理的定理群和方法论。书中公开了大量具有应用价值的科学技术和方法。

思维是人类特有的能力。在人类对自然事物进行抽象和创造时,总能在关键时刻,受到相似的启发。"相似"驱动人类的思维过程,它与生俱来,对人类文明的进步起决定性作用。

相似性是自然界最普遍和重要的属性之一。相似性是一切事物的共性,相似性是物质世界发展演化的媒介,同样也是非物质世界发展变化的媒介。相似性是自然界必须遵循的基本原则之一。今天需要站到更高、更深的层次上,用更加创新的观念、更科学的方法和手段来研究和利用这一最普遍的自然现象。

本书内容如下:

第1章 相似的世界:描述了自然界普遍存在的某些相似现象。

第2章 事物的相似性及相似原理基础:定义自然事物和抽象事物;研究两种事物的表达,给出事物相似性的数学描述;介绍相似原理数学方法的某些浅显应用。

第3章 生物的相似性:讲述植物、动物和人体中大量存在相似性的原因;如何利用相似性来揭示生物的秘密;将相似原理的数学、逻辑、思辨方法用于生物现象的分析和解释;指出进化论其实是达尔文对于生物相似性的总结。

第4章 思维的相似性:利用相似原理揭示产生思维的原因和支配思维的动力;对思维的工作机理进行假设;用数学和逻辑的方法来表达和等价思维与抽象的过程;提出相似极大值原理。

第5章 宇宙定律与相似原理:探讨宇宙基本粒子和四大基本物理定律中的相似性,并给出了一些新的基于相似原理的猜想和推论。

第6章 相似原理的特殊应用:选择令人关注又悬而未决的事物、可能导致普遍应用的有趣话题,利用相似原理思辨的方法,通过思维实验和分析,对包括光的性质、万有引力、细胞分裂和遗传密码、非确定性事物的逻辑相似问题、神经元并行计算机语言等棘手的问题进行自由的探讨,并介绍其应用。

本书内容多,涉及领域宽,两位作者讨论的许多问题经常几年都悬而未决,受出版时间的限定,书中疏忽和错误难免,敬请谅解。

21世纪人类面临新的挑战和机遇,应该更加理性、智慧、团结、平和地携起手来与大自然和谐相处。为了将最深刻的理论与最普遍的应用结合起来,造福人类,为此我们做了许多尝试和努力。

李铁才　李西峙

2014.8

目　　录

第1章 相似的世界

在自然界,相似是最普遍的自然现象之一。大至宇宙星系,小至原子结构,随处可见相似的植物、相似的动物、相似的人类,甚至天天都有相似的事态在人们周围发生。我们感受到的变化与不同,其实都归因于普遍的相似。图1.1~1.7是一些美丽和壮观的相似现象。

图1.1 相似的斑马群(来自 Google 图片)

图1.2 相似的美丽花朵

图1.3 半人马座中两百万颗相似恒星的壮观景象(来自公开的哈勃图片)

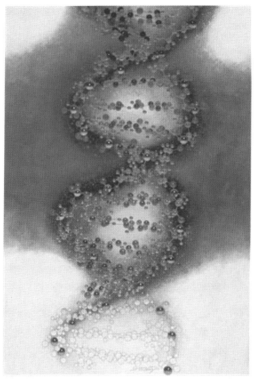

图 1.4　相似的 DNA 组成相似的生物（来自 Google 公开的图片）

图 1.5　著名的牛顿(Newton)分形自相似图形

图 1.6　罗马花椰菜呈现规则和严密的指数式螺旋自相似

图1.7　2009年哥本哈根COP15会议现场的人们对气候变暖具有相似的担忧和感受

其实在自然界,相似现象比完全相同和完全不同的自然现象更加普遍存在。因此,几乎所有的科学家都不同程度地思考和关注过相似现象。人类对于相似现象的研究可以追溯到远古时代,象形文字就是最好的例证。柏拉图和亚里士多德对于相似现象有过论述,牛顿的几何相似以及现代的分形自相似更是人类相似研究的标志。

人类因相似而着迷,人类因相似而产生思考,人类因相似而有所发现。达尔文的《物种起源》揭示了地球物种的相似性、演变与发展过程。物种的演变与发展遵循"自然选择原则",即遵循"相似的原则"。随着时间的流逝,物种的发展与演变,使物种相似的程度不断发生变化。这种变化称为"相似性退化",但相似性永远不会消失。物种的每一次突变都引起相似性的一次突变,并导致物种相似性的层次的出现;导致生物的体制从低级走向高级的演化过程;导致生物走向多样化的过程。人类也是从相似变化、发展、演化中走来,经历了大约1 000万年漫长的相似演变发展的岁月。

7 000多年前,人类还没有文字,但当时人类的确处于一个平稳发展时期。史前中国的中原地区出现的裴李岗文化、仰韶文化,发掘证明这一时期存在。它有平稳、和平的环境,于是孕育语言、文字、锄耕农业的出现和发展。这与人类发展的全部历史相似。7 000多年前人类已经渐渐学会了耕作、饲养家畜,人们以亲缘组成家庭,族群组成村落,能够和睦相处,友善往来,共享充足的资源,一片安居乐业的景象。于是一些更显智慧的人,开始观察天象、大地万物,当然还包括对人体本身的观察。他们首先发现的就是大量存在的相似现象。例如:花草树木的形态;种子的发芽成长和开花结果;人与动物的生殖与死亡。他们发现动物的卵、月亮、太阳都是圆的,并且通过观察太阳的升起和降落,遥远的星辰;从观察月亮的圆缺,渐渐明白月食中地球留下了圆的阴影;他们发现从地平线外驶来的船总是先露出船帆,然后再看到船身。通过种种相似自然现象的启发,古人相信天上的星星皆为圆形的概念,确信地球也是圆的结论;他们发现世界万物都有周期,春夏秋冬一年四季;太阳的起落就是时间,小孔滴水、点火闻香、沙漏都可以代表它;古人发明了半地穴的房屋建筑与最好的山洞相似且更舒适方便;进一步发明了烧制陶窑、粮食加工等工具;发明了乐器;他们开始建立基于相似的象形文字(全世界都如此)或象形的符号文字。甚至人类的语言也是首先从自然界中的声音现象的自然相似开始逐步发展和演变而来的,全世界一致的"爸爸,妈妈"的发声,就是语言相似留下的千古痕迹。人类认识世界和表达世界都是从相似开始的。

无论自然事物还是抽象事物,无论是大自然的创造还是人类的创造,在漫漫时间长河中,一切都在相似中悄然改变与演化:事物从单一走向复杂,生命从简单走向复杂,甚至人类思维的进步,都如此。只要时间连续,没有中断,可以坚信,一切自然事物和抽象事物都留下了相似的痕迹。因此,我们可能从相似的痕迹中找到相似的层次、相似的原因、统领相似的规律;并进一步建立相似原理来解释事物,指导我们如何与自然相处,如何完善我们周围的一切。

相似现象之所以重要的原因是,相似现象并不局限于自然事物或物质世界,还广泛地延伸到了抽象世界和人的心理世界。因此,相似原理也是研究人类思维、研究人类自身的理论和方法体系。

相似性是自然界最普遍和重要的属性之一。相似性是一切事物的共性,相似性是物质世界发展演化的媒介,同样也是非物质世界发展变化的媒介。相似性是自然界必须遵循的基本原则之一。今天需要站到更高、更深的层次上,用更加创新的观念,更科学的方法和手段来研究和利用这一最普遍的自然现象。

相似原理是描述事物的定律群。相似原理所包含的内容极其广泛,特别是其应用,绝不是少数几个科学家的努力所能完成的。也许相似原理是 21 世纪最重要的科学回顾和总结,是提升人类科学活动的纲领。

第2章　事物的相似性及相似原理基础

相似是自然界最普遍的自然现象,同样也是抽象世界最普遍的现象。无论是自然事物还是抽象事物,其变化发展的基础和途径都必然基于相似的变化和发展。因此,如何表达自然事物和抽象事物的相似属性非常重要。认识、描述、表达自然事物和抽象事物都需要相似原理的数学方法和逻辑方法。

生物,特别是人类,利用三维视觉来感受静态的自然事物,包含时间维度后,就能感受动态的自然事物。其实人类感受自然事物的能力极其丰富,人类的器官不仅能够感受自然事物的颜色、温度、声音、运动,还能感受自然事物之间如何相互影响以及相互作用下发生的复杂变化过程。人类不仅可以感受自然事物的当前状态,还可以通过抽象感受其过去和将来的变化,甚至可以描述和表达其变化的因果关系等。基于相似原理的认识、描述和表达自然事物和抽象事物的数学方法和逻辑方法,有利于更准确、高效地认识事物的本质,有利于更合理、更和谐地影响自然事物和抽象事物的发展。

2.1　两种事物

自然界有两种事物,一类是自然事物,另一类是抽象事物。自然事物必定与时间有关,抽象事物属人类所有,是人类认知自然事物的产物。

自然事物表现为:自然事物的空间存在,自然事物随时间的发展演化以及自然事物和自然事物之间的关系。

自然事物具有自发倾向于熵值变大的趋势。任何自然事物处于"绝对零度"瞬间,其熵值为零,可以取任何自然事物熵值为零的瞬间为理想的相对时间起点。

抽象事物的特点是:具有自发倾向于熵值变小的趋势,总是被人类抽象到与时间和空间无关的程度,它被不断有序化、熵值最小化,例如印象、思维、概念、定义、几何原理、数学、理论物理学等。抽象事物的对象是自然事物,例如:我们认为,任何自然事物在某一时间片段内发生任意复杂的能量转换过程,尽管其状态发生了变化,但是基于能量守恒原理,可以肯定,该自然事物的始态和终态能量守恒,且与变化过程和具体途径无关。上述抽象事物发生在人类的思维中,并且可以被描述、传授、进一步加工和利用。人类在认知过程中,习惯和本能地压缩自然事物的时间维度和空间维度,达到抽象的目的。人类对自然事物的抽象使抽象事物更加有序、熵值最小化,时间和空间占用最小化,并以此产生或建立起抽象世界。抽象事物构成的世界比自然事物世界更丰富,其容量也是无限的。人类对自然事物的抽象是基于相似原理的。相似原理是自然事物与抽象事物之间的桥梁。

2.2 事物的基本相似属性和时间属性

在人类发展的最近几万年间,人类发现,有许多事物与时间无关或者与空间无关,因此这类事物能被人类认识为事物的本源属性或基本原理。例如,能量守恒定律:在任何过程中能量是不会自生自灭的,只能从一种形式转化为另一种形式,在转化过程中能量的总值不变。虽然能量守恒定律的准确性至今未见差错,但是,许多人类创造的定律和原理已经被不断修正甚至废弃不用。

研究事物间的相似规律通常比研究其相似的程度更重要。相似性的最高层次是相同,世界上不存在完全相同的自然事物,同样也不存在完全相异的自然事物。因此相似是自然事物的本质或本性。抽象事物可以具有相似的理想状态,即相同。任意事物之间必然存在某些相似或联系,因为,我们定义的事物发生在我们所能认知的时间和空间,我们相信事物从最简单状态的时间起点开始,一直发展到今天和未来。

物质是一类自然事物,它可以被人类定义为抽象的物质。例如,物质的内能包括:分子平动能、分子转动能、分子振动能、分子间的势能、分子和原子间的键能、电子运动能、核内基本粒子间的核能等。微观下物质的绝对值是难以精确确定的,但是抽象的物质可以是理想的,它可以有绝对值和精确的表达。

在自然界,我们可以看到许多相似的随时间自发进行的过程。例如,物体受到地心引力而下落,水从高处流向低处等。这类自发进行的相似的物理过程中,能量变化总是导致系统的势能降低,表明一个系统的势能有自然趋小(趋低)的倾向。微观也如此,原子自发地以不同的方式组合成不同的分子,例如,两个氢原子可以形成共享电子,也就是说两个氢原子核连在了一起,其拥有的一对电子也因此连在了一起,这一对电子共享即构成一个共价键和氢分子。氢分子因此产生一个更自然的低能量状态。又例如,将一瓶香水放在室内,打开瓶口,不久香气会扩散到整个室内与空气混合,这个过程是随时间自发进行的,但不能自发地逆向进行。又例如,往一杯水中滴几滴墨水,墨水随时间会自发地扩散到整杯水中,这个过程也不能自发地逆向进行。化学反应中能量变化的情况复杂得多,由于旧的化学键破裂与新的化学键建立,不仅使系统的内能发生了变化,而且系统与环境之间还出现热、光、声、做功等形式的能量传递与转换。例如,燃烧放热和发光、电池放电和驱动电动机、太阳能热水等。这些化学反应都是随时间自发的,系统内能的变化倾向于取得最低的势能。这表明上述多种情况,具有相似性,变化过程能随时间自发地向混乱程度增加的方向进行,或者说系统中有秩序的运动容易变成无秩序的运动。不仅如此,还普遍存在"不可逆问题"。还有一个常用的简单实验,将一些黑球和白球整齐有序地排列在一只烧杯内,只要摇一两下,这些黑白球就会变得混乱无序了;如果再摇,无论摇多少次,要想恢复到原来整齐有序的情况几乎是不可能的。这就说明,系统倾向于取得最大的混乱度(或无序度)。系统内物质微观粒子的混乱度(或无序度)可用抽象的量——熵来表达,或者说系统的熵是系统内物质微观粒子的混乱度(或无序度)的度量。系统的熵值越大,系统内物质微观粒子的混乱度越大。在反应或其他随时间自发进行的过程中,系统混乱度的增加相当于系统熵值的增加。无序度或熵总是随着时间增加的,这一点是由系统总是趋向能量最小化导致的必然趋势。这个时间方向上无序度或熵增加,这个时间方向就是所谓的热力学时间箭头。热力学时间箭头将物质的过去和将来区别开来,也使时间有了唯一的方向。

人类感觉时间流逝的方向就是人类心理学时间箭头的方向,在这个方向上我们可以记忆过去而不是未来。抽象使人类找到相似现象的原因,使我们能够透过相似现象来扩展我们的抽象。当将物质微观粒子行为扩展到宏观的宇宙时,可认为宇宙的膨胀是宇宙系统熵值增加的过程,也是随时间自发进行的过程。人类因此建立起自然事物具有发展方向的抽象概念,并因此导致人类心理学时间箭头与自然事物的热力学时间箭头相一致。

2.3　时间、空间与事物

时间与空间是自然事物(物质)存在的形式。时间是物质的延续性、阶段性和顺序性。其本质特征是一维性。

空间是自然事物(物质)的广延性、伸缩性和丰富性,是一切自然事物(物质)所构成系统中和各要素共存、互相制约、互相作用的联系和范围。

与抽象事物一样,时间和空间也是非物质的,它们是人类认识自然事物和物质世界存在的形式。自然事物(物质)以离散的状态存在于时间和空间之中。

自然事物(物质)存在的空间是欧几里得三维空间,并用时间来表达其运动和存在。描述一个复杂的自然事物(物质),可以使用多维空间。

自然事物由 N 维参数方程表示为

$$\begin{cases} f_1(t) = 0 \\ f_2(t) = 0 \\ \vdots \\ f_n(t) = 0 \end{cases} \text{（时间起点：} t_{10} = t_{20} = t_{30} = \cdots = t_{n0} \text{）}$$

该 N 维自然事物的时间从时间起点 t_0 开始,连续地向前发展。该 N 维自然事物各个维度 $f_i(t)$ 的时间起点 t_{i0} 必须对齐。$f_i(t)$ 可能是时间独立变量、时间变量或常量。因此,自然事物的 N 维抽象描述存在于包括欧几里得三维空间的多维空间。

2.3.1　时间连续性公理(相似原理的前提条件)

时间是无限连续的、无限均匀的、线性的,因此时间是一维的。时间对于整个宇宙都是均等的、同步流逝的。时间是非物质的,它没有质量,没有体积,没有表象,没有物质所具有的任何属性。它不会受任何物质的任何影响而产生任何改变,时间不会弯曲更不会倒流。它是人类认识世界的特殊的、必不可少的维度。

时间的线性和一维属性,即时间连续性公理——宇宙公理。在此基础上可以导出目前公认的几乎全部基本定理,例如经典牛顿力学、动量守恒定理、能量守恒定理、质能关系式、麦克斯韦电磁理论,甚至包括引力在内的四种力的统一理论等。

某 N 维事物的时间轴线,可以重合、夹角或平行,但时间轴只能同步于一个点,这个点就

是该 N 维自然事物的时间起点,因此时间轴是有方向的。时间轴的方向与人类心理学时间箭头及自然事物的热力学时间箭头相一致,这就是时间连续性公理。不同的 N 维事物的时间起点,与观察有关,是任意的。只有当需要分析不同的 N 维事物之间的联系和影响时,才有必要将这些不同的 N 维事物的时间起点对齐。因此,在绝对时间中存在相对时间起点。

相似原理存在的前提条件是:时间连续、均匀、无限和有向性,即时间连续性公理。在任意长度的时间片段,上述公理均有效。目前人类认知的宇宙自然事物,自宇宙大爆炸(如果宇宙大爆炸是真实的话)开始,时间的长河行进到今天。因此,这个时间成了宇宙的基本尺度和参照系。于是人类可以依照该时间起点为基本尺度构成对宇宙事物的描述,因为它是相对于目前人类认知的自然事物的绝对时间起点。

长期以来人们关于时间性质的观点有过很大的变化。人们相信绝对时间是主流。直到 20 世纪初,人们因为无法解释,为什么"对于任何正在运动的观察者光速总是一样的"这一发现,于是爱因斯坦建立了"相对论"。其实要解释"光速不变"有很多办法,也很简单,因为目前任何观察者都只能在自身所处的坐标系中来观察光速,所以必然导致宏观与真空下光速总是"一样的"一切结果。除了人类抽象的思维实验以外,人类至今还不能走出太阳坐标系观察自然事物。

因此,反对绝对时间的读者,请宽容地暂且先接受它,因为人类的过去一直如此。

2.3.2 N 维事物的表达

事物由自然事物和抽象事物组成,其中抽象事物是非物质的,是人类特有的。人类抽象的事物是人类对于自然事物的反映。过去的一切自然事物随时间的变化关系都不会再发生任何改变,因此,过去的自然事物是确定的、不变的事实。于是人类可以将过去的自然事物整理成经验、定律、规则、推理的材料来加以利用。由于抽象事物是非自然事物,因此它与时间并无对应关系,所以过去人类认识的非自然事物,今天仍可能是不确定和可变的事物。于是人类总结的经验、定律、规则等仍然存在不确定性。

人类的心理学时间箭头是由热力学时间箭头所决定的,并且这两种箭头总是指向相同的方向。对于宇宙的整个历史来说,时间箭头指向无序度增加的、宇宙膨胀的、时间轴方向上,因为这个方向适合我们智慧人类生命的存在与发展。

因此,无论自然事物和抽象事物均可以表达为 N 维事物,即

$$\begin{cases} f_1(t) = 0 \\ f_2(t) = 0 \\ \vdots \\ f_n(t) = 0 \end{cases} \quad (t_{10} = t_{20} = t_{30} = \cdots = t_{n0})$$

时间是从时间起点 t_0 开始,连续地向前发展的。N 维自然事物 $f_i(t)$ 的时间起点 t_{i0} 必须对齐。尽管抽象事物是非物质的,理应可逆,若作为自然事物表达(描述),自然事物的热力学时间箭头和人类的心理学时间箭头,锁定了它的方向。

空间与时间一样都是抽象事物,因此空间坐标的选取具有任意性。观察事物需要时间起点,于是对空间坐标的选取产生了约束:作为自然事物的表达(描述)自然事物的存在空间包含三维空间,且三维空间是各向同性、连续的、无限的。

2.4　系统的概念和系统的层次

2.4.1　系统的概念

系统是界面清晰、功能相对独立的整体。系统与系统之间可以通过接口或界面互相联系。一个系统可以包含另一个系统,形成共存形式的关系或上下层系统的关系,多个系统可以共同构成更加复杂的系统。系统是人类对于自然事物的分类和抽象。系统的根本属性是离散性。离散的物质系统存在于连续的时空中。

系统之内的事物必然存在相似。例如,微观粒子系统、宏观天体系统、生物系统、植物系统、生物或植物的种群等,它们都是由相似要素构成的系统。系统之外的事物也存在相似性,例如:生物系统与植物系统,生物系统与植物系统处于不同的演化时间片段。

宇宙是自然事物中规模最大的系统,目前普遍认为:它在大爆炸中诞生,在大崩塌后重生,周而复始。自然事物因此具有同源性和相似属性,在时间起点 t_0,自然事物趋于相似的极限。图 2.1 是宇宙相似的示意图。

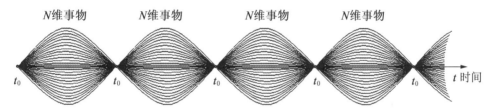

图 2.1　宇宙相似的示意图

随着时间的推移,自然事物向广度和深度演变和发展。某自然事物的每一次突变,表现为该自然事物演变和发展的一次新的里程碑开始,进入新的相对时间起点。相对时间起点反映自然事物向广度和深度演变和发展的层次。处于不同时间片段的自然事物,即处于不同发展的层次。

2.4.2　利用不同层次的相似性分析可以简化研究过程

动物和植物有巨大区别,它们处于不同发展的层次。食虫植物是一个稀有的植物种群,已知的食虫植物全世界共 10 科 21 属 600 多种,典型的如猪笼草、捕蝇草、茅膏菜、瓶子草、捕虫堇、狸藻等,如图 2.2 所示。食虫植物仍然有根、茎、叶,可以靠自己制造养料而生活下去。它们的某些生理特征与动物相似,例如,具备引诱、捕捉、消化昆虫,吸收昆虫营养的能力。它们的捕虫器内的腺体能够分泌出消化液,消化液含有分解蛋白质的蛋白酶,使虫子被消化解体,具备与动物胃的消化系统相似的功能,植物"吃"掉了动物来补充养料。研究动物和植物的致动机理和消化功能的相似性,有利于揭示生物的共同本质属性。因为发展层次几乎不同的动物和植物,通过两条几乎不同的途径发展出相似的功能,必然存在相似的、几乎相同的本质属性。研究中大量的、双方的、过去的时间片段可以作为事实,从而简化研究过程。利用不同层次的相似性分析可以简化研究过程,这正是当今生物界惯用的有效手段之一。

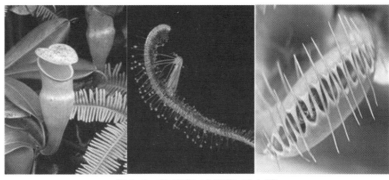

图 2.2 猪笼草、捕蝇草、捕虫堇

2.4.3 传统几何相似理论的局限性

传统相似理论是基于几何相似现象构建起来的方法。它将研究和表达的问题,限定在特殊的能够被几何数学严格表述的有限的范围之内。若两个物理现象的相应特征量之间的比值在所有对应点上保持常数,则这两个物理现象称为相似,该常数称为相似系数,它们都是无量纲的常数。传统相似理论是与时间无关的几何的相似理论,这就极大地限制了其适用范围。由于相似现象的普遍性、复杂性、深刻性,传统相似理论根本无法满足表述现实世界中相似现象的需要。在科学发展的历史上,传统相似理论也是在发展和完善的。与时间无关的相似是人们已经研究的相似问题,这类相似与时间起点无关,例如几何相似。又如:迭加原理也是与时间起点无关的相似。电路系统的迭加原理要求电路系统为线性系统,例如,线性系统中的"等效戴维宁定理"等。

在观察相似现象时,可以剥离时间维,即静止地去观察现象和事物。一旦时间维被剥离,通常将极大地简化事物,某些事物因此可能获得抽象。抽象事物在具有普适性的同时,往往缺乏真实性和现实性,因此也具有局限性。传统几何相似理论的局限性根源就在于此。传统几何相似理论是剥离时间维的一类相似问题。例如,力学相似包括几何相似、静态运动相似、静态动力学相似、流体动力学相似等。

2.5 相似原理的定义和应用

2.5.1 相似原理的定义

将事物的运动、变化和发展,看成时间起点一致的 N 维变量的运动、变化和发展,进而分析 N 维变量表达的 N 维事物的运动、变化和发展,对其运动过程、变化过程和发展过程进行分段、分类、压缩、延拓、变换、抽象、外推、归纳、判断和推理,并在时间连续性前提下,建立不同事物之间的关系,达到解释和描述事物的方法。该数学方法统称为相似原理的数学方法。

相似原理是描述事物(自然事物和抽象事物)的定律群,它包括相似原理的数学方法、逻辑方法和思维方法。相似原理是研究事物运动、变化和发展的理论和方法。当把思维看作事物运动、变化和发展的反映和抽象时,相似原理也就成为一种对思维进行表达和描述的基本理论和方法。

2.5.2 相似原理的应用

相似原理的应用领域包括:大量的几何相似工程;自动控制中的运动控制、A/D 和 D/A 变换、现代通信技术、时分复用通信、数据压缩和延拓等;动植物的培育、人类工具和装备的发明和制造、地球未知事物的发现和探索;一切机械运动的表达和控制,机器人运动学;基于相似原理的人工智能理论和方法、基于相似原理的并行计算机、智能机器人、智能地球、虚拟世界;思维的表达和仿真,对于智能体的研究。相似原理的应用领域还涉及基于相似原理的相似经济学、相似图形学、相似社会学、相似生态学、基因的相似分析等。相似原理所包含的内容极其广泛,特别是其应用,绝不是少数科学家、工程师的努力所能完成的。也许相似原理是 21 世纪最重要的科学研究内容之一,是人类从事科学活动的共同纲领。

2.6 相似原理的数学表达

根据时间、空间的连续性,一切事物的运动都将在一定的时间及空间中完成,一切复杂的事物都可以看成 N 维以时间为独立变量的 N 维事物的运动的合成。在多数情况下,一个以增量运动形式出现的量更易于计算机来描述,一个增量运动的实现或相似模化,远比一个连续运动更易于工程实现。本节介绍事物的增量运动与连续运动之间的关系,以及建立事物增量运动和连续运动之间的相似关系,最后试图建立相似原理的量子力学表达。

【定义】 自变量的增量为常数 $q > 0$,应变量的增量为 $|a_i|(i = 1, 2, \cdots, N)$,且允许在所有 $(a_1, a_2, \cdots, a_i, \cdots, a_N)$ 中存在有限个取零值,自变量的取向为 $\mathrm{sig}\dfrac{|a_i|}{a_i}$ 的 N 个顺序进行的运动称为增量运动,简记为 $a(i), i = 1, 2, 3, \cdots, N$。

【定理 2.1】(离散相似定理)

设连续运动 $[x_{i-1}, x_i]$,且满足 $\dot{x}(t)$ 在区间 $[t_0, t_1]$ 内连续。

设增量运动 $x(i)$:每个步距的作用时间为 q,步距为 $|a_i|(i = 1, 2, 3, \cdots, N)$,方向为 $\mathrm{sig}\dfrac{|a_i|}{a_i}$ 的 N 个顺序增量运动。其中,$N = \mathrm{INT}(\dfrac{t_1 - t_0}{q})$ 为正整数,a_i 由下式求出,即

$$\sum_{i=1}^{N} q \frac{\mathrm{d}x}{\mathrm{d}t}\Big|_{(iq)} = a_1 + a_2 + a_3 + \cdots + a_i + \cdots + a_N \tag{2.1}$$

若增量运动的步距 $q \to 0$,在区间 $[t_0, t_1]$ 内,连续运动 $x(t)$ 与增量运动 $x(i)$ 相似。

简记为 $$x(t) \cong x(i) \tag{2.2}$$

定理 2.1 的成立只需证明:

$$\lim_{q \to 0} \sum_{i=1}^{N} q \frac{\mathrm{d}x}{\mathrm{d}t}\Big|_{(iq)} = \int_{t_0}^{t_1} \left(\frac{\mathrm{d}x}{\mathrm{d}t}\right) \mathrm{d}t \tag{2.3}$$

因为 $\dfrac{\mathrm{d}x}{\mathrm{d}t}$ 是区域 $[t_0, t_1]$ 上的连续函数,用分点把 $[t_0, t_1]$ 等分成:$t = t_0 < t_1 < t_2 \cdots < t_N = t_1$,$N$

个子区间$[t_{i-1},t_i]$$(i=1,2,3,\cdots,N)$，在每个区间$[t_{i-1},t_i]$上取端点$t_i$作函数值$\frac{\mathrm{d}x}{\mathrm{d}t}|_{(t_i)}$和该区间长度$\Delta t_i=q=(t_1-t_0)/N$乘积，并取所有这些乘积的和式。

$$\sum_{i=1}^{N}q\frac{\mathrm{d}x}{\mathrm{d}t}|_{(t_i)}=\sum_{i=1}^{N}q\frac{\mathrm{d}x}{\mathrm{d}x}|_{(iq)}=a_1+a_2+\cdots+a_i+\cdots+a_N \qquad (2.4)$$

由定积分的定义，当$\Delta x_i=q\to 0$时，式(2.4)的极限为

$$\lim_{q\to 0}\sum_{i=1}^{N}q\frac{\mathrm{d}x}{\mathrm{d}t}|_{(iq)}=\int_{t_0}^{t_1}(\frac{\mathrm{d}x}{\mathrm{d}t})\mathrm{d}t \qquad (2.5)$$

定理2.1得证。

定理2.1也可由传统相似理论进行证明。这里原型为$x(t)$，模型为$x(i)$。设$\Delta x_i=x(iq+q)-x(iq)=x(t_i+\Delta t)-x(t_i)$为区间$[t_0,t_1]$上应变量的任意一个增量，由于$q=\Delta t>0$，显然当$q=\Delta t\to 0$时，$\Delta x_i\to 0$，即区间$[t_0,t_1]$上的任意点$x(t_i)=x(t)$。于是，$\lim\limits_{q\to 0}\frac{x(t)}{x(t_i)}=1$。证得$x(t)$与$x(i)$相似且相似比为1。

在实际应用中，步距q总是有一定大小的，此时，连续运动$x(t)$与增量运动$x(i)$只能是近似的。其误差可按下式估计：

瞬时速率误差为

$$\delta\dot{x}=\frac{a_i}{q}-\frac{a_{i-1}}{q} \qquad (2.6)$$

数学证明如下：

由式(2.1)

$$\frac{a_i}{q}=\frac{q\frac{\mathrm{d}x}{\mathrm{d}t}(iq)}{q}=\dot{x}(iq)$$

$$\frac{a_{i-1}}{q}=\frac{q\frac{\mathrm{d}x}{\mathrm{d}t}|((i-1)q)}{q}=\dot{x}((i-1)q)$$

当$q\to 0$时

$$\delta\dot{x}=\lim_{q\to 0}(\dot{x}(iq)-\dot{x}((i-1)q))\to 0$$

位移误差为

$$\delta\dot{x}=\sum_{i=1}^{N}(a_i-a_{i-1})/q \qquad (2.7)$$

显然，当$q\to 0$时，$\delta\dot{x}$也是趋于零的。

【定理2.2】(反函数相似定理)

设连续运动$x(t)$：$\begin{cases}x=x(t)\\ \dot{x}=\dot{x}(t)\end{cases}$$(t_0\leqslant t\leqslant t_1)$，且满足$x(t)$在区间$[t_0,t_1]$内单调连续。反函数$\begin{cases}t=g(t)\\ \dot{t}=\dfrac{\mathrm{d}t}{\mathrm{d}x}\end{cases}$$(x_0\leqslant x\leqslant x_1)$的导数$i$在区间$(x_0,x_1)$连续。

设增量运动$t(i)$：步距为常数q，作用时间为$|a_i|$$(i=1,2,3,\cdots,N)$，方向为$\mathrm{sig}\dfrac{|a_i|}{a_i}$的

N 个顺序增量运动。其中，$N = \text{INT}(\dfrac{x_1 - x_0}{q})$ 为正整数，a_i 由下式求出

$$\sum_{i=1}^{N} q \frac{\mathrm{d}t}{\mathrm{d}x}\Big|_{(iq)} = a_1 + a_2 + a_3 + \cdots + a_i + a_N \tag{2.8}$$

若增量运动的步距 $q \to 0$，则在区间 $[t_0, t_1]$ 内，连续运动 $x(t)$ 与增量运动 $t(i)$ 相似。

简记为
$$x(t) \cong t(i) \tag{2.9}$$

定理 2.2 可证明如下：

由反函数存在定理知 $x(t)$ 在区间 $[t_0, t_1]$ 内单调连续，则其反函数 $g(x)$ 为单调连续函数，所以只需证明：

$$\lim_{q \to 0} \sum_{i=1}^{N} q \frac{\mathrm{d}t}{\mathrm{d}x}\Big|_{(iq)} = \int_{x_0}^{x_1} \left(\frac{\mathrm{d}t}{\mathrm{d}x}\right) \mathrm{d}x \tag{2.10}$$

因为 $\dfrac{\mathrm{d}t}{\mathrm{d}x}$ 是区域 $[x_0, x_1]$ 上的连续函数，用分点把 $[x_0, x_1]$ 等分成：$t = t_0 < t_1 < t_2 \cdots < t_N = t_1$，

N 个子区间 $[x_{i-1}, x_i]$（$i = 1, 2, 3, \cdots, N$），在每个子区间 $[x_{i-1}, x_i]$ 上取端点 x_i 作函数值 $\dfrac{\mathrm{d}t}{\mathrm{d}x}\Big|_{x_i}$，

和该子区间长度 $\Delta x_i = q = (x_1 - x_0)/N$ 的乘积，并取所有这些乘积的和式。即

$$\sum_{i=1}^{N} q \frac{\mathrm{d}t}{\mathrm{d}x}\Big|_{x_i} = \sum_{i=1}^{N} q \frac{\mathrm{d}t}{\mathrm{d}x}\Big|_{(iq)} = a_1 + a_2 + \cdots + a_i + \cdots + a_N \tag{2.11}$$

由定积分的定义，当 $\Delta x_i = q \to 0$ 时，式（2.11）的极限为

$$\lim_{q \to 0} \sum_{i=1}^{N} q \frac{\mathrm{d}t}{\mathrm{d}x}\Big|_{(iq)} = \int_{x_0}^{x_1} \left(\frac{\mathrm{d}t}{\mathrm{d}x}\right) \mathrm{d}x \tag{2.12}$$

当实际应用时，步距 q 为给定的极小量，此时 $x(t)$ 与 $t(i)$ 只能是近似的。其误差可按下式估计：

位移误差为
$$\delta x = \text{FRA}\left(\frac{x_1 - x_0}{q}\right) \tag{2.13}$$

瞬时速率误差为
$$\delta \dot{x} = \begin{cases} \dot{x}\left(\dfrac{2i-1}{2}q\right) - \dfrac{q}{a_i}, & (a_i \neq 0) \\ 0, & (a_i = 0) \end{cases} \tag{2.14}$$

式（2.13）是不难证明的，式（2.14）的证明可由图 2.3 看出。图 2.3 中 a、b 两点连线的斜率 $\dfrac{\Delta x}{\Delta t} = \dfrac{q}{a_i}$ 表示时间区间 $[i-1, i]$ 内增量运动的速率。$\dot{x}\left(\dfrac{2i-1}{2}q\right)$ 为连续运动在时间区间 $[i-1, i]$ 中心点的瞬时速率。

由式（2.8），可得

$$\frac{q}{a_i} = \frac{q}{q \dfrac{\mathrm{d}t}{\mathrm{d}x}}\Bigg|_{(qi)} = \dot{x}_{(qi)} \tag{2.15}$$

当 $q \to 0$ 时

$$\lim_{q \to 0}\left(\dot{x}_{\left(\frac{2i-1}{2}q\right)} - \dot{x}_{(iq)}\right) = 0$$

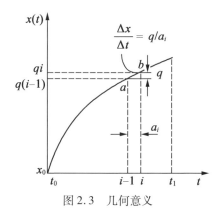

图2.3　几何意义

【定理2.3】(反函数相似定理)

设连续运动 $x(t):\begin{cases}x=x(t)\\\dot{x}=\dot{x}(t)\neq0\end{cases}(t_0\leqslant t\leqslant t_1)$，且满足 $x(t)$ 在区间 $[t_0,t_1]$ 内单调连续。反

函数 $\begin{cases}t=g(t)\\i=\dfrac{\mathrm{d}t}{\mathrm{d}x}\end{cases}(x_0\leqslant x\leqslant x_1)$ 的导数 i 在区间 $[x_0,x_1]$ 连续。

设增量运动 $t(i)$：步距为常数 q，作用时间为 $|a_i|(i=1,2,3,\cdots,N)$，方向为 δx 的 N 个顺

序增量运动。其中，$N=\text{INT}(\dfrac{x_1-x_0}{q})$ 为正整数，a_i 由下式求出。即

$$\sum_{i=1}^{N}\frac{q}{\dot{x}_{(iq)}}=a_1+a_2+\cdots+a_i+\cdots+a_N \tag{2.16}$$

若增量运动的步距 $q\to0$，则在区间 $[t_0,t_1]$ 内，连续运动 $x(t)$ 与增量运动 $t(i)$ 相似。
简记为 $x(t)\cong t(i)$ 。

定理2.3是定理2.2的推理，可简单证明如下：

由题设：$\begin{cases}x=x(t)\\\dot{x}=\dot{x}(t)\neq0\end{cases}$ 在区间 $(t_0\leqslant t\leqslant t_1)$ 内单调连续，则反函数 $\begin{cases}t=g(x)\\t=\dfrac{\mathrm{d}t}{\mathrm{d}x}\end{cases}$ 在对应区间内

单调连续。给 x 一个增量 Δx，则反函数 $t=g(x)$ 有相应的增量 Δt，由于 $x=x(t)$ 是单调函数，
当 $\Delta x\neq0$ 时，$\Delta t\neq0$，于是有

$$\frac{\Delta t}{\Delta x}=\frac{1}{\dfrac{\Delta x}{\Delta t}} \tag{2.17}$$

因函数 $t=g(x)$ 连续，$\Delta x\to0$ 时，$\Delta t\to0$，又因 $\dot{x}(t)\neq0$，将式(2.17)两边取极限即得

$$\lim_{\Delta x\to0}\frac{\Delta t}{\Delta x}=\frac{1}{\lim\limits_{\Delta t\to0}\dfrac{\Delta x}{\Delta t}}$$

即

$$\frac{\mathrm{d}t}{\mathrm{d}x}=\frac{1}{\dfrac{\mathrm{d}x}{\mathrm{d}t}}$$

定理2.3不必求反函数，但条件要求较严。当 q 为有限小值时，位移误差 δx 以及瞬时速

率误差 $\delta \dot{x}$ 的估计公式与式(2.13)和式(2.14)完全相同。

【定理 2.4】(互为相似定理)

设增量运动 $x(i)$ 和 $t(j)$ 是连续运动 $x(t)$ 的两相似运动,则在区间 $[t_0, t_1]$ 内,$x(i)$ 和 $t(j)$ 也是相似的。即

$$x(x_1(i_1), x_2(i_2), \cdots, x_n(i_n)) \cong t(t_1(j_1), t_2(j_2), \cdots, t_n(j_n))$$

简记为 $x(i) \cong t(j)$。

定理 2.4 是定理 $2.1 \sim 2.3$ 的直接推理,由反证法不难证明之。就工程观点,定理 2.4 可理解为数→模,模→数转换定理。

【定理 2.5】(N 维相似定理)

设 n 维连续运动由参数方程表示为

$$A: \begin{cases} x_1 = x_1(t) \\ x_2 = x_2(t) \\ \vdots \\ x_n = x_n(t) \end{cases} (t_0 \leqslant t \leqslant t_1)$$

若存在 n 个按下标对应的增量相似运动:$x_1(i_1)(i_1 = 1, 2, \cdots, N_1)$,$x_2(i_2)(i_2 = 1, 2, \cdots, N_2)$,$x_3(i_3)(i_3 = 1, 2, \cdots, N_3)$,$\cdots$,$x_n(i_n)(i_n = 1, 2, \cdots, N_n)$ 且具有相同的相似比,即

$$\frac{x_1(t)}{\lim\limits_{q_1 \to 0} x_1(t_{i_1})} = \frac{x_2(t)}{\lim\limits_{q_2 \to 0} x_2(t_{i_2})} = \cdots = \frac{x_n(t)}{\lim\limits_{q_3 \to 0} x_n(t_{i_n})} = B(\text{常数})$$

如果 n 个增量相似运动的起始时间(时间起点)t_0 都是重合的,那么这一组增量运动与 n 维连续运动是相似系统。

简记为

$$A(x_1(t), x_2(t), \cdots, x_n(t)) \cong D(x_1(i_1), x_2(i_2), \cdots, x_n(i_n)) \quad \text{或}$$

$$A(x_1(t), x_2(t), \cdots, x_n(t)) \cong A(x_1(i_1), x_2(i_2), \cdots, x_n(i_n))$$

效仿定理 2.1 关于相似理论的证法及其数学上对参数方程的定义,定理 2.5 可证,由于问题的明显性及严格证明需要较长的篇幅,在此从略。定理 2.5 对 N 维增量运动控制具有很大的实用价值,使用中各对应增量相似体中的参数按定理 $2.1 \sim 2.3$ 的具体条件进行求取。

其推论是,当我们改变时间起点时,则增量运动和连续运动的过程将是不同的。

【定理 2.6】(微分方程组形式的相似定理)

设连续运动表示成一阶常微分方程组(按数学上习惯记为)

$$\overline{x}(t): \begin{cases} \dot{x}_j = x_j(t, x_1, x_2, \cdots, x_n) \\ x_j(i_0) = x_{j_0} (j = 1, 2, \cdots, n) \end{cases} (t_0 \leqslant t \leqslant t_1)$$

设增量运动 $x(i)$:每个步距的作用时间为 q,步距为 $|a_i|(i = 1, 2, \cdots, N)$,方向为 $\text{sig} \dfrac{|a_i|}{a_i}$ 的 N 个顺序进行的运动,其中 $N = \text{INT}\left(\dfrac{t_0 - t_1}{q}\right)$ 为正整数。若 $(t_0, t_1, t_2, \cdots, t_i, \cdots, t_N)$ 和 $(x_0, x_1, x_2, \cdots, x_i, \cdots, x_N)$ 是微分方程组 $\overline{x}(t)$ 的按下标对应的数值解,则 $a_i = x_i - x_{i-1}$。

若步距 $q \to 0$,数值解→连续解 $x(t)$,在区间 $[t_0, t_1]$ 内,则连续运动 $\overline{x}(t)$ 与增量运动 $x(i)$

相似。简记为$\overline{x(t)} \cong x(i)$。

定理2.6的一部分可由反证法给予证明：

设$\Delta x_i = x(iq + q) - x(iq) = x(t_i + \Delta t) - x(t_i)$为区间$[t_0, t_1]$上应变量的任意一个增量，由于$q = \Delta t > 0$，显然当$q = \Delta t \to 0$时，$\Delta x_i \to 0$，即区间$[t_0, t_1]$上任意点均满足$x(t_i) = x(t)$，$t \in [t_0, t_1]$。若$x(t)$不是微分方程在$t = t_0$时刻的解，则微分方程$\overline{x(t)}$的数值解并未趋近于连续解$x(t)$，这与定理2.6所设矛盾。故还需证明微分方程的数值解趋近于连续解，定理2.6方可得证，这与解法有关，在此不证。有多种解法可供使用，但必须具有自变量与右端函数同步的特点，且为定步长算法，例如四阶龙格-库塔法。

定理2.1~2.6称为增量运动表达的相似性原理，可由符号简记如下：

$$\begin{cases} x(i) \cong x(t) & \text{定理2.1：离散相似定理} \\ t(j) \cong x(t) & \text{定理2.2,2.3：反函数相似定理} \\ x(i) \cong t(j) & \text{定理2.4：互为相似定理} \\ A(x_1(t), x_2(t), \cdots, x_n(t)) \cong D(x_1(i_1), x_2(i_2), \cdots, x_n(i_n)) & \text{定理2.5：}N\text{维相似定理} \\ \overline{x(t)} \cong x(i) & \text{定理2.6：相似定理的微分方程组形式} \end{cases}$$

【定理2.7】（N维连续函数的整体与局部相似定理）

作为定理2.5的补充，对于时间域：$t_0 \leq t < t_1$，成立：

$A(x_1(t), x_2(t), \cdots, x_n(t)) \cong D(x_1(i_1), x_2(i_2), \cdots, x_n(i_n))$，起始时间$t_0$。

则显然，对于时间域：$t_a \leq t < t_b$，若满足：$t_0 \leq t_a < t_1, t_a < t_b \leq t_1$，成立：

$A(x_1(t), x_2(t), \cdots, x_n(t)) \cong D(x_1(i_1), x_2(i_2), \cdots, x_n(i_n))$，起始时间$t_a$。

补充定理2.7，表明相似运动对于时间起点t_0的约束。

【定理2.8】（N维离散函数的整体与局部相似定理）

作为定理2.4、2.5的补充，对于时间域：$t_0 \leq t < t_1$，成立：

$D_1(x_1(i_1), x_2(i_2), \cdots, x_n(i_n)) \cong D_2(x_1(i_1), x_2(i_2), \cdots, x_n(i_n))$，起始时间$t_0$。

则显然，对于时间域：$t_a \leq t < t_b$，若满足：$t_0 \leq t_a < t_1, t_a < t_b \leq t_1$，成立：

$D_1(x_1(i_1), x_2(i_2), \cdots, x_n(i_n)) \cong D_2(x_1(i_1), x_2(i_2), \cdots, x_n(i_n))$，起始时间$t_a$。

可以进一步证明，事物增量运动的相似性定理具有相似的唯一性和相似的可逆性。增量运动相似定理的数学基础非常简单，它并不受自然事物（客观事物）和抽象事物（主观事物）的影响，也不必经受时间和实验的检验，是纯数学的。增量运动相似定理是对事物的一种数学抽象描述，它是相似原理的一部分。

通常，"相似"指自然事物（有形物）之间存在部分相同；"类似"指抽象事物之间存在部分相同。相似原理则研究和表达自然事物（有形物）之间、抽象事物之间以及两种事物之间存在的相似关系，与事物的类型、数量和复杂程度无关。

相似原理可分为：空间相似、时间相似和事物之间的相似。传统几何相似属于空间相似，但不是空间相似的全部。人类对于相似原理的应用是不自觉的，但缺乏理论和方法。

2.7　事物增量运动相似性原理的几个实际应用

2.7.1　多维运动控制中的应用

多维运动控制和复杂的精密运动装置是人类 21 世纪的荣耀,如图 2.4、2.5 所示的机器人。

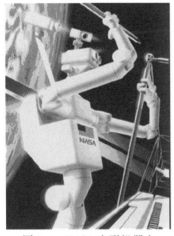

图 2.4　NASA 人形机器人

图 2.5　CMU 八脚太空机器人

虚拟轴机床(Virtual Axis Machine Tool)又称为并联机床、六条腿机床(Hexapod)或 Stewart 机床,虚拟轴机床的并联机构的典型结构如图 2.6 所示。该并联机构是 6 自由度运动平台,由 6 根可变长度的驱动杆支撑工作台。6 根驱动杆的另一端通过铰链固定于基础框架上。调节 6 根驱动杆的长度,可使平台实现 6 个自由度的空间运动。如果在工作台上安装主轴和刀具,可以构成并联机床,在工件上加工出复杂的三维曲面。

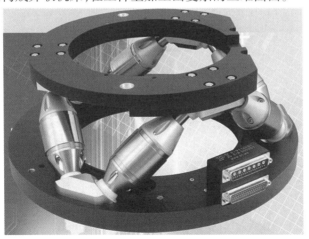

图 2.6　六条腿运动平台

虚拟轴机床是机床技术、机器人技术、现代伺服驱动技术和数控技术结合而产生的一种新型自动化加工设备。虚拟轴机床的控制算法非常复杂,一直是影响其应用的巨大瓶颈。

利用增量运动相似性原理的定理2.5,可以更简单地实现任意多维复杂运动控制。下面以平面二自由度并联机器人为例来说明相似性原理的一个实际应用,如图2.7所示。

平面二自由度并联机器人,它有3个主动伺服驱动轴,其转角分别为$\theta_{a1}(t)$,$\theta_{a2}(t)$,$\theta_{a3}(t)$;它另有3个被动铰链轴,其转角分别为$\theta_{p1}(t)$,$\theta_{p2}(t)$,$\theta_{p3}(t)$,如图2.8所示。

图2.7　平面二自由度并联机器人

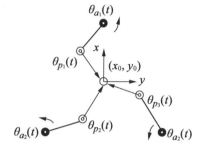

图2.8　并联机器人运动示意图

采用传统并联机器人控制策略非常复杂,涉及大量三角函数构成的坐标变换和矩阵算法。如果采用相似性原理指出的参数方程控制算法,可以将复杂的多变量非线性控制问题转变为独立时间函数的控制问题。

定义$t = t_0$,并联机器人位置$P(x,y) = P(x_0,y_0)$,3个主动伺服驱动轴和3个被动轴的位置为转角零位。6个转动轴均装有角度传感器,其转角均可以被测量。

人为拖动并联机器人到位置$P(x,y)$,可获得如下八维连续函数的参数方程,或采样数据,采样数据可回归为连续函数的参数方程。

并联机器人八维参数方程:

$$\begin{cases} f_1(t) = x(t) \\ f_2(t) = y(t) \\ f_3(t) = \theta_{a1}(t) \\ f_4(t) = \theta_{a2}(t) \\ f_5(t) = \theta_{a3}(t) \\ f_6(t) = \theta_{p1}(t) \\ f_7(t) = \theta_{p2}(t) \\ f_8(t) = \theta_{p3}(t) \end{cases} \quad (时间起点: t_{10} = t_{20} = t_{30} = \cdots = t_{80})$$

利用相似原理则可以简单快速地找到3个主动伺服驱动轴,同步控制来实现并联机器人位置$P(x,y)$的控制算法。具体方法如下:

(1)时间起点$t = t_0$对齐,即运动部件位置归零。拖动并联机器人输出位置$P(x,y)$,并使$x(t) = Kt$,$y(t) = y(t_0)$,测出并联机器人八维参数方程时间曲线。

(2)时间起点$t = t_0$对齐,即运动部件位置归零。拖动并联机器人输出位置$P(x,y)$,并使$x(t) = x(t_0)$,$y(t) = Kt$,测出并联机器人八维参数方程时间曲线。

(3)时间起点$t = t_0$对齐,即运动部件位置归零。拖动并联机器人输出位置$P(x,y)$,并使$x(t) = Kt$,$y(t) = Kt$,测出并联机器人八维参数方程时间曲线。

并联机器人八维参数随运动的变化关系如图2.9所示。图2.9中6个运动部件旋转的方向,并联机器人 $P(x,y)$ 到达不同位置 6 个运动部件转过的转角的大小,以及其他如并联机器人 $P(x,y)$ 的范围、参数方程中粗略的函数关系等。

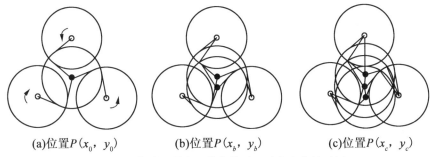

(a)位置$P(x_0, y_0)$ (b)位置$P(x_b, y_b)$ (c)位置$P(x_c, y_c)$

图 2.9 并联机器人八维参数随运动的变化关系图

分析并利用相似原理的相关定理,可以发现 $\theta_{a1}(t)$ 与 $\theta_{p1}(t)$,$\theta_{a2}(t)$ 与 $\theta_{p2}(t)$,$\theta_{a3}(t)$ 与 $\theta_{p3}(t)$ 分别都是相似的时间滞后函数。通过改变 3 个被动轴的零位的初始值定义,可消除其时间滞后,根据相似原理可舍弃 3 个被动轴变量 $\theta_{p1}(t)$,$\theta_{p2}(t)$,$\theta_{p3}(t)$。于是通过五维并联机器人参数方程,可以确定 3 个主动伺服驱动轴,实现并联机器人位置 $P(x,y)$ 的控制算法。

平面并联机器人五维控制参数方程:

$$\begin{cases} f_1(t) = x(t) \\ f_2(t) = y(t) \\ f_3(t) = \theta_{a1}(t) \quad (\text{时间起点}: t_{10} = t_{20} = t_{30} = \cdots = t_{50}) \\ f_4(t) = \theta_{a2}(t) \\ f_5(t) = \theta_{a3}(t) \end{cases}$$

其中,$\theta_{a1}(t)$,$\theta_{a2}(t)$,$\theta_{a3}(t)$ 是平面并联机器人的输入;$P(x,y)$ 或 $x(t)$,$y(t)$ 是输出。采用相似性原理指出的参数方程控制算法,可以将复杂的多变量非线性控制问题转变为独立时间变量的控制问题。在实际系统设计中,也可以利用被动轴变量 $\theta_{p1}(t)$,$\theta_{p2}(t)$,$\theta_{p3}(t)$ 作为 3 个主动伺服驱动轴的位置反馈变量,从而简化系统调整过程。

本方法同样适用于三维多自由度并联数控机床,当然也可以用于更高维数控机床的联动控制。

图 2.10 是德国 Herkert 机床公司并联结构的 SKM 400 型卧式加工中心,移动速度可达100 m/min,最大加速度可以达到 $5g$。然而,相似性原理有可能大大简化这类机床的软件算法,使这类机床获得更广泛的应用。

图 2.10 德国 Herkert 机床公司并联结构的 SKM 400 型卧式加工中心

2.7.2　在高速测绘系统中的应用

提高精度与速度是测绘系统面临的两大任务。提高测绘速度的途径,一方面在于测绘驱动部件,但这是有限的,另一方面则在于测绘的软件系统采用什么方案。在已有的测绘系统中提高测绘精度则主要采用各种插补方法,这使软件更趋复杂化。当今的测绘系统大都基于直角坐标系下的插补方法。在插补情况下,x,y,z 轴伺服电机采用脉冲数不等的交叉通电方式。然而利用本章增量运动相似性原理,展现出一种新的测绘系统。在这个测绘系统中,x,y,z 轴均采用由定理 2.2 求出的变速 P 命令脉冲串,使 x,y,z 轴伺服电动机能同步按参数方程决定的速率运动。它是一种引入时间参量的测绘系统。它可以使测绘过程以最高速进行,在不改变驱动部件的情况下,使测绘速率提高一倍。当使用伺服电机或微步距角步进电机驱动时,由于 x,y,z 轴电机同步运动,容易获得几乎光滑的运动轨迹。这种方法不必采用插补算法,控制软件获得充分简化。本方法可用于五轴五联动数控机床,也可应用于更高维的数控机床,实现高维联动控制。

2.7.3　在自动测量和自动控制技术中的应用

人们对于运动速率的测量(或采样)已有大量研究及应用,对于运动轨线的测量(或采样)也有了较多的研究及应用,例如,三坐标测量仪、平面数字化仪,作为一种多轨迹测量的输入设备,已在工业、军事等领域得到应用。通常,运动包括运动的速率及位置轨迹两个含意。本来运动过程中的位移及速率的变化是同时共存的,但人们至今没有找到一种能同时测量多维运动的瞬时速率及位移的方法,阻碍了人们对多维运动的研究。本节提出的增量运动的相似性原理,展现了一种对于多维运动进行采样及数字化处理的方法。例如,若在平面数字化仪对空间坐标信息采样的同时,同步记录运动游标通过两坐标单元所需的时间,则构成了一种新型的平面运动数字化仪。同理,三坐标测量仪可以自然地成为三维运动数字化仪。获得的三维独立运动的数据,运动数据可以作为三维数控机床的三维输入变量,直接用于仿真加工。这样使三维自动测量(抄数)和自动控制变得非常容易。

2.7.4　利用反函数相似定理改善过程控制

在绝大多数工程控制中,通常习惯于采用定步长时间分割的控制方法。自变量时间,由计算机的定时器或时间分割产生,因变量则随过程控制的变化规律而变化。今设想,因变量是向某炼钢炉添加燃料,则不同时间需要加不同量的燃料。若按反函数相似定理 2.2,改用变步长时间分割,则在同样使用一个时间分配器的情况下,每次所加燃料则为一固定常量。某些情况下,由于变量控制简化为常量控制,这一改善可能产生巨大的经济效益。且由定理2.2 知,两种控制方法的精度相当。然而这种值得改进的措施,由于习惯的顽固性并未引起注意。

2.7.5　在相似模化技术中的应用

增量运动相似性原理是一种不必通过求几何相似法则所必要的 π 数,而是直接从支配原型的现象,来求以增量运动表示的相似体模型的方法。但事实上,增量运动的步长(q_1,$q_2,\cdots,q_n$)都将是有限小值,故实际是上述原理提供一种面向工程实际的求近似模型的增量方法。

例如,设原型为参数方程表示的 N 维运动,表示为

$$\begin{cases} x_1 = x_1(t) \\ x_2 = x_2(t) \\ \vdots \\ x_n = x_n(t) \end{cases} (t_0 \leq t \leq t_1)$$

则由相似理论有相似体存在为

$$\begin{cases} x_1' = \dfrac{1}{B} x_1(t) \\ x_2' = \dfrac{1}{B} x_2(t) \\ x_2' = \dfrac{1}{B} x_n(t) \end{cases} (t_0 \leq t \leq t_1)$$

显然,其相似比为

$$\frac{x_j(t)}{x_j'(t)} = B(j = 1, 2, \cdots, n), t \in [t_0, t_1]$$

再由定理 2.5 得:原型 $A(x_1(t), x_2(t), \cdots, x_n(t)) \cong$ 增量模型 $D(x_1'(i_1), x_2'(i_2), \cdots, x_n'(i_n))$,其相似比为常数值 B。

但实际上,q 为有限小值,因此对于第 1 个运动分量的相似来说,相似比 $\dfrac{x_1(t)}{x_1'(t_i)} = B + \varepsilon_1(t_i), t_i \in [t_0, t_1]$ 中任意一点,其中相似误差 $\varepsilon(t_i)$ 必满足 $|\varepsilon_1(t_i)| \leq \dfrac{q_1}{x_1(t_i)}$。这是不难证明的。同理,可得任意时刻 $t_i \in [t_0, t_1]$,相似比的误差表达式:$\dfrac{x_j(t)}{x_i(t_i)} = B + \varepsilon_j(t_i), t_i \in [t_0, t_1]$ 中任意一点,其中 $\varepsilon_j(t_i)$ 必满足

$$|\varepsilon_j(t_i)| \leq \frac{q_j}{x_j(t_i)} \quad (j = 1, 2, \cdots, n)$$

即使是对于满足同一微分方程式的不同种类的自然物理现象,如满足齐次条件

$$\nabla^2 \varphi = \frac{\partial^2 \varphi}{\partial x^2} + \frac{\partial^2 \varphi}{\partial y^2} + \frac{\partial^2 \varphi}{\partial z^2} = 0 \quad （在 D 域中）$$

同样,可以在定解条件(或单值性条件)给定的情况下,用 3 个增量运动坐标:$x_{\varphi_j}(i_x)$,$y_{\varphi_j}(i_y)$,$z_{\varphi_j}(i_z)$ 来表示位函数 $\varphi(x, y, z) = \varphi_j (\varphi_{\min} \leq \varphi_j \leq \varphi_{\max})$ 的空间分布,即等位线的空间分布,且增量运动表示的等位线很容易得到其相似体。因此,对于不同种类的自然物理现象的相似工程应用,增量运动相似性原理也具有适应性。

2.7.6　两个浅显的应用

两轴数控机床加工一个圆形图案,必须进行插补。变化率大的轴,加工步长要小;变化率小的轴,加工步长要大。插补方法决定了加工质量,然而这种插补在相似原理看来是没有必要的。利用相似原理的新方法是:在相同时间起点,两轴独立随时间连续运动,即可加工出更高质量的工件。

2.8　人类追求的完美终极理论

时间、空间跨度大的相似现象往往能揭示事物的高层次的共同性质，其原因是，只有事物高层次的性质才能影响到事物的普遍性。例如物质的粒子性、能量守恒原理、事物的熵的变化规律、最小能量原理，甚至包括相似原理本身。

事物的一些局部性质和规律，往往因为处于事物的不同层次和时空尺度，反映出不同层次的相似属性，因而体现出不同层次和时空尺度下相似的局限性，例如电子的测不准原理、自然选择原则、相对论、量子理论等。这些理论和方法对人类的进步和发展做出了巨大贡献，并将继续做出贡献。

人类每天面对如此大量的、不同层次的、错综复杂的事物，统领一切事物发展的完美终极理论的确支配着这一切不同层次的事物。但是根据相似原理，由于事物的层次不同，源于事物的发展和演化，期间相似性必然退化。因此，尽管完美终极理论终究支配着它，但是完美终极理论的影响力，对于实际事物（往往是底层事物）发展的影响往往微小和普通到你无法觉察。如此看来，人类不必急于追究完美终极理论。也许根本无法逼近获得完美终极理论，因为时间箭头仍然在前进，而人类经历的时间还很有限。

尽管如此，追求完美终极理论的愿望仍然是人类崇高的理想和奋斗目标。人类正在以越来越快的速度，获得一系列相似的、局部的理论，来逼近完美终极理论。然而，人类理解事物的进步，仍然只是在无序度增加的宇宙中建立一个小小的有序的角落。

2.9　自然事物的时间、空间表达

事物至少必须在一维空间中存在。图 2.11 是一个有形物（质点）在五维空间的存在形式，即 $(x(t),y(t),z(t),h(t))$。其中 $(x(t),y(t),z(t))$ 是三维空间，$h(t)$ 是有形物（质点）随时间发光的强度所占有的一维空间，时间轴是线性变化的一维。自然事物不能脱离和独立于时间和空间存在，时间和空间是自然事物存在的形式。

自然事物可以存在于四维空间，自然事物也可以用高于四维空间的形式存在。例如增加彩色空间、声音空间、味觉空间或质量空间等。用 N 维时间变量描述的自然事物，是对于包括其运动、变化在内的，对于自然事物的解耦。它提供了对于自然事物的描述、分解、构成、压缩和延伸、预估、追溯等可能性和能力。

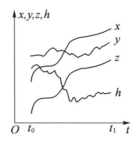

图 2.11　五维空间

物质空间可以用维数来表示,例如三维物理空间。三维物理空间,加上色彩、声音、生物体、情感等就构成复杂的 N 维现实世界。空间的复杂性、完整性就是维数。又由于时间是连续、均匀、无限和线性的,即符合时间连续性公理。在任意长度的时间片段,上述公理均有效。因此,当我们把复杂空间理解成高维度时,时间和空间的关系就是线性的了,即时间与空间的乘积并不改变其相似属性,时间与任意维度的乘积并不改变其相似属性。这就保证了对于自然事物的描述、分解、构成、压缩和延伸、预估、追溯等的有效性,而抽象思维则具有更大的灵活性。

上述概念非常重要,用这个概念人类就有能力去表达、仿真、构建任意复杂的现实世界。虚拟地球尺度的人口、地球尺度的 3D 社区以及虚拟其间发生的长达数年、量值达数十亿维的运动过程。它们可以被记忆、复现、压缩和延展,可以在相似原理的层次上进行任意形式的相似变换,其结果可以被再现,可以被仿真。

2.10　事物的时间坐标

任何事物均与时间有关。由于时间连续地、均匀地、线性地流逝,时间对于任何事物都是平等的。任何事物均可以用时间为参考进行比较和分析。时间是任何事物的绝对坐标。

在 $X-T$ 坐标系中, t_0 是相对事物绝对坐标的瞬间时刻, t 是相对 t_0 的瞬间时刻。研究和表达 $X-T$ 坐标系中的事物,与事物的绝对坐标无关。对于 t_0 时刻对齐的事物可以放到以 t_0 为时间起点的坐标系中进行研究和表达。任意维度的复杂事物均可以放到以 t_0 为时间起点的坐标系中进行研究和表达。 t_0 为时间起点的坐标系具有同时性和任意性。

质点 M 的轨迹 $x(t)$ 和速度轨迹 $v(t)$,被放在同一个 T 坐标系中,它们也可以放在两个 T 坐标系中,如图 2.12 所示。

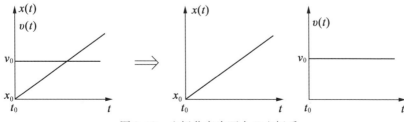

图 2.12　坐标分离为两个 T 坐标系

质点 M 的运动方程为

$$\begin{cases} x = x(t) \\ v = v(t) \end{cases} \quad (t_0 \leqslant t)$$

t_0 为时间起点的坐标系具有同时性和任意性。即事物可以按时间来分解它们的维度，以时间参数的形式来表达。在 t_0 时刻对齐的坐标系中任何规律均具有等效性。

2.10.1 时间坐标与空间坐标的融合

有形物的空间坐标是人类最熟悉的，通常采用 *XYZ* 三维坐标系。但 *XYZ* 三维坐标系不能描述，哪怕是一个质点的运动。人类感知有形物还需要时间维。空间三维坐标系中有形物随时间的运动，是可以在人类的感知中形成的。人类是宇宙间的事物，时间维的同时性和任意性决定了时间维可以存在于人类的感知中。

（1）用 *XYZT* 四维坐标系描述一个质点 *M* 的运动

图 2.13（a）是通常采用 *XYZ* 三维坐标系，它无法描述质点 *M* 的运动。图 2.13（b）是 *XYZT* 四维坐标系，它可以描述质点 *M* 的运动，其中 t_0 为时间起点，时间坐标轴分别与相应的空间坐标轴正交。图 2.13（c）是 *XYZT* 四维坐标系，以时间为参数的表达形式，时间坐标轴分别与相应的 *XYZ* 坐标系正交。

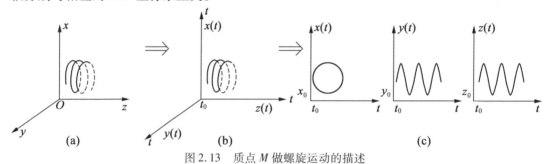

图 2.13 质点 *M* 做螺旋运动的描述

时间坐标与三维空间坐标的融合在满足同时性的前提，具有任意性。例如取时间坐标轴与 *Z* 轴重合，它的缺点是 $z(t)$ 随时间的变化失去直观性。又如，时间坐标轴分别与三维空间坐标轴重合，这相当于不计其空间位置的变化。又如，取时间坐标轴与三维空间坐标轴互成45°角，等等。

（2）用 *XYT* 三维坐标系描述一个质点 *M* 的运动。

质点 *M* 的运动方程为

$$\begin{cases} x = x(t) = R\sin \omega t \\ v = v(t) = R\cos \omega t \end{cases} \quad (t_0 \leqslant t)$$

质点 *M* 的运动轨迹如图 2.14 所示。

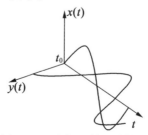

图 2.14 质点 *M* 的运动轨迹

用 XYT 三维坐标系描述质点 M 的运动:质点 M 的运动轨迹在 XY 平面的投影是半径为 R 的圆。

(3)用 XYZ 三维坐标系描述一个质点 M 的螺线运动。

质点 M 绕直径 a 等速转动,并沿直线做等速移动时的运动方程为

$$\begin{cases} x = a\sin\theta = \sin\omega t \\ y = a\cos\theta = \cos\omega t \qquad (t_0 \leqslant t) \\ z = b\theta = b\omega t = h\omega t/2\pi \end{cases}$$

图 2.15(a)为右螺线运动,与 $z = b\theta$ 对应。图 2.15(b)为左螺线运动,与 $z = -b\theta$ 对应。图 2.15(c)是上式运动方程的图示,图 2.15(d)是运动方程的 2D 抽象,图 2.15(e)是运动方程的 3D 抽象。

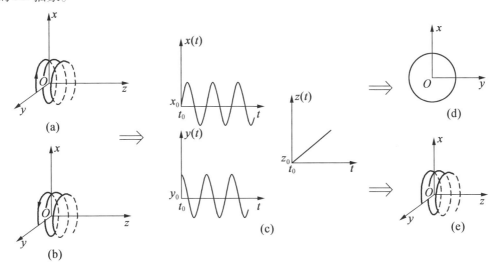

图 2.15　三维坐标系的分离和抽象

2.10.2　时间坐标与空间坐标的分离

一个单摆质点 M 的运动,如图 2.16(a)所示。取时间坐标轴与 x 轴重合,如图 2.16(b)所示。它的缺点是 $x(t)$ 随时间的变化失去直观性,它是 x 轴的直线脉振变量。取时间坐标轴与 x 轴正交,如图 2.16(c)所示,是最常用的时间坐标系。

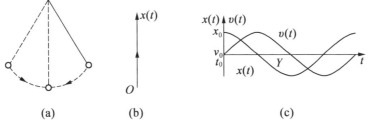

图 2.16　时间坐标与空间坐标的分离

当对图 2.16(a)、(b)、(c)进行标准 2D 抽象后,其 2D 抽象图形是一直线。上述过程相当于对于一个单摆质点 M 的运动,进行时间坐标与空间坐标的加入和分离。

2.11　最简单的多维事物

三维坐标系中的质点 M 的运动可以用该质点在三个坐标轴上的投影分量随时间的变化关系来表示,即

$$\begin{cases} x = x(t) \\ y = y(t) \\ z = z(t) \end{cases} \quad (t_{x0} = t_{y0} = t_{z0})$$

三维坐标系是正交坐标系,也称空间坐标系,可以表达质点在空间的位置随时间的变化关系。如果上述质点随时间发出不同强度的光亮,则该质点在空间随时间的变化就是四维的。显然,第四维是一个随时间光亮强度变化的独立的维度。质点 M 可以表示为

$$\begin{cases} x = x(t) \\ y = y(t) \\ z = z(t) \\ l = l(t) \end{cases} \quad (t_{x0} = t_{y0} = t_{z0} = t_{l0})$$

若质点 M 随时间会发出声音,则该质点在空间随时间的变化还有第五维。显然,第五维是一个随时间、声音独立变化的维度。质点 M 可以表示为

$$\begin{cases} x = x(t) \\ y = y(t) \\ z = z(t) \quad (t_{x0} = t_{y0} = t_{z0} = t_{l0} = t_{s0}) \\ l = l(t) \\ s = s(t) \end{cases}$$

相似于离散参数方程:

$$\begin{cases} x = x(t_{xi}) \\ y = y(t_{yi}) \\ z = z(t_{zi}) \quad (t_{x0} = t_{y0} = t_{z0} = t_{l0} = t_{s0}) \\ l = l(t_{li}) \\ s = s(t_{si}) \end{cases}$$

对于多维的质点 M,其基本维度(或称空间维度)是

$$\begin{cases} x = x(t) \\ y = y(t) \\ z = z(t) \end{cases} \quad (t_{x0} = t_{y0} = t_{z0})$$

刚体的运动类似质点运动,因此,传统数控机床的运动控制是一种空间维度的运动控制问题。目前五个维度的空间运动控制,也即五轴五联动数控机床已经商品化。它是人类 20 世纪末期的代表作之一。21 世纪,人类熟悉相似原理以后,任意多维运动控制问题将获得全面解决。

2.12　时间函数和非时间函数的相似特性

自然事物是客观存在的事物,它们均与时间有关,故它们都是时间的函数。但是,人们对于自然事物(客观存在的事物)的抽象结果,却往往可以与时间无关。例如,某人画一个圆和某人看到或想到一个圆,在数学上对上述现象的表达分别为

$$X = R\sin t, Y = R\cos t \text{ 和 } R^2 = X^2 + Y^2$$

后者与时间无关,为非时间函数。

一般来讲,时间函数和非时间函数之间可以转换。从时间函数转换到非时间函数将使信息量减少,从信息的维数讲,它至少丢了时间这一维。显然,抽去时间维,信息量将随时间进程,减少得越来越多,所以这在相似原理的应用中极其重要。从非时间函数到时间函数之间的变换将使信息量大大增加,从原理上讲,可以获得无穷多个相似函数。

2.13　时间维的抽去可以达到抽象的效果

自然事物是客观存在的事物,它们均与时间有关,故它们均是时间的函数。一般来说,周期时间函数均可以抽去其时间维,实现人们对于该客观存在事物的抽象。例如,质点正弦运动形成的圆,如图 2.17 所示。

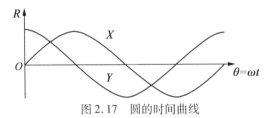

图 2.17　圆的时间曲线

其数学表达为

$$X = R \sin \omega t = R \sin \theta$$
$$Y = R \cos \omega t = R \cos \theta$$

离散成:

$$X : R(\sin 0°, \sin \Delta\theta, \sin 2\Delta\theta, \sin 3\Delta\theta, \cdots, \sin 360°)$$
$$Y : R(\cos 0°, \cos \Delta\theta, \cos 2\Delta\theta, \cos 3\Delta\theta, \cdots, \cos 360°)$$

由于,$X : R(\Delta\theta_i)$ 和 $Y : R(\Delta\theta_i)$ 是周期函数,取函数的一个周期。当 $\Delta\theta \to 0$,在 XY 坐标系中成立:$R^2 = X^2 + Y^2$,简化成与时间无关的非时间函数。

从时间函数转换到非时间函数,抽去时间维,信息量减少到极小。这在相似原理的应用中非常重要。从非时间函数到时间函数之间的变换将使信息量大大增加,从原理上讲,可以获得无穷多个相似函数,例如获得不同时间起点的相似函数。

2.14　时间片段相似体与完美的正弦相似

由于相似原理要求时间起点对齐的条件,满足时间连续性,因此对于任意维事物,可以截取任意维事物的时间片段,获得该时间片段相似体(详见2.6节中的补充定理2.7和定理2.8)。对于大多数事物,只要截取的时间片段足够长,前后截取的两个时间片段都是时间片段相似体。在宏观世界有大量事实如此,例如周期变化的世界万物。

由时间片段构成的相似体,将与母体的时间起点无关。如图2.18所示,B相似于A和C,A相似于B。

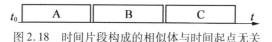

图2.18　时间片段构成的相似体与时间起点无关

在非物质世界更具有任意性,例如周期变化的思维、宏观经济发展数据、相似的梦境世界等。

正弦波是周期变化的光滑曲线。正弦周期变化是世界万物均表现出来的属性,例如DNA链、电磁波、光波、声波、水波、生命周期等。正弦周期变化是完美的相似,几乎所有事物的发展与变化都具有周期性。

2.15　相似原理在抽象事物中的应用:未来虚拟3D社区

相似原理在抽象事物中应用具有更大的灵活性。时间片段构成的相似体将与母体的时间起点无关,因此我们可以回到过去和走进未来。

想一想当你进入一个活生生10年前的3D虚拟社区中,从事今天的社区活动,你会获得什么样的感受。10年前的3D社区与当前这个通过10年发展而来的相似的3D社区,其跨度之长远、规模之宏大,仍可以在相似原理的基础上被复现、被穿越、被交叉重叠。在虚拟社区中这一切是可以实现的。

人类有机会开始反省自己的过去,有机会看到自己未来将会发生的结果,有机会事先去体验自己的设想。每个人都可以在自己的虚拟世界中获得自己的需要和满足。你可以任意操控和改变属于你的、基于相似原理的虚拟世界。然而一个真正的具有地球尺度人口的、具有地球尺度地域的3D世界,仍然不依任何个人的意志和行为所左右,在那里连续地、自然地、实实在在地、轰轰烈烈地发展着。这个地球尺度的3D世界是一切已经发生的和将要发生的无数相似世界的母体。

2.16　维度的分解与合成

【定理 2.9】（减维定理）

当 $n \rightarrow \infty$，对于 n 维事物的相似性而言，n 维连续变化事物中的独立变量 $f_i(t) = 0$ 是可以被忽略的。

$$\begin{cases} f_1(t) = 0 \\ f_2(t) = 0 \\ \vdots \\ f_n(t) = 0 \end{cases} (t_{10} = t_{20} = t_{30} = \cdots = t_{n0})，相似于：\begin{cases} f_1(t) = 0 \\ f_2(t) = 0 \\ \vdots \\ f_i(t) = 0 \\ f_{i+1}(t) = 0 \\ \vdots \\ f_n(t) \end{cases}，其中 f_i(t) = 0 被忽略。$$

【定理 2.10】（时间起点移动定理）

当 $n \rightarrow \infty$，n 维连续变化事物中的独立变量 $f_i(t) = 0$ 的时间起点被移动，对于 n 维事物的相似性而言，$f_i(t) = 0$，$t_{i0} \neq t_{10}$，是可以被忽略的。

$$\begin{cases} f_1(t) = 0 \\ f_2(t) = 0 \\ \vdots \\ f_n(t) = 0 \end{cases} (t_{10} = t_{20} = t_{30} = \cdots = t_{n0})，相似于：\begin{cases} f_1(t) = 0 \\ f_2(t) = 0 \\ \vdots \\ f_i(t) = 0 \\ \vdots \\ f_n(t) \end{cases}，其中 f_i(t) = 0 的 t_{i0} \neq t_{10}，被忽$$

略。

【定理 2.11】（时间片段的相似定理）

$$对于：\begin{cases} f_1(t) = 0 \\ f_2(t) = 0 \\ \vdots \\ f_n(t) = 0 \end{cases} (t_{10} = t_{20} = t_{30} = \cdots = t_{n0})，相似于：\begin{cases} f_1(t) = 0 \\ f_2(t) = 0 \\ \vdots \\ f_n(t) = 0 \end{cases} (t_{1a} = t_{2a} = t_{3a} = \cdots = t_{na})，a \in (0, n)$$

n 维连续变化事物中的时间片段是母体的相似体。

【定理 2.12】（分解相似定理）

$$\begin{cases} f_1(t) = 0 \\ f_2(t) = 0 \\ \vdots \\ f_n(t) = 0 \end{cases} (t_{10} = t_{20} = \cdots = t_{n0})，\begin{cases} g_1(t) = 0 \\ g_2(t) = 0 \\ \vdots \\ g_n(t) = 0 \end{cases} (t_{1a} = t_{2a} = \cdots = t_{na})，相似于：$$

$$\begin{cases} f_1(t) = 0 \\ f_2(t) = 0 \\ \vdots \\ f_n(t) = 0 \\ g_1(t) = 0 \\ g_2(t) = 0 \\ \vdots \\ g_n(t) = 0 \end{cases} (t_{1a} = t_{2a} = \cdots = t_{na})$$

n 维连续变化事物中的两个时间片段是母体的相似体。

2.17　时间轴的压缩与延拓相似变换

时间轴的压缩与延拓相似变换是一种最常见的相似变换。例如电影的快、慢播放,图片的大、小缩放等,其数学表达也是显而易见的。

对于 $\displaystyle\sum_N^{t_0} f_N(t)$,令 $t' = kt$,则

$$\sum_N^{t_0} f_N(t) \cong \sum_N^{t_0} f_N(kt) \, (k > 0, 为常数)$$

于是,对于离散化事物, $\displaystyle\sum_N^{t_0} f_N(t_i)$,成立:

$$\sum_N^{t_0} f_N(t_i) \cong \sum_N^{t_0} f_N(kt_i) \, (k > 0, 为常数)$$

容易证明,上述变换的成立和可逆性。

$k > 1$ 是时间轴的延拓相似变换,事物的运动速度变缓; $k < 1$ 是时间轴的压缩相似变换,事物的运动速度变快。

时间轴的压缩与延拓相似变换具有显著的应用价值。例如,数据的压缩和扩展,对数据细节的观察与舍弃等。在通信领域时间轴的压缩与延拓相似变换已获得广泛应用。例如,卫星通信与数据的变换、加解密和用于传输带宽与速率的改善等,工业生产中加工过程的显示与曲线跟踪等。各种工业、军事用途的仿真都直接或间接使用时间轴的压缩与延拓相似变换。

2.18　空间的压缩与延拓相似变换

由于相似原理将任意复杂事物,在时间起点对齐的前提下,表达为 N 维随时间变化的连续函数或离散函数(相关的时间序列)。

N 维连续事物：$\sum\limits_{N}^{t_0} f_N(t)$ 或 N 维连续事物离散相似体：$\sum\limits_{N}^{t_0} f_N(t_i)$，并非简单的数据集合，它包含了 N 维事物的全部时间变量的内在联系与相互影响。

与时间轴的压缩与延拓相似变换相类似，由于每一维均为时间的函数，它们仅仅受时间起点 t_0 的约束。因此，在时间起点 t_0 对齐的约束条件下，成立：

对于，$\sum\limits_{N}^{t_0} f_N(t)$，令 $f'_N = kf_N, k > 0$，为常数，则：

$$\sum\limits_{N}^{t_0} f_N(t) \cong k \sum\limits_{N}^{t_0} f_N(t) \,(k > 0,\text{为常数})$$

$$\sum\limits_{N}^{t_0} f_N(t_i) \cong k \sum\limits_{N}^{t_0} f_N(t_i) \,(k > 0,\text{为常数})$$

容易证明，上述变换的成立和可逆性。当 $N=3$，上述变换具有几何意义，故定义：空间是三维的，$N=1,2,3$ 可用连续函数和离散函数表示。

【定理 2.13】（空间的压缩与延拓相似变换）

$$\sum\limits_{N=3}^{t_0} f_N(t) \cong k \sum\limits_{N=3}^{t_0} f_N(t) \,(k > 0,\text{为常数})$$

$$\sum\limits_{N=3}^{t_0} f_N(t_i) \cong k \sum\limits_{N=3}^{t_0} f_N(t_i) \,(k > 0,\text{为常数})$$

空间的压缩与延拓相似变换的应用领域非常广泛，并会越来越广泛。

2.19　事物的压缩与延拓相似变换定理

由于 N 维连续事物可以表达为 $\sum\limits_{N}^{t_0} f_N(t)$，定义：对其进行上述关于时间和空间双重压缩与延拓相似变换，则成立如下相似变换定理。

【定理 2.14】（事物的压缩相似变换定理）

$$\sum\limits_{N}^{t_0} f_N(t) \cong k_2 \sum\limits_{N}^{t_0} f_N(k_1 t) \,(k_1 \neq 0, k_2 \neq 0,\text{为常数})$$

$k_1 > 1$ 是时间轴的延拓性压缩相似变换，事物的运动速度变缓；$k_1 < 1$ 是时间轴的压缩相似变换，事物的运动速度变快。

$k_2 > 1$ 是事物幅值的延拓性压缩相似变换，等价于事物的运动速度变快；$k_2 < 1$ 是事物幅值的压缩相似变换，等价于事物的运动速度变缓。

k_1 和 k_2 具有互补性，即空间和时间具有互补性。

【定理 2.15】（事物的离散相似体的压缩与延拓相似变换定理）

$$\sum\limits_{N}^{t_0} f_N(t_i) \cong k_2 \sum\limits_{N}^{t_0} f_N(k_1 t_i) \,(k_1 \neq 0, k_2 \neq 0,\text{为常数})$$

由相似原理的基本定理，容易证明事物的离散相似体的压缩与延拓相似变换成立。

【定理 2.16】（事物的匀称压缩相似变换定理）

$$\sum_{N}^{t_0} f_N(t) \cong k \sum_{N}^{t_0} f_N(kt) \quad (k \neq 0, \text{为常数})$$

由于 k_1 和 k_2 具有互补性，即空间和时间具有互补性，因此，$k = k_1 = k_2$ 的相似变换为匀称的压缩相似变换。

【定理 2.17】（事物的匀称离散相似体的压缩相似变换定理）

$$\sum_{N}^{t_0} f_N(t_i) \cong k \sum_{N}^{t_0} f_N(kt_i) \quad (k \neq 0, \text{为常数})$$

由相似原理的基本定理，容易证明事物的离散相似体的压缩与延拓相似变换成立。且由于 k_1 和 k_2 具有互补性，即空间和时间具有互补性，因此，$k = k_1 = k_2$ 离散相似体的压缩相似变换是匀称的压缩延拓相似变换。

【定理 2.18】（空间和时间压缩相似变换定理）

$$\sum_{N=3}^{t_0} f_N(t) \cong k_2 \sum_{N=3}^{t_0} f_N(k_1 t) \quad (k_1 \neq 0, k_2 \neq 0, \text{为常数})$$

$$\sum_{N=3}^{t_0} f_N(t_i) \cong k_2 \sum_{N=3}^{t_0} f_N(k_1 t_i) \quad (k_1 \neq 0, k_2 \neq 0, \text{为常数})$$

$N = 3$，上述变换具有几何意义，故定义为空间和时间压缩相似变换。但请注意，人们所能感知的事物通常都是 N 维的。因此，$N = 3$，并不具有特殊意义。

【定理 2.19】（匀称压缩为奇点定理）

对于事物：$\sum_{N}^{t_0} f_N(t) \cong k \sum_{N}^{t_0} f_N(kt)$，令 $k \to 0$，事物将被一步一步地、匀称地压缩为奇点，这是一个非常奇特的过程。

【定理 2.20】（匀称扩展为无限定理）

对于事物：$\sum_{N}^{t_0} f_N(t) \cong k \sum_{N}^{t_0} f_N(kt)$，令 $k \to \infty$，事物将被一步一步地、匀称地扩展为无限，这同样是一个非常奇特和壮观的过程。

【定理 2.21】（事物压缩相似变换的变化率定理）

显然，由于

$$\frac{d^n \left[k \sum_{N}^{t_0} f_N(t) \right]}{dt^n} = k \frac{d^n \left[\sum_{N}^{t_0} f_N(t) \right]}{dt^n}$$

又由于

$$\frac{d^n \left[\sum_{N}^{t_0} f_N(kt) \right]}{dt^n} = k \frac{d^n \left[\sum_{N}^{t_0} f_N(kt) \right]}{d(kt)^n} = k \frac{d^n \left[\sum_{N}^{t_0} f_N(kt) \right]}{dt^n}$$

$$\frac{d^n \left[k_2 \sum_{N}^{t_0} f_N(k_1 t) \right]}{dt^n} = k_1 k_2 \frac{d^n \left[\sum_{N}^{t_0} f_N(k_1 t) \right]}{d(k_1 t)^n} = k_1 k_2 \frac{d^n \left[\sum_{N}^{t_0} f_N(kt) \right]}{dt^n}$$

可见，压缩相似变换线性地改变事物的运动节奏，线性变换系数为 $k_1 k_2$。

2.20　非关键维的剥离

下面介绍在 N 维事物 B 中剥离非关键维的方法。

对于 N 维事物 B：

$$\begin{cases} x = x(t) \\ y = y(t) \\ z = z(t) \\ l = l(t) \\ s = s(t) \\ \vdots \end{cases} \quad (\text{时间起点}: t_{x0} = t_{y0} = t_{z0} = t_{l0} = t_{s0} = \cdots)$$

可构建 B 的均方根影响函数 $\sum\limits_{i}^{n}{}_{AB}(t_i)$，$\sum\limits_{i}^{n}{}_{AB}(t_i)$ 与 N 维事物 B 中任意维比较相似性（或相关性）。当相关系数 $|r| < 0.4 \sim 0.5$ 时，不妨作为非关键维，即从 N 维事物 B 中剥离该事物维。

经典皮尔逊相关系数计算公式为

$$\gamma_{XY} = \frac{\sum\limits_{i}^{n} X_i Y_i - \dfrac{\left(\sum\limits_{i}^{n} X_i \sum\limits_{i}^{n} Y_i\right)}{n}}{\sqrt{\sum\limits_{i}^{n} X_i^2 - \dfrac{\left(\sum\limits_{i}^{n} X_i\right)^2}{n}} \sqrt{\sum\limits_{i}^{n} Y_i^2 - \dfrac{\left(\sum\limits_{i}^{n} Y_i\right)^2}{n}}}$$

2.21　特殊维与维的处理

也许相似原理应该关注那些特殊维度的相似问题，例如时间维度、时间维度的可伸缩特征、维度的时间起点特征、空间维度、空间维度的变换、输入维度、输出维度、可舍弃的维度、可合并的维度、可描述的维度、可等效的维度、维度的片段和可分段特征、维度的周期特征等。本节介绍特殊维与维的处理方法。

2.21.1　时间维的剥离

剥离时间维可以达到降维的目的。

对于 N 维连续事物，由参数方程表示 A：

$$\begin{cases} x_1 = x_1(t) \\ x_2 = x_2(t) \\ \vdots \\ x_n = x_n(t) \end{cases} \quad (t_0 \leqslant t \leqslant t_1)$$

由于 N 维连续事物的每一维,均随时间连续变化,它们有统一的时间起点。N 维连续事物中的每一维,均随时间受到其他任何一维的影响和作用,也即任何一维随时间连续变化的事物,均包含了 N 维连续事物的完整的影响。因此,任何一维均包含了一部分 N 维连续事物的信息。但是,每一维对于 N 维连续事物的贡献不同,其影响有大有小,利用相似原理定理可以剥离影响小的维,达到降维的目的。

时间维的剥离有几种方法,例如,不计统一的时间起点,允许任何一维的时间起点发生偏移。这种方法,本质上时间维没有被剥离。

又例如,将上述参数方程 A 的时间变量从方程中消除,这也许是很困难的。例如,参数方程:

$$X = R \sin \omega t, Y = R \cos \omega t$$

它是运动圆的轨迹,轨迹与时间有关。

若消除时间变量,即得

$$R^2 = X^2 + Y^2$$

后者与时间无关,是一静止的圆。一般来讲,时间维的剥离,相当于静止地去观察事物和现象。

2.21.2 时间维的剥离方法

在物理世界中,客观存在的事物均与时间有关,故它们均是时间的函数。一般来说周期时间函数,均可以抽去其时间维,实现人们对于该客观存在事物的抽象。例如,质点运动形成的圆,如图 2.19 所示,其数学表达为

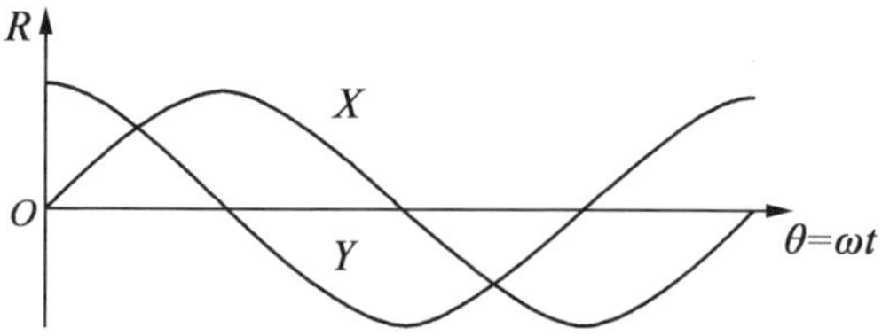

$$X = R \sin \omega t = R \sin \theta$$

$$Y = R \cos \omega t = R \cos \theta$$

图 2.19 质点运动

离散成:

$$X : R(\sin 0°, \sin \Delta\theta, \sin 2\Delta\theta, \sin 3\Delta\theta, \cdots, \sin 360°)$$

$$Y : R(\cos 0°, \cos \Delta\theta, \cos 2\Delta\theta, \cos 3\Delta\theta, \cdots, \cos 360°)$$

由于,$X : R(\Delta\theta_i)$ 和 $Y : R(\Delta\theta_i)$ 是周期函数,取函数的一个周期。当 $\Delta\theta \to 0$,在 XY 坐标系中,以 $X : R(\Delta\theta_i)$ 为自变量,$Y : R(\Delta\theta_i)$ 为因变量可绘出图 2.20,即 $R^2 = X^2 + Y^2$,简化成与时间无关的非时间函数。

从时间函数转换到非时间函数,抽去时间维,信息量减少到极小。这在相似原理的应用中极其重要。从非时间函数到时间函数之间的变换将使信息量大大增加,从原理上讲,可以获得无穷多个相似函数,例如获得不同时间起点的相似函数。

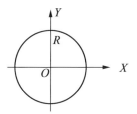

图 2.20　质点运动的轨迹与时间无关

2.21.3　抽象是关于时间的抽象

对于许多重复出现的相似体,可进行时间压缩,如图 2.21 所示,有 $5T$ 个重复出现的相似体被压缩 $1T$,进一步被压缩成 $0.3T$,甚至被压缩成 ΔT,即一条竖线,使该维与时间无关。

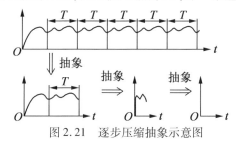

图 2.21　逐步压缩抽象示意图

2.21.4　抽象的本质和抽象的一般方法

对于某事物 A,按相似原理,寻找 A 事物的周期性,按周期性对 A 事物分段,仅保留 A 事物的一个周期分段。即获得 A 事物的时间片段相似体 $A(m,t)$,并用来相似 A 事物。然后对该时间片段相似体 $A(m,t)$ 进行时间维的剥离并获得 A 事物的抽象物 $A(m)$。

由于相似原理的时间起点条件和时间连续性告诉我们,对于任意维事物,都可以抽去时间。因为可以截取任意维事物的时间片段,获得该时间片段相似体。然后对该时间片段相似体,进行时间维的抽去。时间维的抽去就是抽象的本质。

时间维的抽去问题,也是时间和空间转换问题。例如,当无数不同位置的神经元获得相似的信息时,该信息就是可以时间抽维的信息。当仅有少数神经元获得相似信息时,该信息就不可以时间抽维。当人看到写在纸上的 A 字时,几乎全部视觉神经元都获得了该相似信息(数据流),所以相似的其他内容变得无关紧要。

人的大脑的左右两叶也许是按处理与时间有关信息和与时间无关信息来分工的。人们大体已经发现左半脑主要与处理语言、逻辑、数字和次序有关,也即处理与时间无关信息。而右半脑主要处理节奏、旋律、音乐、图像和幻想,也即处理与时间有关信息。左右大脑体之间(拥有 3 亿个活动神经细胞组成高度复杂的交换系统)不断地平衡着输入信息和两个半叶的信息分配。

我们来观察视网膜神经感受一个写在纸上的 A 字。设有 100×100 个视网膜神经元,如图 2.22 所示。在与 A 字轨线重合的位置上的神经元感受到了变化,其他部分未被激活。我们此刻关心的是那些感受到变化的神经元,它们的时间响应基本上都如图 2.23 所示。所以大脑对 A 字的感受与时间无关,仅仅与神经元的位置有关。

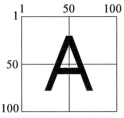

图 2.22　100×100 个视网膜神经元图

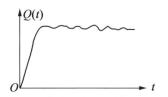

图 2.23　感受到变化的神经元响应

另外一种情况是：视网膜神经元看到一个 A 字的书写过程，则神经元（30,40），（31,40），（32,40）的感受如图 2.24 所示。

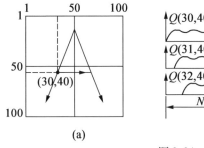

(a)

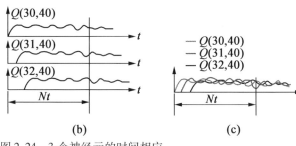

(b)　　　　　　　　　(c)

图 2.24　3 个神经元的时间相应

从以上实例可以看出：3 个与空间位置有关的神经元，它们随时间变化，当具有时间起点约束后，就变得与空间位置无关了。因此相似原理可以表达更复杂的现象，甚至表达"思维"过程，将在第 4 章详细介绍。

2.21.5　任意维事物均可抽象为 *XYZ* 三维坐标系中的静态图形

以笔迹到文字的抽象为例。笔迹与时间有关，文字与时间无关。例如，"我"字由 7 个数码笔的轨迹来表示，它是时间的函数，如图 2.25 所示，其参数方程是七维的。

图 2.25　"我"字轨迹

由参数方程表示 A：

$$\begin{cases} x_1 = x_1(t) \\ x_2 = x_2(t) \\ \vdots \\ x_n = x_n(t) \end{cases} \quad (t_0 \leqslant t \leqslant t_1)$$

其中，$n=7$，$x_1 = a_1 + b_1 t$，$\cdots$，$x_7 = a_7 + b_7 t$，在 $t_0 \sim t_1$ 内，离散化 $x_1 \sim x_7$ 成：$(x_{1i}) \sim (x_{7i})$，以 i 为自变量，X 为因变量，在 XY 坐标系中可获得"我"字图形。该图形与笔迹不同，是静态的。当然我们也可以，对于 $(x_{1i}) \sim (x_{7i})$，以 i 为自变量，X_1 和 X_2 为一组因变量，$X_3 \sim X_7$ 为另一组因变量，在 XYZ 三维坐标系中获得"我"字图形（当然我们很难理解它）。然而它们都是相似的。

从以上分析,可导出相似原理的又一重要推论:

任意维事物,均可以抽象为 XYZ 三维坐标系中的静态图形(将在第 4 章给出相似抽象原理)。

2.22　相似的音乐

由 n 种乐器演奏的一首音乐 B,则其参数方程可表示为
构成 n 维音乐 B:

$$
\begin{cases}
x = x(t) \\
y = y(t) \\
z = z(t) \\
l = l(t) \\
s = s(t) \\
\vdots
\end{cases}
\quad (\text{时间起点}: t_{x0} = t_{y0} = t_{z0} = t_{l0} = t_{s0} = \cdots)
$$

相似于离散参数方程 B(i):

$$
\begin{cases}
x = x(t_{xi}) \\
y = y(t_{yi}) \\
z = z(t_{zi}) \\
l = l(t_{li}) \\
s = s(t_{si}) \\
\vdots
\end{cases}
\quad (t_{x0} = t_{y0} = t_{z0} = t_{l0} = t_{s0} = \cdots)
$$

通过相似变换可产生的不同音乐效果:

(1)通过改变时间起点可获得不同的合奏效果。

(2)通过改变时间间隔$(t_{x1} - t_{x0})$,可获得不同的快慢节奏效果。

(3)通过改变不同维的强度(幅度),可强化或淡化不同乐器的作用。

(4)通过舍弃和增加不同维,可获得不同的效果。

(5)通过增加更多的维,来研究音乐效果等,相当于音乐的合成。

2.23　宏观经济的三驾马车

宏观经济的三驾马车是指影响宏观经济的消费、投资和出口。三驾马车对宏观经济起决定性作用。消费由不同的消费项目构成,例如,200 种不同的主要消费项目,消费是 200 维的时间函数。投资由不同的投资项目构成,例如,120 种不同的主要投资项目,投资是 120 维的时间函数。同样,例如,出口是 100 维的时间函数。如此 420 维的时间函数,影响和决定

宏观经济的 GDP 随时间的变化。

消费时间函数：$\sum (x_1(t), \cdots, x_{200}(t))$

投资时间函数：$\sum (t_1(t), \cdots, t_{120}(t))$

出口时间函数：$\sum (c_1(t), \cdots, c_{100}(t))$

GDP 随时间变化函数：$GDP(t)$

相似原理下的 GDP 时间函数将考虑三驾马车的全部影响。

相似原理下的 GDP 时间函数（简记为 $AGDP(t)$）：

$$\sum (G(t), (x_1(t), \cdots, x_{200}(t)), (t_1(t), \cdots, t_{120}(t)), (c_1(t), \cdots, c_{100}(t)))$$

其中，$x_i(t), t_i(t), c_i(t)$ 均为 $G(t)$ 多项式，T_0 为 AGDP 时间起点。

相似原理下的 GDP 离散时间函数（简记为 $AGDP(t_i)$），T_0 为 AGDP 时间起点。可构造相似原理下 GDP 的均方根影响函数 $\sum_{AGDP}(t_i)$：

$$\sum\nolimits_{AGDP}(t_i) = \sqrt{[(G(t) + \sum X_i^2(t_i)/200 + \sum t_i^2(t_i)/120 + \sum c_i^2(t_i)/100)]/4}$$

$\sum_{AGDP}(t_i)$ 可用于对 $GDP(t_i)$ 的精确修正。

GDP 的均方根影响函数 $\sum_{AGDP}(t_i)$ 的含义是，其他 420 维对 GDP 的均方根影响，或从能量影响的角度看其他 420 维对 GDP 的影响。可预见，两条曲线很相似，如图 2.26 所示。

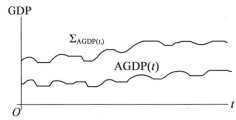

图 2.26　相似原理下的 GDP 离散时间函数

同理，可构造相似原理下消费的均方根影响函数 $\sum_{Ax}(t_i)$；

可构造相似原理下投资的均方根影响函数 $\sum_{At}(t_i)$；

可构造相似原理下出口的均方根影响函数 $\sum_{Ac}(t_i)$。

消费的均方根影响函数 $\sum_{Ax}(t_i)$、投资的均方根影响函数 $\sum_{At}(t_i)$ 和出口的均方根影响函数 $\sum_{Ac}(t_i)$ 三条曲线，与宏观经济 $GDP(t_i)$ 一起，可构成相似原理下的宏观经济三驾马车描述曲线。

同理，可构造相似原理下消费的均方根影响函数 $\sum_{Ax}(t_i)$ 与消费项目的关系曲线族，用于分析至关重要的消费项目。

同理，可构造相似原理下投资的均方根影响函数 $\sum_{At}(t_i)$ 与投资项目的关系曲线族，用于分析至关重要的投资项目。

以上仅仅是相似原理在宏观经济中的几个简单应用。基于相似原理的宏观经济外推分析是相似原理在宏观经济中的新应用。相似原理的应用使得宏观经济的分析更加直观、深入、周密和准确。相似原理可望在 21 世纪为人类经济发展做出重大贡献。

2.24　计算机增量世界

设想人类、计算机、机器都仅对增量有感觉和响应,这个世界会怎样:人无法看到静止状态的任何物体;静止情况下,人并不感觉自己穿着衣服。计算机以增量原理工作,鼠标是一个最好的实例。它采样位置的变化,通过人机交互,才能在计算机屏幕上定位。这相当于维数的分解和相似过程。即 X 滚轮和 Y 滚轮,产生两个时间变量 $X(t)$ 和 $Y(t)$,两个变量具有相同的时间起点。故二维变量确定了鼠标在桌上平面的空间位置。而计算机屏幕是另一个二维平面空间,屏幕上鼠标"箭头"的空间位置的变化或运动也可以用两个时间变量来表达,$x(t)$ 和 $y(t)$,两个变量必须具有相同的时间起点时。当上述两组二维变量具有相同的时间起点时,则两组变量的运动就是相似的。所以人在桌面上操作鼠标,相似于在屏幕绝对位置上作图。

上面的例子说明,远程控制也是一样的,是一种相似的控制。

2.25　相似信号处理与主动降噪麦克

利用相似原理很容易构成主动降噪麦克,如图 2.27 所示。由于麦克的体积相对背景空间的体积很小,因此在没有对着麦克发出声音信号时,安放在受话器内部互差 180° 两个方向的传感器接受的噪声 a 和噪声 b 的信号波形几乎完全相似。

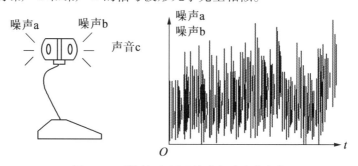

图 2.27　利用相似原理构成主动降噪麦克

当对着麦克发出声音信号 c 时,若将噪声 a 反向,然后与噪声 b 和声音信号 c 相加,基本上就能够克服背景噪声,得到很清纯的声音信号 c。上述方案构成基于相似原理的主动降噪麦克,可以在手机上普遍应用。

事实上,信号处理中的差动原理,即利用电信号的相似性,达到抑制和消除共模干扰的目的。该方法早已被大量和广泛使用。

图像信号处理中,图像的勾边或图像的边缘锐化处理技术,则是利用电信号的相似性,达到加强信号成分的目的。该方法用于我们日常的高清电视机。

2.26　两个相似体之间的相似度

两个相似体之间的相似度的判别方法很多。高维相似体之间的相似度的判别具有一定的复杂度。

方法 1：相似体形状的相似和相关系数法

两个相似体：$\{x_n(\Delta t_i) ; t \in [t_0, t_1, t_2 \cdots t_i \cdots t]\}$ 和 $\{y_n(\Delta t_i) ; t \in [t_0, t_1, t_2 \cdots t_i \cdots t]\}$，如图 2.28 所示。

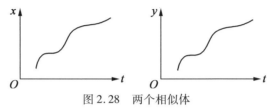

图 2.28　两个相似体

相似体的形状的相似性判断可用传统相似率：

$$R_{xy} = \frac{\sum\limits_{k=1}^{n} (x_k - \bar{x})(y_k - \bar{y})}{\sqrt{\sum\limits_{k=1}^{n} (x_k - \bar{x})^2 \sum\limits_{k=1}^{n} (y_k - \bar{y})^2}}$$

方法 2：移动平均误差法

$(x_1 - x_0)/(y_1 - y_0) + (x_2 - x_1)/(y_2 - y_1) + (x_3 - x_2)/(y_3 - y_2) + \cdots + (x_i - x_{i-1})/(y_i - y_{i-1})$

$= \lim\limits_{n \to \infty} \sum\limits_{i=1}^{n} (X_i - X_{i-1})/(Y_i - Y_{i-1}) = 0$

方法 3：偏差函数法

曲线：$(x_0/y_0, x_1/y_1, x_2/y_2, \cdots, x_i/y_i)$ 与平均曲线的比，如图 2.29 所示。

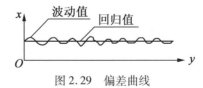

图 2.29　偏差曲线

方法 4：波动关于回归值的线性相关系数法

$(x_0 - y_0)$，$(x_1 - y_1)$，$(x_2 - y_2)$，$(x_3 - y_3)$，$\cdots$，$(x_i - y_i) = k_s$（常数）导致无反映或弱反映。由于波动是在回归值附近，所以可求出波动关于回归值的线性相关系数。

$(x_{i+1}/y_{i+1}) - 1/\{n\} \sum\limits_{i=1}^{n} X_i/Y_i$ 小于阈值，或 $(x_{i+1}/y_{i+1} - x_i/y_i)$ 小于阈值。

2.27　复杂系统的相似程度

可以利用传统信号处理方法,判断复杂系统的相似程度。信号的相关函数反映了两个信号之间的相互关联的程度。

设有两个信号 $x(n)$ 和 $y(n)$,定义它们的互相关函数(Across – correlation　Function) r_{xy} 为

$$r_{xy}(m) = \sum_{n=-\infty}^{\infty} x(n)y(n+m), m \text{ 取任意整数}$$

它表示 $x(n)$ 不动,将 $y(n)$ 在时间轴上左移或右移(m 为正数时左移,m 为负数时右移),m 个时间间隔后分别与 $x(n)$ 逐点对应相乘后求和,得到该 m 点时刻的相关函数值 $r_{xy}(m)$。以 m 为横轴,$r_{xy}(m)$ 为纵轴可画出相关函数曲线,该曲线反映了 $x(n)$ 和 $y(n)$ 的相似程度。

一个信号 $x(n)$ 的自相关函数(Autocorrelation Function) r_{xx} 定义为

$$r_{xx}(m) = \sum_{n=-\infty}^{\infty} x(n)x(n+m), m \text{ 取任意整数}$$

其中,$r_{xx}(0)$ 反映了信号 $x(n)$ 自身的能量。$r_{xx}(m)$ 是偶函数,$r_{xx}(0)$ 是其中的最大值。自相关函数曲线可反映信号自身的周期性和噪声水平。

相关技术应用范围很广,例如,我们可以利用相关判断在一个含有噪声的记录中有无所希望的信号。设记录到的信号为

$$y(n) = s(n) + \eta(n)$$

其中 $s(n)$ 为信号,$\eta(n)$ 为白噪声(白噪声是指其频谱为一非零常数的噪声)。现在虽然不知道当前记录到的 $y(n)$ 中是否存在 $s(n)$,但根据以前的信号已知道关于 $s(n)$ 的先验知识,因此可以做 $y(n)$ 与 $s(n)$ 的互相关

$$r_{ys}(m) = r_{ss}(m) + r_{\eta s}(m)$$

通常认为信号与白噪声是不相关的,因此 $r_{\eta s}(m) = 0$,于是 $r_{ys}(m) = r_{ss}(m)$。因此,可以根据互相关函数 $r_{ys}(m)$ 与自相关函数 $r_{ss}(m)$ 是否相等来判断在 $y(n)$ 中是否含有信号 $s(n)$。

2.28　自然事物的表达和相似压缩

一个现实场景,其中包含人物、花草树木、声响和气息。可以利用摄像机将上述场景变换到摄像机内存中的平面图像信号,期间放弃了声响和气息,现实的三维场景也被压缩到了二维平面。进一步还可以进行色彩压缩,从 24 位下降到 16 位色彩,还可以压缩到 16 位灰度图像信号。上述压缩是同步的相似压缩,随着相似压缩,现实场景越来越抽象,信息量锐减至最小。

2.29 相似原理对传统时间序列分析方法的包容与发展

最早的时间序列分析可以追溯到 7 000 年前的古埃及。古埃及人将尼罗河涨落情况记录下来,就形成所谓的时间序列。他们长期观察,发现和掌握了涨落规律,使古埃及的农业迅速发展,创建出古埃及灿烂的史前文明。

时间序列分析研究方法的发展,源自于金融市场。此方法在现代经济、金融等领域获得了成功应用。

传统时间序列分析方法定义:

随机时间序列:按时间顺序排列的一组随机变量。

观察值时间序列:随机序列的 n 个有序观察值,称为序列长为 n 的观察值时间序列。

时间序列分析方法的目的是:通过对观察值时间序列的观察、分析和研究,寻求其变化发展的规律,即寻求对于随机时间序列的解释。

时间序列分析方法很多,且观点不一。

(1)主流方法,把时间序列的数值变化分解为几个部分,通常分为:①确定性序列,也称长期趋势变动部分 T;②周期变动部分 C;③季节变动部分 S;④随机变动部分 I 等。然后再把四部分综合起来,并得到预测结果。

对于上述分解几个部分的方法本身,以及分解和综合的方法等均存在一些不同的观点:①是否存在可用简单多项式表示的长期趋势;②分解方法滤除了有用数据或增加了随机变动成分;③四部分综合采用 $Y(t) = T \times S \times C \times I$ 或 $Y(t) = T + S + C + I$,还是 $Y(t) = T \times S + C \times I$,无法统一。

(2)另一种时间序列分析方法(Wold 分解定理 1938)认为,对于任何一个离散平稳过程,它都可以分解为两个不相关的平稳序列之和,其中一个为确定性的,另一个为随机性的,记作:

$$x_t = v_t + \xi_t$$

其中,$\{v_t\}$ 为确定性序列;$\{\xi_t\}$ 为随机序列,$\xi_t = \sum_{j=0}^{\infty} \varphi_j \varepsilon_{t-j}$。

它们需要满足如下条件:

$$\varphi_0 = 1, \quad \sum_{j=0}^{\infty} \varphi_j^2 < \infty$$

(3)第三种时间序列分析方法主要针对非平稳序列的随机分析,采用差分运算,ARIMA 模型。差分运算的实质是使用自回归的方式提取确定性信息。

$$\nabla^d x_t = (1 - B)^d x_t = \sum_{i=0}^{d} (-1)^i C_d^i x_{t-i}$$

传统时间序列分析方法中的时间序列与相似原理中的时间序列存在重大区别,相似原理中的时间序列是 N 维的,N 维的时间序列是 N 维连续事物的离散化相似体,N 维时间序列的时间起点必须对齐,时间序列的时间间隔 Δt 是常量。相似原理解释了 N 维连续事物与 N

维时间序列的关系,相似原理致力于物质世界与精神世界的表达。利用相似原理建立起来的经济领域的相似分析方法是对于传统时间序列分析方法的包容与发展。在传统时间序列分析方法中,对于一维时间序列的分析已相当成熟,例如一维时间序列的趋势、周期、数据的自相关回归等,而对于多维时间序列的分析就缺乏有效手段。相似原理解释了传统时间序列分析方法的合理性,并从原理上保证其相似性或保证其趋势的相似性。

在相似原理中,两个时间起点对齐的时间序列是相关的、不可分离的,它们是连续事物的离散化相似体。因此,可以从数学上对两个时间序列进行各种变换、分解和平滑处理,并从原理上保证其相似性或保证其趋势的相似性。

图 2.30 是曲线 $f_1(t)$ 与 $f_2(t)$ 与两个时间序列 $f_1(t_i)$ 与 $f_2(t_i)$ 的趋势图。趋势说明该事物随时间呈上升趋势。该事物在发展初期 $f_1(t)$ 与 $f_2(t)$ 具有线性关系;中期,变量 $f_2(t)$ 有较大波动,并使 $f_1(t)$ 呈下凹状态,$f_2(t)$ 经一小幅波动后趋于平稳;后期,$f_1(t)$ 与 $f_2(t)$ 恢复到线性关系。图 2.30 中时间序列 $f_1(t_i)$ 与 $f_2(t_i)$ 呈现高频波动。

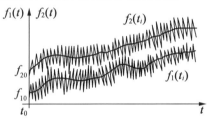

图 2.30　时间序列 $f_1(t_i)$ 与 $f_2(t_i)$ 的趋势图

高频波动 $\{\xi_i\}$ 的平均值为零。本例说明了相似原理对于传统时间序列分析方法的包容与发展。

2.30　事物及其时间序列的相似性

定义:两个连续事物的变化率相同或相似,则表明两个连续事物的变化相似。

推理 1:由相似原理可证明,N 维连续事物的变化率相同或相似,则表明 N 维连续事物的变化相似。

推理 2:N 维连续事物的离散化相似体的变化率相同或相似,则表明 N 维连续事物的离散化相似体的变化也是相似的。

成立:

$$N:\left\{\frac{\mathrm{d}y_1(t)}{\mathrm{d}t}\bigg/\frac{\mathrm{d}y_2(t)}{\mathrm{d}t}=\frac{\mathrm{d}y_1(t_i)}{\mathrm{d}t}\bigg/\frac{\mathrm{d}y_2(t_i)}{\mathrm{d}t}=C\right\}$$

$$N:\left\{\frac{\mathrm{d}^2y_1(t)}{\mathrm{d}t^2}\bigg/\frac{\mathrm{d}^2y_2(t)}{\mathrm{d}t^2}=\frac{\mathrm{d}^2y_1(t_i)}{\mathrm{d}t^2}\bigg/\frac{\mathrm{d}^2y_2(t_i)}{\mathrm{d}t^2}=C\right\}$$

$$N:\left\{\frac{\mathrm{d}^ny_1(t)}{\mathrm{d}t^n}\bigg/\frac{\mathrm{d}^ny_2(t)}{\mathrm{d}t^n}=\frac{\mathrm{d}^ny_1(t_i)}{\mathrm{d}t^n}\bigg/\frac{\mathrm{d}^ny_2(t_i)}{\mathrm{d}t^n}=C\right\}$$

其中,C 为常数,它们分别是一阶相似、二阶和高阶相似。

2.31　基于相似原理的虚拟机器人行为仿真

一个由十六维骨骼变量和一维声音变量描述的电子人物,可以观察以下现象:

(1)对其时间维和空间维进行压缩或延拓的表现。

(2)不同维的时间起点,发生偏离后的表现。

(3)忽略不同维的表现,例如忽略声音维。

十六维机器人,如图2.31所示,通过人的训练,能躲避障碍,该机器人对物理碰撞有反馈。该机器人在时间片断中的行为可以被记忆和复现,行为的速率可以被加快或减慢。

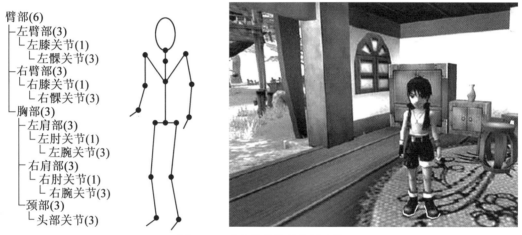

臂部(6)
├左臂部(3)
│　└左膝关节(1)
│　　└左髁关节(3)
├右臂部(3)
│　└右膝关节(1)
│　　└右髁关节(3)
└胸部(3)
　├左肩部(3)
　│　└左肘关节(1)
　│　　└左腕关节(3)
　├右肩部(3)
　│　└右肘关节(1)
　│　　└右腕关节(3)
　└颈部(3)
　　└头部关节(3)

图2.31　十六维骨骼的电子人物

进一步通过增加维数和相似度匹配算法,十六维机器人将通过自我学习而拥有"智能",例如对不同环境的反应。十六维机器人的运动库和知识库被扩充,并有可能拥有"思维"能力,相关内容见第4章和第6章。

2.32　相似原理的数学分析方法有待发展

相似原理的数学分析方法,其实是时间起点(t_0)约束下的 N 维泛函空间分析方法,泛函分析的应用之一是量子力学。许多问题很自然地会涉及数量及其变化率之间的关系。由于 N 维时间变量的海量数据又必然导致压缩及熵等概念的引入。相似原理中的相似性,即相似的程度也是变量,因此必然导致相似程度的相似问题。解决这类模糊相似问题的数学分析方法不能简单采用现有的模糊数学方法,必须引入相似的层次分析方法,这又导致了与人脑相似的、并行的相似数学分析方法的产生与发展。相似原理的深层数学分析需要继续和更多创新。

2.33　相似原理判别法则

自然事物必然符合相似法则,因为事物的发展必然形成相似的链条。这是由时间的连续性公理决定的。

抽象事物可以超越自然而存在,所以那些无法找到相似根据的抽象事物往往是不完善的、存在缺陷或具有局限性的抽象事物,也可能是因为它脱离自然事物太远。例如,关于"时间、空间可以弯曲和伸缩"的抽象,百年来无法找到相似的根据。

相似是最普遍的自然现象,它是人们判别抽象事物准确性的工具。相似原理判别法则可以总结为:

(1)由于不可能对事物进行完整维度的相似分析,所以有限的相似性分析并不能满足事物判别的充分条件。

(2)自然事物的相似性是判别抽象事物准确性的必要条件。

(3)自然事物必然符合相似原理,因为自然事物的发展必然形成相似的链条。

(4)基于相似原理的抽象是找到自然事物本质联系的重要思维方法。

相似原理判别法则的基础是时间线性和时间的不可逆性。

2.34　事物的原始性质

如果相似原理可以作为事物的本质之一,那么它同时也给人们带来许多的疑惑。因为人们观察事物存在局限性和片面性,常常会被表面的相似和相似的复杂性所蒙骗。相似原理并没有提供判别是非、真假的充分条件,但毕竟提供了判别的必要条件。在大量的具体的、相似的、不同的、复杂的、特殊的事物面前,我们喜欢以定律把抽象事物的概念约束在一起,并以最普遍的概述来说明它们的共有本质;同时我们会用心智审视整个定律群,用那些最原始的性质去阐述和演绎所研究的定律群,去达到尽可能完美地对于事物的描述。如果说"物质的粒子性"、"能量守恒"和"最小能量原理"是事物的原始性质,那么"物质的相似性"也是原始性质之一。

2.35　"维象"的物理学和相似原理提醒

今天的物理学是建立在"维象",也即"相似"基础上的。"维象"的物理学使人们认识宏观世界与微观世界产生了不对称。原因是宏观更容易获得相似"维象"的验证和启发。

在微观领域,分子、原子、电子、中子、质子、各种轻子、重子和夸克,都是基于例如玻尔兹曼"球量子"图像的相似产生的抽象,也是"维象"的。然而宇宙膜、虚粒子、反引力、反物质、宇宙奇点、虫洞等都不存在"相似"基础,于是根据相似原理判别法则,它们成立的可能性应该都比较弱。这是相似原理的提醒。

2.36 利用周期性相似做出的惊人猜想

人们会不自觉地利用周期性相似来大胆推断未来可能出现的大小诸事。成功的案例很多,例如天气、身体状况、事态发展等,当然错误的推断也不少。

相似是自然发展的本质决定的,由相似原理可以做出一些惊人的推测。例如,推测 200 年后,也就是到 2214 年,人类的主要交通工具将从今天的汽车、火车、飞机等回归到以"船"为核心的交通体系。原因是,人类当前遇到了能源和污染的困境,而船是最清洁、最节能并且被历史证明是最有利于解决当前困境的、远古的交通工具。又例如,推测 100 年后,也就是到 2114 年,人类的能源供应系统又将从当前的电力网系统回归到古老的分布式能源供应系统。

狗是与人类相处时间最长和相处最紧密的哺乳动物,站在相似原理的角度看,没有理由不相信(详见第 4 章),也许几十万年后,有一天狗儿能够发展出与人类相似的智慧并可以与人类对话。

上述推测的时间坐标都是由事物发展变化的当前迹象和过去事实提供的周期性获得的。这样的推测,符合相似原理判别法则,成为有趣的跨世纪惊人猜想。

2.37 分形相似与相似原理

1973 年,曼德布罗特(B. B. Mandelbrot)首次提出分形(Fractal)一词,并于 1975 年发表了名为《分形:形、机遇和维数》的专著,系统地阐述了分形几何的意义、内容、方法和理论,成为分形几何理论确立的标志。

分形几何思想的起源可追溯到百余年以前。1890 年,意大利数学家皮亚诺(G. Peano)构造了填充空间的曲线。1904 年,瑞典数学家科赫(H. von Koch)设计出类似雪花和岛屿边缘的一类曲线。1910 年,德国数学家豪斯道夫(F. Hausdorff)第一个提出分数维概念。1915 年,波兰数学家谢尔宾斯基(W. Sierpinski)设计了像地毯和海绵一样的几何图形。1928 年,布利凯德(G. Bouligand)将闵可夫斯基的容度应用于非整数维,由此对螺线做出了很好的分类。1932 年,庞特里亚金(L. S. Pontryagin)等人引入盒维数。1934 年,贝塞考维奇(A. S. Besicovitch)对测度的性质和奇异集的分数维做出了更深刻的表达,从而产生了豪斯道夫 – 贝塞考维奇维数概念。1980 年左右,分形几何研究达到高峰,当时已有关于分形的专著上百部,国际期刊和论文以万篇计。

从相似原理的角度看,分形几何可以认为是一类特殊的几何相似或可以称为分形几何相似。但是值得指出的是:分形几何并不是一种自然现象,自然界并不存在与分形几何相对应的自然事物。所以,分形几何理论确立至今,应用主要局限在与艺术有关的领域。因此,有必要从相似原理的角度来重新审视分形几何理论,并使之能够用于自然事物的分析。

当我们以不同尺度观察自相似集合(自然事物或抽象事物),尺度表现出对称性。分形几何理论定义的"维数"是尺度变换中的不变量,因此分形几何理论就用"维数"来表达这类集合。这类自相似集具有如下特点:

(1)结构的精细性,即在任意尺度之下,它总有复杂的细节。

(2)形态的不规则性,它的整体与局部都不能用传统的几何语言来描述。

(3)局部与整体的自相似性,通常自相似可以是成比例近似的或者统计的。

(4)维数的非整数性,通常其维数大于其拓扑维数为分数维。

(5)结构生成的可迭代性,通常可用非常简单的方法确定其结构,可由迭代过程产生其结构。

维数是几何学和空间理论中的基本概念。欧几里得几何用长度、面积、体积来表达图形的特征,但对海岸线这类不规则的图形却不行,而维数可以很好地表达它们的复杂程度和特征。这是提出分形维数概念的主要原因之一。

2.37.1　传统的欧几里得几何中的维数

在传统的欧几里得几何学中,空间是三维的,有 3 个实数坐标(X、Y、Z)。坐标数目与空间维数相一致。要确定空间一个点的位置,需要 3 个坐标,坐标数目与空间维数相一致,即空间图形的维数为 3。要确定平面一个点的位置,只要 2 个坐标,坐标数目与平面维数相一致,即平面图形的维数为 2。以此类推,要确定线上一个点的位置,只要 1 个坐标,即直线的维数为 1,而点的维数为 0。这种维数概念和人们的经验一致,被称为经典维数或欧几里得维数,用字母 d 表示,它的值为整数。

2.37.2　分数维数

分形有许多定义方法。最简单的方法是:如果某图形,是由原图缩小为 $1/a$ 的相似的 b 个图形所组成,并有 $a^D = b$,$D = \lg b/\lg a$ 的关系成立,则称指数 D 为该图形相似的维数,D 可以是整数也可以是分数。这里 a 是放大的倍数,$1/a$ 是缩小的倍数,b 是图形的个数,D 是相似的维数。下面我们看几个分形曲线的例子。

(1)科赫曲线:$D = \lg b/\lg a = \lg 4/\lg 3 \approx 1.261\,8$,如图 2.32 所示。

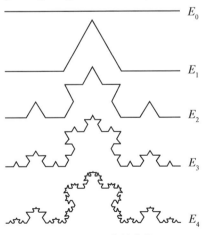

图 2.32　科赫曲线

E_2 是由原图 E_1 缩小为 $1/a = 1/3$ 的相似的 $b = 4$ 个图形所组成,所以有:$a^D = b$,$D = \lg b/\lg a$,即 $D = \lg b/\lg a = \lg 4/\lg 3 \approx 1.261\,8$ 关系成立。

科赫曲线的构建方法是,取 E_0 单位长度线段,将其 3 等分,中间的一段用边长为 $1/3E_0$ 的等边三角形的两边代替,形成四条线段的原图 E_1,对原图 E_1 的每条线段重复同样的操作后得 E_2,对 E_2 的每条线段重复同样的操作后得 E_3,如此继续重复同样的操作,3 步重复后所得的科赫曲线如图 2.32 所示。继续重复将得到更精细的科赫曲线。

　　科赫雪花曲线:$D = \lg b / \lg a = \lg 4 / \lg 3 = 1.261\ 8\cdots$,如图 2.33 所示。

　　(3)谢尔宾斯基三角垫片:$D = \lg 3 / \lg 2 = 1.585\cdots$,如图 2.34 所示。

　　(4)康托尔三分集:$D = \lg 2 / \lg 3 = 0.630\ 9\cdots$。

　　(5)门格尔海绵分数维数:$D = \lg 20 / \lg 3 = 2.726\ 8\cdots$。

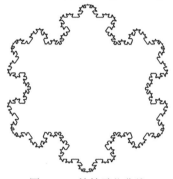

图 2.33　科赫雪花曲线

图 2.34　谢尔宾斯基三角垫片

2.37.3　分裂自相似

　　物体的生长和细胞分裂模式更像分形的逆过程,它是膨胀模式而非收敛模式,细胞分裂必有最小原核单元,不允许最小原核单元之间的黏连,更不允许重叠。传统分形也有相同的问题,分形无限变小时可能发生黏连,因此理想分形也可能存在分形极限。

　　图 2.35 是 $(1+6)^n$,$n = 0,1,2,3,4,\cdots$,平面分裂模式 $n = 4$ 次分裂过程的图像。它分裂过程很像雪花的生长过程。由直径为 D_0 的最小原核单元开始,按增量 $S_n = (1+6)^n$,$60°$ 间隔向 6 个方向分裂。分裂的轨道距离

$$L_n = 3^n \times (D_0 + \Delta d_0),\Delta d_0 \geqslant 0,n = 0,1,2,3,4,\cdots$$

　　每次分裂的空间占有直径 $L_n = 3^n \times (D_0 + \Delta d_0)$ 的区域。$n = 0,1,2,3,4,\cdots$,是分裂的次数,也是轨道数。理想情况该分裂过程可以连续和无限地进行下去。

　　从分形的角度看,其分形相似维数

$$D = \lg b / \lg a = \lg 7 / \lg 3 = 1.771\ 2\cdots$$

　　图 2.36 也是分裂过程类似雪花的一种生长过程。它由 4 个 3 叉图形构成直径为 D_0 的最小原核单元开始,按增量 $S_n = (1+6)^n$,$60°$ 间隔向 6 个方向分裂。分裂的轨道距离

$$L_n = 3^n \times (D_0 + \Delta d_0),\Delta d_0 \geqslant 0,n = 0,1,2,3,4,\cdots$$

　　每次分裂的空间占有直径 $L_n = 3^n \times (D_0 + \Delta d_0)$ 的区域。$n = 0,1,2,3,4,\cdots$,是分裂的次数,也是轨道数。理想情况该分裂过程可以连续和无限进行下去。其分形相似维数:

$$D = \lg b / \lg a = \lg 7 / \lg 3 = 1.771\ 2\cdots$$

　　因此从分形的角度看,图 2.35 与图 2.36 是维数相同的两个相似图形,其含义是两个图形的复杂程度和构形方式相似。

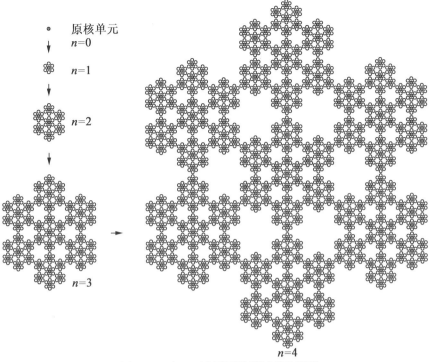

图 2.35　$(1+6)^n$ 平面分裂过程的图像

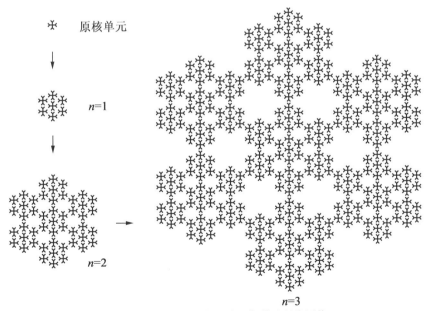

图 2.36　$(1+6)^n$ 雪花平面分裂过程的图像

　　为了区别分形自相似,不妨将上述分裂过程定义为分裂自相似模式。这里定义分裂自相似的目的是为了使表达对象和分析方法尽可能与自然事物相一致。分裂自相似过程可以在平面上进行,也可以在欧几里得三维坐标中进行。三维坐标中进行的分裂自相似过程与晶体的生长过程十分相似。分裂自相似模式是"满秩"的,是由自相似自主驱动的完全的分裂。这类分裂被定义为满秩分裂。

2.38　自然规律支配的分裂自相似模式

上节分析了几何约束下的分裂自相似模式,然而更应该关注的是由自然规律支配的分裂自相似现象。以下分析是假设的。

在假设的植物细胞分裂中,细胞分裂的过程必然受自然规律的支配,例如电荷平衡和能量最小原理。设原核单元细胞是平面的,有 3 个键,向上的 2 个键各携带 1 个负电荷,向下的 1 个键携带 2 个正电荷,3 叉原核细胞是电荷平衡的。每个键都能自行分裂出新的原核细胞,细胞分裂的原则是:向外分裂,细胞间互不占用空间并且电荷必须平衡,如图 2.37 所示。

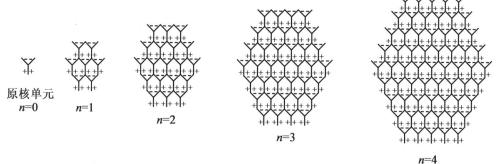

原核单元
$n=0$　　$n=1$　　$n=2$　　$n=3$　　$n=4$

图 2.37　3 个键的原核细胞在平面上分裂的示意图

细胞每次分裂的特点如下:

(1)每次分裂后,在原来细胞体表面形成新的细胞完全包覆,n 是分裂的次数或包覆的层数。

(2)每次分裂后,形成新细胞体都与分裂前的细胞体相似,细胞体的上侧成负极性,细胞体的下侧成正极性,而且整个细胞体对外呈电中性,即所携带正负电荷数量相同,是电荷平衡的。

(3)细胞分裂次数 n 与细胞体的细胞数量 S 的关系为

$$S = 1 + \sum 6n, n = 0, 1, 2, 3, 4, \cdots$$

(4)细胞分裂的增量:

$$S_n = 6n, n = 0, 1, 2, 3, 4, \cdots$$

如图 2.37 所示,当 $n=0$ 时,只有 1 个原核细胞;当 $n=1$ 时,有 7 个原核细胞;当 $n=2$ 时,有 19 个原核细胞;当 $n=3$ 时,有 37 个原核细胞;当 $n=4$ 时,有 61 个原核细胞等。

细胞分裂也可以理解成细胞拼装或分子的键合,当自由空间存在许多原核细胞时,受电荷平衡和能量最小原理等自然规律支配。原核细胞将自行拼装或互相键合,形成更大的细胞体或分子体。相似的过程在自然界普遍存在,只不过支配相似的过程的自然规律更加复杂。值得注意的是上述细胞分裂的结果具有唯一性。

自然界细胞分裂、拼装或分子的键合,都是在三维空间进行的,有必要将上述平面分裂推广到三维空间。

设原核单元细胞是正六面体,有 12 条边或键,分别带正电和负电。六面体有 6 个不同的面,有 8 个顶点,其中 4 个呈正极性,另外 4 个呈负极性,六面体原核细胞对外呈电中性,如图 2.38 所示。顶点或键都能自行分裂出新的原核细胞,细胞分裂的原则是:向外分裂,细胞间互不占用空间并且电荷必须平衡。

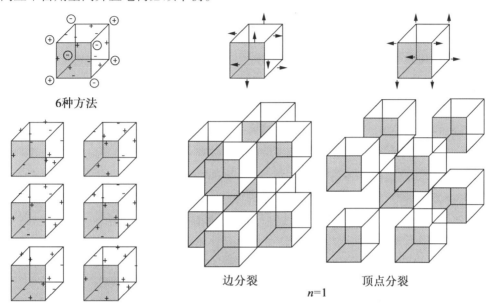

图 2.38 正六面体原核单元细胞的一次分裂

第一次分裂,产生新的 8 个单元细胞,在细胞分裂的原则下,分裂的结果是唯一的,如图 2.38 所示。同样,细胞分裂也可以理解成细胞拼装或分子的键合,当自由空间存在许多原核细胞时,受电荷平衡、泡利不相容、能量最小原理等自然规律支配。细胞分裂、细胞拼装、分子的键合,可以无限制地自行进行下去。

每次分裂的特点如下:

(1)每次分裂后,在原来细胞体表面形成新的细胞完全包覆。

(2)每次分裂后,形成的新细胞体都与分裂前的细胞体相似,细胞体的外沿边长的颜色不变,而且整个细胞体对外呈电中性,即所携带正负电数量相同,是电荷平衡的。

(3)细胞分裂次数 n 与细胞数量 S 的关系为

$$S = 1 + \sum 8n, n = 0,1,2,3,4,5,\cdots$$

如图 2.38 所示,当 $n = 0$ 时,只有 1 个原核细胞;当 $n = 1$ 时,有 9 个原核细胞。同理,当 $n = 2$ 时,有 25 个原核细胞;当 $n = 3$ 时,有 49 个原核细胞;当 $n = 4$ 时,有 81 个原核细胞等。

2.39 广义分形与相似原理

从相似原理的角度看,分形几何可以认为是一类特殊的几何相似或可以称为分形几何相似。但是值得指出的是:分形几何并不是一种自然现象,自然界并不存在与分形几何相对应的自然事物。所以有必要对分形几何的概念进行推广和发展。如前面两节对于分裂自相似的定义和描述可以看出,有可能将分形几何相似与分裂自相似统一起来。因为分裂自相似可以借助分形的维度概念,其维度可以描述分裂自相似的形态(例如图2.35和图2.36是两个自相似的形态,是维度相同的图形,甚至它们的分裂规律也完全相同)。于是有如下推理:

(1)分裂自相似可以采用数盒子的方法来计算分裂自相似维度。

用边长为δ的盒子(可以是长度为δ的线段,也可以是边长为δ的正方形,或者是边长为δ的立方体,或者是直径为δ的圆或球)来覆盖图形。完全覆盖图形所用的盒子数记为$N(\delta)$。通常,当δ很小时,则

$$N(\delta) \propto \delta^{-D} = (1/\delta)^{D}$$

其中D是一个常数,就是图形的维度,即

$$D = -\lim_{\delta \to 0} \frac{\ln N(\delta)}{\ln \delta}$$

通过这种方法得到的维度D通常称为数盒子维度。普通的欧几里得几何体的数盒子维度都为整数,例如,对于连续光滑的曲线,$D=1$;连续光滑的表面,$D=2$等。

可用不同种类的盒子覆盖图形,例如用直径为δ的圆来"覆盖"图形。就像图2.35和图2.36,如果用直径为δ的球来覆盖图形,就可以得到立体图像。因此,盒子$F(\delta)$自身的维度仍是欧几里得几何空间定义的维度。

(2)分裂自相似的最小原核单元。

分裂开始于某个时间起点,因此必有某个最小原核单元。很多自然事物不允许最小原核单元之间黏连,更不允许重叠,因为在自然界中,一个自然物体不能占有其他自然物体的空间。

(3)分裂自相似的形态。

分裂自相似的形态可以是线性、幂函数、指数函数、周期函数、随机函数等或是各种函数的复合。图2.35和图2.36的分裂自相似的形态是:$(1+6)^{n}$,60°间隔向6个方向分裂。a^{n}幂函数分裂自相似是自然界最普遍的分裂自相似现象,例如,原子的电子轨道,分子的键合等,最值得研究。

(4)分裂自相似的分裂增量S_{n}。

分裂自相似的分裂增量S_{n}是每次分裂增加的最小原核单元的数量。图2.35和图2.36的分裂自相似的分裂增量$S_{n}=(1+6)^{n}$,$n=0,1,2,3,4,\cdots$。

(5)分裂自相似的轨道距离L_{n}。

每次分裂最小原核单元的空间位置将发生大的(瞬间)变化,对于a^{n}幂函数分裂自相似,存在分裂的轨道距离为$L_{n}=3^{n} \times (D_{0}+\Delta d_{0})$,$\Delta d_{0} \geqslant 0$,$n=0,1,2,3,4,\cdots$,其中$\Delta d_{0}$是最小原核单元之间的间隙,其物理意义是"泡利不相容",即任何物体必然占据其不可或缺个体空间(详见2.3节)。分裂自相似的分裂轨道使事物成长过程的细节具有量子化属性。

(6)分裂自相似的分裂的空间占有范围。

物体每次分裂必然占有新的空间,分裂的空间占有范围是:边长为δ的正方形,或者是边长为δ的立方体;直径为δ的圆,或者直径为δ的球,并当$\delta \to 0$的盒子总数$N(\delta)$。

(7)广义分形。

至此,已经可以定义广义分形了。广义分形具有两个分形的方向或模式,一是传统的分

形自相似,它的分形指向细微,是收敛模式;二是分裂自相似,它是分裂形式的分形,它向外扩张,是膨胀模式。分形的生成元(最大原核单元)就是分裂的最小原核单元,我们不妨统称为原核单元。原核单元是广义分形向大和向小两个方向分形的界面。广义分形描述和产生了一类相似事物和现象。

(8)自然事物的广义分形。

大自然中存在大量理想的广义分形,例如物质、元素、晶体等,它们在微观与宏观均表现出严格的自相似性。这是由它们最原始的物质属性决定的。大自然中存在大量不规则的物体,但仍存在不同尺度、不同层次上的相似性,可以统称其为自相似性。自相似性就是局部与整体相似,局部中又有相似的局部,每一小局部中包含的细节与整体所包含的细节一样多。从相似原理的角度看,任何自然物体都是由小变大或由内及表,成长和发展起来的,是相似的不断重复和无穷嵌套(详见 3.11 节和 3.15 节)。

自然事物在广义分形过程中必然受其他因素的影响,从而使广义分形的参数、形态、时间起点发生变化,甚至受到突然的干扰影响,导致广义分形过程的变化。由相似原理可知,随着事物的发展与演化,任何事物的相似性必然趋于退化。

广义分形提供了一种向微观与宏观两个方向观察和表达事物的方法,使我们更能够看清事物的相似层次和本质。自然事物不但包括严格的几何相似性,也包括随机的几何相似性,即包括通过大量的统计而呈现出来的自相似性,理所当然地还包括大量的被退化掩盖的相似。读者可以沿着广义分形的概念继续研究。

2.40　自然事物与抽象事物的相似性

任何时候我们都只能观察到自然事物的局部而不可能观察到自然事物的全部,任何时候都只能观察到自然事物有限的维度,尽管如此,随着人类在观察的时间和空间的积累,正在不断加速人类对于自然事物的认识,使它变得越来越深入,越来越完整。

抽象事物是人类对于自然事物的反映,是人类思维的产物。因此,抽象事物只能用更加有限的维度来近似地或相似地对自然事物进行描述和表达。尽管如此,抽象事物却可以超越自然事物,人类可以创造超越自然的抽象事物。

越是基础的自然事物,越单纯和简单,越可能被更全面地观察和表达。抽象事物受人类思维内在的"趋简化"驱动。这些内容将在后续章节中介绍。

2.41　自然事物与抽象事物的区别特征

语言是抽象事物中的典型代表,它是由人类创造并超越自然事物的抽象事物。它不仅能够描述和表达全部自然事物,还能描述和表达由人类创造的全部抽象事物,而且语言体系并不唯一,因为人类创造了许多不同的语言体系。语言用于描述和表达与之相似的自然事物和抽象事物。

音乐也是一个典型的例子,它超越了所有自然界可能的声音,利用数量有限的几个音符和音阶的相似组合,创造出超越自然的美妙音乐。音乐是人类对自然的最成功的抽象之一。

自然事物的发展演化过程是自然的,自发的;抽象事物来源于人类对于自然的观察、思维的加工、抽象的总结和反复的创造,并且它是全体人类历史贡献的产物。两种事物的发展途径和特点有很大区别。自然事物的发展方向,是从过去相似的最高层次,指向相似的无限底层,指向相似性无限退化、越来越丰富的自然世界。抽象事物的发展方向恰恰相反,是从当前的、最普遍的、相似的无限底层开始,指向更高的相似层次。人类追求自然事物的终极理论,其实是追求自然事物的终极抽象,指向相似的无限顶层,如图2.39所示。

抽象事物发展方向　　　　自然事物发展方向

图 2.39　自然事物与抽象事物的取向

第3章 生物的相似性

在人类眼里,植物既相似又千姿百态,动物也一样既相似又万般变化。我们不禁要问,它们为何相似?它们相似的背后有什么秘密?它们如何在千姿百态中流露出相似的本质?生物的相似性对我们有什么作用?

本章讲述植物、动物和人体中大量存在相似性的原因;如何利用相似性来揭示生物的秘密;将相似原理的数学、逻辑、思辨方法用于生物现象的分析和解释;指出进化论其实是达尔文对于生物相似性的总结。最后本章提出生物发展的相似原则。

3.1 植物的相似性

植物从种子开始,发芽,向下长出根,向上长出茎和叶,并且依照相似的规则分蘖(分支)、生长、结果。植物的成长受限于环境:空间、阳光、养分(空气、水分、养料)。一棵植物本身存在大量相似,例如它的根、枝、茎、叶、花蕾的自相似。然而,根、枝、茎、叶、花蕾这些植物器官之间的区别又是如此之大。每种植物依照相似的规则,相似地成长,表现出每一单株之间的根、枝、茎、叶、花蕾充分相似。麦田里的麦苗,花圃中的郁金香它们都如此相似。一种植物的成长过程、形态、习性具有自相似。一种植物发展出不同的器官、实现不同的功能完全是自然选择的结果。在一个相当漫长的时间片段和特殊空间内,它们的基因被不断修善和扩展并且成为今天植物世界的一员。由于基因修善和扩展不仅仅基于相似性,还基于局部基因码或微小基因片段的突变。植物经历了如此漫长的岁月,尽管它的面貌、习性在变化,相似性在退化,但永远无法磨灭其深层的相似。从根本意义上讲,植物的物质基本属性、分子、细胞层次的相似性是永远无法改变的。

3.2 动物的相似性

动物从卵细胞受精开始,通过细胞的不断分裂,发育成不同的器官,但目前还不清楚,基因是如何驱动细胞的一系列变化和生化反应,是如何造就躯体的器官和轮廓的。宏观躯体的轮廓是基于微观世界的复杂时空相似变化产生的,因此,期间存在相似性是必然的。德国学者魏尔肖"一切细胞来自细胞"的著名论述认为,个体的所有细胞都是由原有细胞分裂产生的,这是活细胞繁殖其种类的过程。细胞繁殖的本质是相似分裂、复制。传统细胞分裂通常包括核分裂和胞质分裂两步。在核分裂过程中母细胞把遗传物质传给子细胞,从而确保了核分裂的相似属性。在单细胞生物中细胞分裂就是个体的繁殖,其相似性几乎形同复制。在多细胞生物中细胞分裂导致个体生长、发育,并确保相似性。动物的相似性具有更深的层次。同样一种生物的成长、发育过程、形态、习性具有自相似。一种生物发展出不同的器官、实现不同的功能完全是自然选择的结果。在一个相当漫长的时间片段和特殊空间内,它的基因被不断修善和扩展并且成为当前的现实。由于基因修善和扩展是基于相似性和局部基因码或极小局部基因片段的突变,尽管该生物的相似性不断退化,仍无法磨灭其相似的属性。从根本意义上讲,生物的基本属性、分子、细胞、DNA 层次的相似性是永远无法改变的。

3.3　相似性的退化和追溯

达尔文《物种起源》揭示了物种的相似性、演变与发展。物种的演变与发展遵循自然选择原则,随时间的流逝其相似的程度发生变化。这种变化即相似性的退化,但相似性不可能消失。物种的每次突变都引起相似性的一次突变,这就导致物种的相似性的层次的出现。生物体制从低级向高级演化的过程是生物走向多样化的过程,也是本原生物相似变化、发展、演化的过程。在这个过程中,本原生物的形态上的相似性在退化。

地球生命在长达 30 多亿年的进化史上,生命的雌雄是如何出现的? 2008 年《基因组研究》杂志上"番木瓜原始 Y 染色体的雄性特异区中 DNA 甲基化和异染色质化"论文,初步揭示了性染色体的起源变化机制。番木瓜的雄性特异区域的相似性很可能帮助我们追溯到人类 2～3 亿年前的 Y 染色体。

美英等多国科学家组成的国际研究小组,完成了遗传多样性调查,样本涵盖全球 50 多个不同的地理学族群。该人类遗传差异和相似性分析均确认:人类遗传的相似性,即世界不同人类族群间的相似性要远远大于差异性。基因学更直接地表达了生物的相似性。

3.4　相似原理与进化论

达尔文的进化机制是变异和选择,即符合多样性原则。变异越多,选择余地越大。反之,如果一个生物种群选择出一个最佳的个体,然后用这个个体的完全拷贝来构成种群,于是失去了变异,选择也就无法进行。当环境变化,这个种群可能因为进化压力而不能做出反应,结果走向消亡。多样性原则与最优化原则是相对立的,所以最优化原则不可能成为基本原则。同样,长远利益原则也不可能成为基本原则。因为一种状态如果具有长远利益而眼前有害,那么在长远利益显现以前它已经被淘汰掉了。如此可以想象,人脑应该分层次,不同层次的原则是不同的。例如,下层采用多样性原则,排斥最优化原则和长远利益原则,而上层采用最优化原则和长远利益原则,这也许是人与动物的区别。

前面讲到时间起点微小差别即可能引起突变。时间起点的微小差别的产生,也许是本身不可避免的,也许是随机的、任意的,即多样性原则是不可避免的。而多样性原则本身,又是不可避免的,也许是自然的纠正突变的任意性与随机性。所以多样性原则是基本的、自然的进化机制。这也进一步说明:相似性是自然界最普遍和最重要的属性之一。相似性是自然界必须遵循的基本原则之一。

3.5　相似性存在相对性

生物的相似性是什么? 是外表形态上的相似程度? 还是生物在生理机制上的相似程度? 还是生物微观层面上的相似程度? 事物不同层次或维度的相似性,可能令我们得出不同的结果。例如,植物与动物的基因 60% 以上是完全相同的,因此,植物与动物在基因层次(或在基因维度)是相似的;然而植物与动物在外表形态、生理机制上,相似程度却很低。又如,大多数动物基因之间 90% 是完全相同的,因此,动物在基因层次都非常相似。然而即使同属鱼类,却表现出千姿百态的区别来。动物基因的微小变化即造就出当今形态各异、丰富多彩的生物世界。

相似具有相对性,只有在相似的维度或相似的层面中比较其相似性才有意义。

环境随着时间和空间的变化发生着变化。同一环境,对于不同的生物,其影响是不同的。例如,我们周围的环境,对我们人类的影响和对微生物的影响显然是不同的。因为人体与微生物的空间尺度相差太大。所以相似环境对于不同的生物的影响并不相似,具有相对性。生物体制从低级向高级演化的过程是生物走向多样化的过程,也是本原生物相似变化、发展、演化的过程。在这个过程中,本原生物的形态上的相似性在退化。因此,研究其相似性,需要追随其演化的时间过程,达到演化过程的相近层次。

3.6　分子的相似性

对于生物化学而言,迄今最为重要的化学键就是共价键。共价键将物体从原子层次扩展到分子水平。共价键实际上是一种力(分子力),它使原子以不同的方式组合成不同的分子。共价键的基础是原子共享电子。例如,两个氢原子如果能共享电子,也就是说两个氢原子核连在了一起,其拥有的一对电子也因此连在了一起,如此将产生一个更好的低能量状态。这一对电子的共享即构成一条共价键。不同氢原子的"原子轨道"聚合形成一个"分子轨道",如图 3.1 所示,氢分子就形成了。

图 3.1　氢分子形成

两个碳原子的组合与之相似,只是碳原子有四个外层电子可与其他原子组成共价键,这一点对于生物化学非常重要,尤其是碳原子与其他原子之间可以有几乎无限多种组合。氮原子可形成相似的三条共价键,氧原子可形成相似的两条共价键。尽管同类原子的组合形式有限,然而氮、氧、碳原子之间就可以有几乎无限多种组合,每种组合都具有相似性,每种分子都具有相似性。然而这无限多种分子就是构成今天千姿百态的生物世界的基础。分子结构的相似性揭示了生物世界的相似本质,也即分子层次的相似。

3.7 生命进化树

1837 年,达尔文第一次用假想的树来表现物种进化方式。达尔文的"生命进化树"并非精确的理论,"进化树"用于概念性的表达主流物种在进化史上的关系,如图 3.2 所示。物种的局部的"进化树"比想象的要复杂得多,例如,物种间的异种交配、基因转移将产生更密集的枝条和分叉,同时也会产生大量凋谢的枝条和分叉并被时间所淹没。

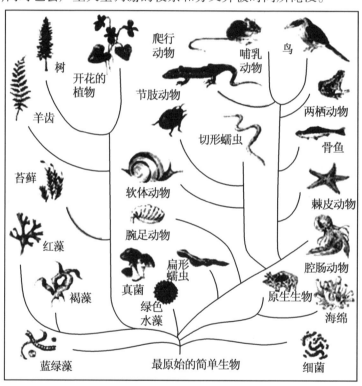

图 3.2 生命进化树(来自中国生物教学网)

"生命进化树"可以简明地表示生物进化的历程和亲缘关系,还可以看出:生物都是从水生到陆生,从低等到高等,从简单到复杂的进化规律。

今天人类对于基因的认识越来越深刻,通过越来越多的细菌、动物、植物的基因测试表明,异种交配要比我们原来想象得多,这意味着基因并不是简单地遗传给生命树上的个别枝条,它们还在物种之间以不同的进化路径进行转移。其结果是产生更密集的多叉枝条,同时也会产生大量凋谢的枝条和分叉并被时间所淹没。一定时期内可能产生爆炸性发展,所幸的是一定时期,环境的突然变化又导致物种的突然大量消亡。因此,局部的"进化树"很可能被我们所忽略。

细菌和古生菌进化历史长达 38 亿年。今天,细菌、古生菌和单细胞真核生物在生物界至少还占据 90% 的比例。它们的变异周期很短,基因转移现象非常普遍和混杂,因此根本无法用二叉"进化树"来表达它们之间的关系。另一方面,基因工程已经使人类开始掌握了简单生物的定向改造。因此,人们难以绘制细菌的"进化树"。多细胞生命的动植物也存在异种交配的现象,但不普遍,交配产物有可能具有生殖能力。已经发现存在一些动物通过异种交配形成的基因组。异种交配在高等生物中出现的几率比低等生物少得多。因此,人们仍喜欢使用"改良后的多叉进化树"。"进化树"其实是物种关系在宏观尺度下的相似表达。

系统进化树的研究已经有很长的历史,它在分子进化与系统发育研究中起的作用也越来越大,新的系统进化树软件算法,能通过自学习,挖掘海量数据序列的内在关系,从整体上对序列进行聚类,从而构造出能够更准确表达系统进化的多叉树。系统进化树方法对蛋白质构造的研究也已做出了重要贡献。

3.8　相似的全局性

生物添加新系统的过程非常缓慢,在自然状态下,自然选择的原则只能一点一滴地偶然发现某些新的系统来满足生存的需要。任何物种仍然是基于巨大数量、巨大范围、巨大时间跨度才完成新系统的添加或退化。生物进化是全局性的,这对于任何物种都是根深蒂固的。遗传理论告诉人们,有机物是基因合作的结果。尽管在高度进化的有机物中(只有这样的物种能够活到今天),这种合作已变得极为密切,但仍存在独立的基因行为和个体变异。由于人类所处的时间片段太短,人类无法目睹全局性的生物添加新系统的过程。但是,目前人类发展的基因工程,有可能打破这种局面。基因工程已经表明,基因是可以交互的,就像两性生殖过程中实现的交互。这种交互使生物的进化趋于整合,它使生物的相似性得以保持,同时又使相似性不断被修改和退化。基因工程要打破时间局限就必须实现可遗传的整合。基因工程才能够大大浓缩生物进化的全局时间和系统时间。

3.9　生物与生物胚胎中的相似现象

19 世纪,德国解剖学家马丁·拉斯克最早注意到生物胚胎中存在相似现象。在 19 世纪 20 年代,他发现在鸟类和哺乳类的胚胎早期都出现了鳃裂,很显然,它们在胚胎发育时经过了类似鱼的阶段。之后,麦克尔归纳出了一条定律:高等动物的胚胎在发育过程中,基本上逐步经过类似低等动物的阶段。实验胚胎学的创始人冯·贝尔也注意到动物胚胎发育的相似性,提出了四条后来被称为"冯·贝尔定律"的胚胎发育法则。

达尔文在 1859 年出版的《物种起源》中详细分析了动物胚胎发育的相似性,指出这是反对神创论的最有力的证据。他质问道,如果生物是神创的,应该让受精卵以最直接的方式发育成为生物,何必让整个胚胎发育过程如此迂回曲折? 为什么陆栖的脊椎动物的胚胎发育要经过鳃裂阶段？为什么须鲸的胚胎有牙齿？为什么高等脊椎动物的胚胎有脊索？唯一合理的解释就是这些奇怪的形态是它们的祖先的遗产：胚胎结构相同表明了祖先相同。

今天研究和比较同一纲中并不相同的物种的特性时，同样可以发现一个有趣的现象，它们的初期胚胎居然十分相似，只是在后来的发育过程中逐渐开始分化。为什么会出现这种情况？

熟悉昆虫发育规律的人都知道，生物的发育过程中存在相似的时间片段和同时在少数几个阶段突然完成的突变过程。当然更普遍的是有着无数相似的、渐进和隐蔽的转化过程。某些浮蝣类昆虫，在一生中要蜕皮20余次，每次蜕皮都发生程度不同的变异，并且是以原始的渐进的方式完成的。这一过程现象与该类生物长期生存演变的过程是相似的。它是该生物（种群）长期生存演变过程的相似变化的一个缩影。也就是说，一般来讲，某些昆虫一生的转化过程反映了该类昆虫几十万年以来的生存演变过程。这实际上是自然生物界相似本质的表现，期间也表达了生物相似性的保持和退化现象。

众所周知，同一个体的不同部分在早期胚胎阶段完全相似，只是在成体状态才会显示出不相同。同样，同一纲中的最不相同的物种，其胚胎仍然非常相似，只是在充分发育后才表现出形态、功能上的极大不相同。

哺乳动物、鸟类、蜥蜴类、蛇类以及龟类的胚胎，在早期发育阶段都是极为相似的，人们只能通过它们的大小或 DNA 来进行区别。猪、兔、人类的胚胎也是非常相似的，如图3.3所示。这就是"胚胎类似"现象。现在可以确信"胚胎类似"即"胚胎相似"，是生物较高层次的相似。生物较高层次的相似，即生物较原始的相似。它反映出生物进化过程中的相似，退化过程中的联系，所以"胚胎相似"通常作为物种分类的最重要依据。

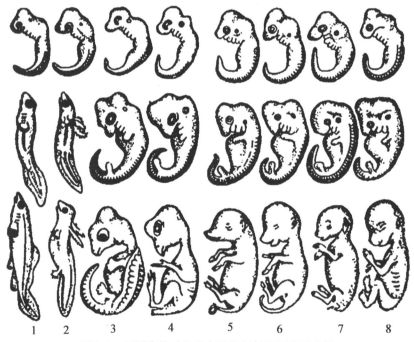

图3.3 不同脊椎动物发育阶段相似的胚胎示意图
1—鲨鱼；2—蝾螈；3—龟；4—鸡；5—猪；6—牛；7—兔；8—人

不仅是胚胎相似，许多动物将这种相似特征保持得更长远。例如，猫科动物中的大部分物种在长大后都仍保留着条纹和斑点,狮子的幼兽也都有清晰易辨的条纹。当然植物中也有类似情况。

在生物界有些事实值得我们注意,如牛角总是在它快成熟的时候长出来;梅花总是要到冬天开放;荷花则总在夏日开放;蜕皮的动物都会在其一生的某个时候准确地蜕皮,生物一生的变异要在一定的时候出现,与其父代以及父代的父代出现的时间相一致。这一遗传规则是变异的相似性和变异过程的相似性决定的。

同一纲中的大小不同、形态各异的动物,其胚胎构造上彼此相似的特点,往往与它们的生存条件并无直接关系。就像人的手、蝙蝠的翅膀与猫的前肢及鲸的前鳍都有极其相似的骨头,如图 3.4 所示。但它们并没有相似的生活条件和环境,这说明:动物的骨骼结构的相似性比其器官形态和功能方面的相似性具有更高的相似层次。

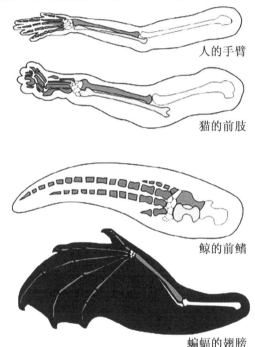

人的手臂

猫的前肢

鲸的前鳍

蝙蝠的翅膀

图 3.4　不同生物间的相似

两种不同的动物进行杂交,几乎没有一个例子能证明其后代是能育的。这是因为两种不同动物的相似性相差甚远。家鸽的品种有上百种,家鸽品种之间杂交产生的后代都能生育,说明家鸽尽管有上百个品种,其实它们同源且相似性很高。家鸽的品种多,是人工选择改变了物种造成的。马也是一样,它的品种很多,狗也一样,品种很多。这些都是人类经历几千年到几万年驯养的结果。

即使是同一棵树,同一条树枝,相邻的枝杈,世界上也不存在完全相同的树叶,但是,它们都相似。无论是植物还是动物,尽管它们生活的外部条件完全相同,它们也会出现变异。因为只有通过不断变异,生物才能得到更多留下后代的机会。越普通的物种,该物种的数量越多,物种个体间越相似,也就越容易发生变异,也越容易产生变种。因为相似导致竞争的广泛性,也导致了变异的广泛性。因此,相似是变异的动力。同类生物的个体差异和相似都是必然的,理论上讲一个物种可以按几何速率增长方式高速发展,如果不被毁灭,那么用不了多久,其后代就会填满全球。一棵一年生植物,假设每年只结两颗种子,20年后就会增加到100万株。事实上没有任何物种会挤满地球的每个角落。

一条红色的金鱼,如果将它们放到不见阳光的环境中喂养,那么用不了几周,它的红色将完全褪去,变成灰黑色的金鱼。此时,如果把它放回原来的环境中喂养,它将以极其漫长的时间缓慢恢复,一般不能恢复到原样。也许这一切是金鱼长期生存、演变过程的相似变化的一个缩影。这里金鱼快速地回到了相似的过去,但是从相似的过去再发展到今天,需要更漫长的时间。刚刚孵化的金鱼是无色的,长到成鱼才变成鲜艳红色,这说明"进化"和"突变"在时间上是不对称的,并且符合相似变化的缩影。

生物胚胎发育早期并没有差异,因为它们的祖先是在胚胎早期发育以后,才发生了变异,并将新的性状传播到了年龄相当的后代,然后经历漫长的相似的过程来整合。因此胚胎不仅不受变异的影响,而且还能保留该物种演变的过程。也就是说,我们今天看到的物种,其发育的最初阶段与那些已经灭绝的古代同纲类型的生物也非常相似,胚胎发育的最初阶段保留了物种最大的相似性或最高层次的相似。

有分析表明:人的胚胎发育早期的确有过一个类似鱼的阶段,不仅外形像鱼,长出鳃裂,而且内脏也像鱼,这时候的心脏像鱼的心脏一样只有两腔。之后,心房被一系列复杂隔片从上部分成了两腔,然后心室再被一个从下部长出的隔片分成了两腔。这个心脏发育的过程,就像是重演了心脏的进化过程:从一心房一心室的鱼类心脏,变成两心房一心室的两栖类心脏,再变成两心房和分隔不完全的两心室的爬行类心脏,最后才是两心房两心室的哺乳类心脏,符合相似变化的缩影。

在某些方面,人的胚胎发育过程与我们从古生物化学了解到的进化过程有着惊人的相似之处。33天大的人类胚胎的四肢末端的形状像鱼鳍,而且其形态与肉鳍鱼的鱼鳍相似。这种鱼生活于4亿年前,有肺和鼻孔,在四肢的位置有4个鳍,鳍内有骨头,被认为是陆地脊椎动物的祖先。

54天大的人类胚胎,足中出现了跟骨和距骨,其形态与两亿六千万年前某种哺乳动物特征的爬行动物相似。在第8.5周时,人类胚胎的这两个足骨的形态介于爬行类和哺乳类之间。到第9周时,两个足骨的形态与出现于8 000万年前的有胎盘哺乳动物相似。

反过来,也可以用遗传工程技术改变鱼胚胎的发育,让它发生"瞬间进化"。例如,让鱼的某个基因的表达速度变慢,结果发现在鱼胚胎发育时,鱼鳍细胞层层堆积变成了骨头,最后又长出了趾头。

那么生物进化是否可逆?根据相似原理,由于时间的一维性,生物进化将是不可逆的。除非事物从新的时间起点开始新的进化历程。蛋白质一旦向前进化,便无法原路返回过去的状态,它只能经历新的单方向的进化历程。

非同属类型的物种进行交配具有完全不育性,同属变种进行交配具有能育性。这是由物种高层相似性决定的。基因工程在生物的最高层进行设计和修改,将大大加速生物的形态、功能的变异和设定。因为它比人工选择(人工喂养)干预物种的层次更高。但基因工程能否快速锁定新物种,也即基因工程产生的生物个体的生育和遗传性能如何?这还有待相似分析与实验研究。

达尔文"物种起源"的两个令人叹为观止的结论是:第一,世界上的一切物种都在不断地发生变异;亲代的极大部分特殊性都会遗传给子代,子代与亲代极为相似,又存在明显的差异,即后代在继承亲代的过程中会发生变化,代代相传,长期积累,引起生物类型的变化,并且这种改变是逐渐演变的过程。第二,一切生物都必须进行自然选择和生存斗争。生存斗争主要包括两方面,即生物之间为争夺生存资源的斗争和生物与自然环境的斗争。自然选择的结果——新物种产生,旧物种灭绝;生存斗争的结果——物竞天择,适者生存。任何生物生存繁衍后代都要遵循自然选择的规律,由于器官功能分化和生存条件复杂化,生物体在自然选择的长期作用下,必然引导生物向更高级发展。

任何生物都是自然中漫长演变过程的产物。任何生物,连同它的本源的远古物种,连同它演变过程中灭绝的部分,构成了该物种漫长的相似演变过程,在自然选择的长期作用下,它才发展到今天的高级形态。因此 DNA 基因工程必须利用物种的这些相似属性。当利用两种非同源细胞,进行基因手术时,相当于利用了两个物种的相似属性。细胞、胚胎手术都是从高层导致生物变异的方法。由相似原理,可以肯定:细胞、胚胎手术对生物的影响比普通的培育更深远,它压缩了生物变异的时间,扩大了生物变异的空间(广度)。

生物体制从低级向高级演化的过程,是生物走向多样性的过程,也是本源生物相似变化、发展、演化的过程。在这个过程中,本源生物在形态上和功能上的相似性在退化,该生物在时间空间中获得发展。

传统家养的人工选择,大大加速了物种变异的确认和整合的过程,加速了新物种的产生。人类选择了适合人类喜好的变异,但这种性状上的变异也存在某些极限,例如,动物的速度,肌肉的力量,植物的高度,生物个体的生命周期和物种的生命周期,无论自然选择还是人工选择都一样。因此今天人类利用基因工程来创造新物种,同样存在极限。

3.10　胚胎干细胞

胚胎干细胞(ES)来源于哺乳动物胚胎发育早期的胚胎内的细胞团(ICM),是最原始的干细胞,它位于个体发育的最顶端,具有发育的全能性。它能够分化成为组成机体的所有类型的细胞,进而形成机体任何组织和器官,并且具有发育成完整个体的能力。胚胎干细胞(ES)可以体外培养和复制,并且保持未分化状态。

从相似原理的角度看,生物胚胎的分化、发育过程是基因在体内外因素协同作用下,在时间和空间上按顺序表达的相似过程。它是该生物生命过程中已经发生的一个时间相似片段。干细胞中保留了该生物的父代以及原始生物整合的遗传信息,该遗传信息来自于无数先前的时间相似片段的压缩(详见相似原理的时间轴压缩),该压缩体仍然是一个相似的时间片段。对个体生物而言,它的胚胎期是基因在体内外因素协同作用下,在时间和空间上按顺序表达的相似过程;同样它的成长发育期、成熟期、生育期、老化期,都受制于基因、内外因素协同作用,在时间和空间上按顺序表达其相似过程。

个体生物的生命周期内,它从胚胎演变开始,与其祖先的相似程度将不断退化。个体生物是一个事物,事物是 N 维的,可以从不同维度观察个体生物在其生命周期内的生命过程,个体生物的外形与其同类相似,而个体生物的某些行为,将发展到与同类完全不同的发散程度,如人类的思维。越是高等和复杂的生物,发散程度越高。一个物种在其生命周期内演变发展的过程中,与其本源物种的相似程度在不断退化。越是接近时间片段原点的事物,任意维的相似程度越高,甚至达到完全相同的程度。随着时间和空间的演变发展,任意维的相似程度退化。

胚胎干细胞(ES)在体外培养和复制中,相似的精度极高,可以保持相似的极限,即相同。胚胎干细胞还能够在一定的条件下分化成为组成机体的所有类型的细胞,进而形成机体任何组织和器官,并且具有发育完成整个个体的能力,其间分化必然产生某些变化,也即个体的变异。在此过程中,个体分化、发育、成长,其个体的相似程度自然退化。

生物的染色体、DNA 和胚胎都是基于最上层的相似片段;器官,特别是生殖器官,是生物的上层相似片段;而外观、形态、功能性状,发声、运动、习惯等行为则是下层的相似片段。越往上层,相似程度越高,相似的精度也越高。越往下层,相似程度越低,并表现出百花齐放和千姿百态。一般来说,越普遍、越共性的相似,则是越上层的相似;越特殊、越离散、越缺乏重复性、缺乏可靠性的相似,则是越下层的相似。

目前,全世界的昆虫尚有 90% 未知其种类,相似原理的生物相似原则也许可以加速其分类。因为上层相似是分类的原则。

3.11　生物发育的相似原则

从相似原理看最普遍的生物自然现象,在生物形态学、胚胎发育学、生物行为学、生物生理学、遗传学和生态学中,我们可以得到以下宏观结论:

(1)人体的发育过程与人类的进化过程相似或人体的发育过程是人类进化过程的一个缩影,人体的发育过程是人类进化过程的宏观表现。

(2)生物中越普遍的相似现象,越可能是基础的、原始的和高层的属性。

(3)随人体的发育进程,相似属性退化,个性渐显。

(4)遗传的相似性和差异性,均一代又一代地作用于当前的胚胎。

(5)胚胎发育过程中,高层(基础的)相似性必然首先出现,因此,表现为一般性状先出现,特殊性状后出现;从一般性状中发展出不一般的性状,然后再发展出特殊的性状。

(6)发育过程是物种长期演变的相似的缩影,因此,同纲物种的不同种群的胚胎发育必然经历相似的阶段,然后才有区别;高等动物的胚胎发育经历过低等动物的胚胎发育相似的阶段;胚胎发育是从低等性状向高等性状的层次进行的。

(7)人体的发育过程中,不断接受外界的影响并主动适应其影响,个性被巩固。

(8)生物发育的顺序:由小至大,由内至外,形成外推成长模式。

(9)细胞、胚胎手术是导致生物变异的高层方法,压缩了生物变异的时间,扩大了生物变异的空间。

生物经历了千万年时间跨度和地球尺度空间的演化和发展过程,这一宏观过程仍是地球事物演化和发展的相似片段。今天某个生物群体的存在,是上述相似片段中小小的时间片段。今天某个生物个体变化的一生,则是上述相似片段中的一个更微小的相似时间片段。在较短的时间片段内和较小的空间尺度下,生物群体的外观、形态、功能、性状、发声、运动、习性等行为均保持高度的相似。生物经历千万年时间跨度和地球尺度空间的演化和发展，生物群体的相似程度不断退化，同时生物群体也呈现出百花齐放和千姿百态。越是接近时间片段原点的事物，事物任意维度的相似程度越高，甚至达到相同的程度。

宏观事物是由微观事物构成的，在绝大多数情况下，当我们关注宏观事物时，一般没有必要同时关注其微观的行为。因为宏观事物的时间跨度大，空间尺度大，而微观事物恰恰相反。它们的时间跨度和空间尺度相差巨大，且随着时间和空间演变发展，事物的相似程度必然退化，所以可以按相似原理准则来简化对事物的看法。

3.12　周期性——最普遍的相似

周期性是一种最普遍的相似。这种相似在动物和植物的进化中起决定性作用。周期性有各种表现形式，例如，春、夏、秋、冬，一天，一年，早上、中午和晚间，乃至地球大环境的周期性，水、陆、空生物生存环境的周期性变化，这些周期性的环境变化，对于物种的影响是非常重要的。因此，物种普遍存在受上述环境影响产生的周期性相似。

周期性相似也是相似原理中最重要的内容之一。周期性是连续发生的，通常，周期性也是连续变化的。有的周期性相似显得漫长，例如物种的变化，以千万年计，期间可能还伴有极端环境引起的极端变异。因此，我们可利用周期性，例如按周期性截取时间序列或时间片段，从而达到简化观察事物的目的。

按相似原理，地质岩层上的痕迹是周期性相似留下的信息。利用树木的年轮，可以判断树木的年龄和风水。周期性还可以帮助我们找到不同古树之间的某些联系，甚至可以找到不同古树生存的时间起点，找到其共同生长期间的气温、雨水、阳光等变化的信息。相似原理可以说明进化论的合理性，甚至可以解释进化论的全部结论。

纯数学周期性，可以按某一时间起点，任意截取时间片段，并构成纯数学周期性分段。周期性分段后的任意维事物，可以压缩甚至进行时间维剥离。可以按周期性分段截取任意维事物的周期性时间片段，获得该事物的周期性相似体。然后对该时间片段相似体，进行压缩或时间维的剥离，达到抽象目的。

3.13　自相似自然现象

宇宙中广泛存在的自相似自然现象，可用事物压缩相似变换来描述。在自然界，事物通常表现出自相似的层次结构，具有无限层次的适当放大和缩小的几何尺寸，而整个结构并不改变的自然现象。具有无限层次的人体，每一处均由几何尺寸相似的细胞结构组成。植物更是如此，例如树木的叶片、枝叉、茎、根等的重复相似和层次结构相似。具有无限层次结构的宏伟事物的每一处都存在无限嵌套的轮廓，这就是自相似层次结构。

3.14　基因组的相似性思考

基因组的相似性分析,将帮助人类解开基因的秘密。目前,还无法根据纯粹的理论来阐明蛋白质的形状,用实验方法确定蛋白质的结构是十分繁琐的事情。许多不同的氨基酸序列能形成形状相似的蛋白质,因此可以通过详细研究蛋白质的一个具有代表性的分子,然后通过相似原理来推断各种蛋白质的结构。随着一系列已描述的蛋白质基本结构的增多,通过相似原理可以获得结构更复杂、分类更精细的蛋白质结构。相似原理将利用计算机来模拟和发现新的蛋白质结构,甚至能够创造层次更高的蛋白质结构。

科学家已经在单个细胞的水平上开始了简单有机体所隐含的基因的排序工作,相似原理可以表达单个细胞的相似性以及细胞群中细胞间的相似性。在细胞尺度内,最普遍的现象就是相似。因此利用相似原理是研究细胞的关键之一。

过去50年间,生物学家通常主要研究单个基因或蛋白质。今后50年,研究人员将转向研究多个基因的整体功能、基因的作用路径、反应网络以及外界因素如何影响该系统等问题,因此利用相似原理将涉及更高的维度。

科学家们将能描述生物的相似性,以及相似性的传播、强化、弱化、变异并产生不同物种间生命形式的显著多样性的基因序列。以至于能够定量说明相似程度达到几乎相同的基因序列,却能够决定物种的不同表现形式。

也许50年内,科学家将弄清生命史的许多细节,尽管现在还不了解第一个自我复制(即相似复制)的有机体是怎样诞生的,更不了解基因是如何驱动细胞的一系列变化和生化反应,是如何造就人类躯体轮廓的。宏观的躯体轮廓是基于微观世界的复杂时空相似变化产生的,因此,期间存在相似性是必然的。尽管时间和空间的尺度相差如此之大。

DNA序列中蕴含了控制人类生命活动的各种信息,决定了肤色、身高、体重等生物学性状,也对人类疾病与健康有至关重要的影响。由于历史、文化习俗等原因,不同人种具有自己独特的遗传背景,在疾病易感性和药物反应方面与其他族群存在显著差异,导致许多对白种人群有效的基因诊断、药物等医学研究成果不能够应用于非洲、中国乃至亚洲人群。可见,在基因组相似性研究方面有很多问题亟待解决。

3.15　生物的生长模式

生物的成长过程必定满足整体性和相似性规律。自然界中的每种生物都必然经历从小到大的生长过程,其生长特征具有遗传目的性和自然选择性,且生长过程不可逆。生物的形态趋于父辈相似,具有适应自然的能力。例如,植物克服重力向光生长,不移动;动物也必须克服重力且体积与其运动能力和代谢能力相适应。生物的这些属性是通过细胞分裂、繁殖驱使的。这种机制保证了生物的每部分的生长都能够互相适应,整体成长和保持相似性规律。无机物也有生长现象,如晶体的结晶就是单个分子按照一定规律生长的过程。例如,雪花呈六角形态,是因为水分子结合的基本单元形式是正六边形的,因此,凝结成的雪花也只能是六角形态了。400 年前,著名科学家开普勒、笛卡儿、虎克等都为雪花的千姿百态而着迷。无机物的生长也受环境条件的制约,如温度、湿度、浓度等,其生长过程一般呈线性增长,在条件变化时往往可逆,可重复进行,例如水的液态、气态和固态。这一点与生物的成长过程不同。

生物的生长模式是在生物进化过程中形成的。植物的生长模式和动物的生长模式都是在细胞生长基础上发展出来的更高级的模式。根据生物进化中的相似原理,细胞生长模式决定了生物的生长模式,因此生长模式是生物的原始、高层次的属性。根据自然选择原则和能量最小化原则,生物的生长模式应该使旧的细胞能够最高效率地发挥作用,同时为新一代细胞的产生和发展创造条件;将新生的细胞"运送"到"生长的表面",是对于生存空间占有的一种驱动能力,植物的枝叶、根茎、花卉、果实都是由内向外生长的,动物表面轮廓的生长也如此。对于高级生物而言,这种"表面"和"外面"是指器官的"表面"和"外面"。

生物的生长模式是有层次的,这种层次也就是相似的层次。自然选择原则和能量最小化原则,都是上层原则和模式,而大脑皮质的结构和功能定位是较下层的生长模式,它们是功能层次的,在进化过程中逐步形成人脑的皮质定位以及被定位皮质的神经细胞的发达程度的变化。今天人类个体大脑的皮质细胞仍每时每刻保持不断的代谢和变化发展。人脑从胚胎开始,神经系统的发展保留了人类大脑发展的痕迹,这种发展的时序被高度压缩,被有效地保留下来。所以研究人脑从胚胎的发育过程有重要意义,有利于揭示人脑的秘密。

相似性原理表明:任何自然事物,不论植物还是生物,甚至人类的思维,都是由小变大、从简单到复杂、由低级向高级、在相似的范畴中发展和变化的;一切事物都是以相似性为中介互相联系的;一切创造,无论是自然界的创造还是人类的创造,都是基于某种相似进行的。因此相似性也是事物发展的共性。

3.16　人体温度的相似和原因

人的体温如此相似,将温度计放在舌下,不论肤色、年龄、高矮、胖瘦、性别,体温都是 37 ℃。体温具有维持基本恒定的特点。无论激烈运动或心跳加快,呼吸急促,累得汗流满面,还是冻得浑身发抖,体温仍然可以保持基本不变。体温只要有 0.5 ℃ 的变化,人就会感到不适。体温变化如果超过 1 ℃,就需要就诊了。人的体温如此相似,是通过大脑神经系统有节奏地调整呼吸、流汗、排泄以及协调身体其他器官的波动来达到维持体温恒定的。

严格地讲,身体各部位的温度还是略有差别的,皮肤的温度通常比体内的温度低3~4 ℃,肛门的温度比口腔的温度高 1 ℃。此外,由于活动导致器官新陈代谢与血液流动变化,也会使人体不同部位的温度有所改变。人体内部肝脏的温度在 38 ℃ 左右,是最热的器官。一天当中,体温会稍有缓慢的变化,下午最高,夜间最低,温差将近 1 ℃,因此 37 ℃ 是人体全天体温的平均值。

鸟类和哺乳类动物几乎都是恒温动物。南极的企鹅和热带沙漠的骆驼,它们的体温与人类相似为 37 ℃。人周围的家禽、牲畜也都如此相似。

生活在陆地的动物必须承受黑夜白天的温差、刮风下雨以及季节和气候变化,因此,陆上生物大都已经进化出快速应变环境温度变化的能力。于是更多的陆上动物发展成为温血动物或恒温动物。水下生物,很大程度上,可以不受外界气候变化的影响,特别是在深水中,温度几乎可以保持不变,因此,水下冷血生物居多。

想象人类的祖先在大草原上被狮子追逐的情境,奔跑中,四肢必须充分协调,要随时准备应变周围地形和环境的变化,而脑中还要想着逃生的对策:选择爬到前方那棵树上? 还是用棍子抵抗? 大声喊叫会不会有人来帮我? 可不可以跳到河里? 河里会不会碰到鳄鱼? 所有这些念头全都会在脑中闪过。不论是人或狮子,思维和行动都必须准确无误,这是动物必备的生存之道。而支配人类思维和行动的大脑是由几百亿交错互联的神经细胞所组成的立体网络,狮子也有数目相似的神经细胞。假若体温随便发生变化,必然导致动物体内的各种复杂化学反应呈现出不同的状况,各种激素信息也会有所不同。因此,保持恒定的体温,特别是保持脑部恒温,是复杂的高等动物的最佳进化选择。这样的动物具有更高的生存几率,并有更多机会把基因传给下一代。

很显然,温度升高时,化学反应一般会加快,所以让身体变大和体温恒定,可增加身体的活性和稳定性。例如,当出现落入冷水中的特殊情况时,较大身体作为缓冲,有利于更长时间保持脑部的恒温,并迅速脱离困境。

普通人体静止状态下,大脑运行的功率消耗是 12 ~ 16 W,心脏运行的功率消耗是 6 ~ 7 W,这是人体消耗功率最大的两个器官,加上体内其他器官(例如肺、消化器官和肾脏等)的功率消耗约占人体总消耗 2/3,不过它们的质量只占人体质量的 10% 左右。如果人体处于静止状态,这些功率消耗最终会以热的形式出现,必须向体外释放。人体运动时,肌肉消耗的热量可以突增 10 倍,成为最大的热源并进一步增加人体总热量的消耗和释放。然而,即便如此,人体仍能保持稳定的体温,人体各种器官仍能流畅运行。这要归功于,人体皮肤具有的强大散热能力和调整体温的能力。

不论人体皮肤是辐射或传导,单位时间传递热量的能力(热流动率)近似与温差成正比。室温 17 ℃时,37 ℃的手上体温传递给铁棍的时间,与室温 27 ℃时,将 37 ℃手上体温传递给铁棍的时间是相同的,所以前者的体温传递速度是后者的两倍。

也许 200 多万年以前人类刚出现在非洲的相当长的时期内,白天的平均温度在 25 ℃左右,在这种气温下,人类正常活动时,若体温保持 37 ℃,器官产生热量的能力与散热能力基本相等。于是人类祖先选定了 37 ℃体温。后来,人类穿上了毛皮,又学会了使用火,扩大了温度适应范围,以适应气候的激烈变化。

适应气候,也许只是人类体温成因之一。哺乳类和鸟类,这两类动物经历了非常不同的进化历史,人类和鸟类的进化时间和环境差异很大。但是鸟类和哺乳动物的体温大都是恒定的。因此恒温而且数值相似的原因,恐怕还有更加复杂的理由。但有一点是肯定的,体温保持恒定,能够让复杂的化学反应固定在最佳的状态,从而有利于生物从事各种复杂的活动。

3.17　生物个体中相似性的普遍性

生物个体中相似性具有普遍性,例如,树木的根、枝、茎、叶、花蕾均具有自相似。植物有几乎完全相似的根、叶、花蕾等。中医发现人体的不同器官均与人体具有自相似。例如,耳朵与人体具有自相似,耳朵与人体发育初期的胚胎相似,耳朵甚至包含人体的全部器官,如图 3.5 所示。

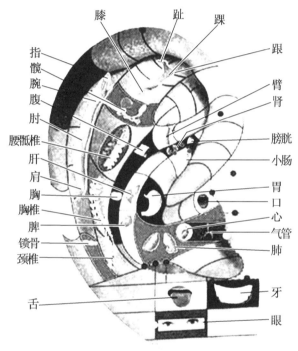

图 3.5　耳朵与人体发育初期的胚胎相似

中医发现人体的面部、手部、脚部、耳部器官的特殊位置与人体的器官存在关联,往往某部位有压疼感,就表明其对应的脏腑有问题。而且,往往特殊位置的分布与人体器官的自然分布非常相似,于是人们就运用人体的相似性来寻找这种关联性。早在 500～1 000 年前,中医已经总结和发现了人体的面部、手部、脚部、耳部等反射图,如图 3.6、3.7 所示,并且用于判断疾病和治疗疾病,因此人体器官反射图具有相似原理基础。

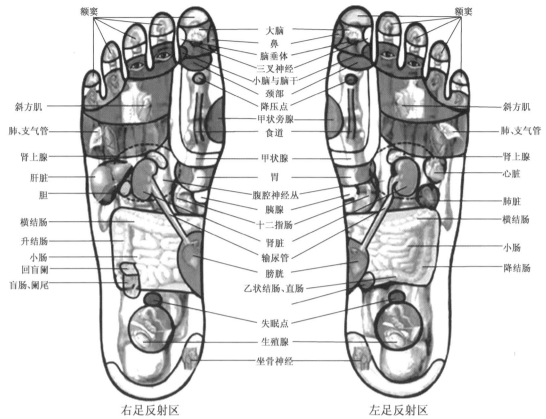

图 3.6　人体脚掌反射区图

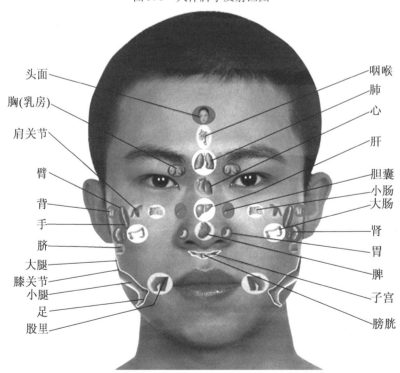

图 3.7　人体面部反射区图

人体从卵细胞受精开始,通过细胞的不断分裂,发育出不同的器官,虽然目前还不清楚,基因是如何驱动细胞的分裂,造就器官和躯体轮廓的。但已经清楚,细胞繁殖的本质是相似分裂和复制。宏观的躯体轮廓是基于微观世界的复杂时空相似变化的产物,因此人体表面与器官存在关联性是可以理解的。人体器官反射区的基础是相似原理。

按摩人体器官反射区,可以刺激关联器官,导致局部和全身血液循环加快,起到保健和治疗疾病的效果。按摩最好在人体比较平静的时候进行,按摩后最好再静息 20～30 min。每个按摩位置的按摩时间不要超过 5 min,按摩的强度由弱变强再变弱,要有胀、酸、麻的感觉,按摩过程中身体要放松,心理要平静。自己来选一套反射部位和顺序,按摩多个循环,每天按摩 1～3 次,坚持一段时间,也许反射部位的压疼感消失,治疗将转变为保健。按摩是相似原理的个人体验,并具有神奇的效果。任何人都有可能利用自身的相似性为自身保健按摩,达到强身健体的目的。

3.18　斑马鱼的相似性应用

斑马鱼原产于东印度恒河流域,在巴基斯坦、尼泊尔、缅甸,中国、日本均有引进。斑马鱼的成鱼体长约 4～5 cm,呈纺锤形,稍扁。鱼体两侧从头至尾布满多条蓝色条纹,酷似斑马,故名斑马鱼,如图 3.8 和图 3.9 所示。斑马鱼是研究发育生物学的模式动物,它有以下特点。

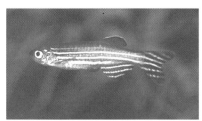 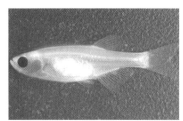

图 3.8　斑马鱼　　　　　　　图 3.9　透明斑马鱼

(1)斑马鱼繁殖能力强、胚胎透明、体外受精,其基因序列已被完全解码可作为遗传学成熟工具,是研究脊椎动物发育与人类遗传疾病的模式动物。

(2)与其他脊椎动物相比,斑马鱼已经具有多达 6 000 多种的遗传突变品种,这些突变品种大都是利用 X 射线、ENU 或反转录病毒的感染造成基因组突变之后,再经由多次子代筛选所得。

(3)突变种的表征包括:胚层分化,器官发育,生理调适与行为表现等多方面,可作为极佳的正向遗传学材料来进行发育机制方面的研究。

(4)就斑马鱼系统,已开发出阻断基因功能的工具——Morpholino,可快速以逆向遗传学手法来验证基因的功能。

(5)斑马鱼基因与人类基因的相似度高达 87%。

斑马鱼的上述特点提供了利用斑马鱼正向与逆向遗传学特征,来设计斑马鱼遗传发育过程的手段,并利用相似性来研究人类疾病的成因和病理过程。图 3.10 是斑马鱼胚层分化和器官发育过程。

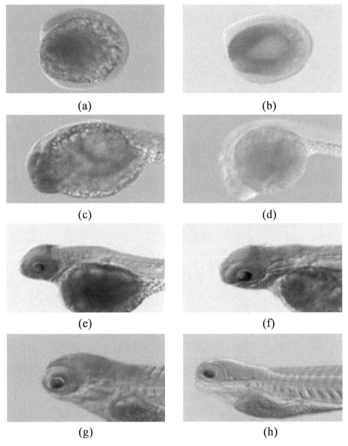

图 3.10　斑马鱼胚层分化和器官发育过程

斑马鱼基因与人类基因的相似度高达 87%,这意味着在其身上做药物实验所得到的结果在大多数情况下也相似地适用于人体,因此受到生物界的重视。

因为斑马鱼的胚胎是透明的,很容易观察到药物对其体内器官的影响。

雌性斑马鱼一次可产卵约 200 枚,胚胎在 24 h 内即可发育成形,这使得在相同的时间起点,可以在同一代鱼身上进行不同的实验,进而研究病理演化过程并找到病因。斑马鱼已经成为 21 世纪生物实验室里的明星。利用斑马鱼作为相似模式动物研究的成果和目标主要有以下几个方面:

(1)筛选斑马鱼胚胎或成鱼基因库中相似于人类致病或特殊功能的基因,经不同构建处理后,利用显影液注入单细胞期的斑马鱼受精卵中,观察特定基因在斑马鱼胚胎发育过程中所扮演的角色。

(2)直接将人类基因进行构建后,注射入斑马鱼单细胞胚胎中,观察并推测人类基因的生理功能。

(3)直接利用不同发育期的斑马鱼胚胎进行基因原位表现的鉴定。

(4)斑马鱼胚胎应用于药物毒性试验,观察特定药物对斑马鱼胚胎发育的影响或致病程度,毒性试验结果作为人类药物筛选的参考。

哈佛医学院和儿童医院的霍华休斯医学研究院研究员 Mark T. Keating 等人,在切除斑马鱼 20% 心脏后两个月,发现斑马鱼又重新长出被切除掉的心脏部分,发现斑马鱼具有心脏再生能力。虽然多数无脊椎动物具有器官再生能力,但大部分脊椎动物和所有哺乳动物在心脏受损时只能长出伤疤组织,能长出心肌的极为罕见。

利用诱发突变或转基因方法,可以产生与人类疾病相似的斑马鱼模型株。例如,突变斑马鱼 Gridlock 发生主动脉发育不正常,造成血液阻塞无法流至躯干及尾部,也因此在阻塞区域常发育出额外平行的动脉。这样的病症,与人类的一种先天性动脉发育缺陷症相似。在人类遗传学研究中,还不清楚造成该缺陷的原因,由 Gridlock 研究得知,问题出在早期动、静脉细胞分化的过程。Gridlock 被用来作药物筛选,得到了两种药物可以医治动脉发育的缺陷。在转基因方法的应用上,哈佛大学的研究团队首先利用转基因方法,造成一株类似人类 T 细胞白血病(Tcell Leukemia)的斑马鱼。

脐带血干细胞移植比骨髓移植排斥更轻微,但脐带血分量太少,只够供儿童病人使用。香港大学已初步确认通过抑制一种名为 Chordin 的基因,可直接增加胚胎的造血量。斑马鱼血液的组成与人类十分相似,有红血球、白血球、淋巴等细胞,加上鱼身透光度高,透过电子显微镜可清楚观察胚胎变化,且生长和发育迅速。在斑马鱼胚胎注入抑制 Chordin 功能的物质后,发现胚胎内制造血液部分明显胀大,血干细胞数量增加并快速分裂生长,血红素分量也较正常胚胎成倍增加。

斑马鱼发育过程、器官构造、生理功能、基因结构等都与哺乳类动物非常相似。从水母身上取得"绿色荧光蛋白"(Green Fluorescent Protein, GFP)基因,透过基因转移繁殖技术,注入鱼胚胎,经培育、筛选,可得到能发出绿色荧光的鱼(图 3.11)。吴金洌博士和他的研究团队,建立了一个与消化道有关疾病的研究模式。他们利用荧光基因和基因转殖技术,进一步培育出特定器官会发出荧光的斑马鱼,以便研究者能在活着的斑马鱼身上直接观看器官的发育与病变。他们通过启动 L – FABP,培育出只在肝脏发出绿色荧光的斑马鱼。研究员用酒精浸泡肝脏发光的斑马鱼后,肝脏上的荧光减弱了,这是肝脏细胞功能受损的表现,确定了这个模式可作为研究肝脏细胞的指标。而肠道、胰脏和肝脏一样,都是由内胚层发育出来的,因此就有可能用相同模式来研究肠道或胰脏。

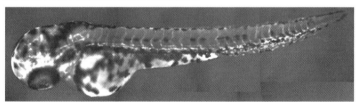

图 3.11　血管荧光转基因斑马鱼

美国华盛顿大学圣路易斯医学院一项新研究指出,斑马鱼可在无菌的环境下培育,如此一来,就可观察与比较肠道内细菌共生或无这些细菌共生的一系列过程。研究表明,人类与友善的肠道细菌互动的功能相当复杂,通过实验,可确认哪些基因和化学物质有利于肠道内的益生菌,有利于人类消化系统和身体健康。

由于斑马鱼的整个胚胎都是透明的。科学家可以清楚明白地看见它的所有变化,了解基因是如何控制细胞继续成长或停止成长,不听或听不到指令的细胞可能或已经成为了癌细胞。斑马鱼的胚胎研究有助于人类了解癌症、阿兹海默症和帕金森氏症,这方面斑马鱼已经贡献很多。

据英国媒体报导,伦敦大学医学院(UCL)眼科研究所的科研人员在研究斑马鱼时,发现斑马鱼的视网膜可生成源源不断的放射状胶质细胞,这些细胞能够分化成健康的视网膜细胞,自动修复受损的视网膜。他们又发现,年龄段在 18 个月至 91 岁之间的人类眼睛的视网膜也拥有与斑马鱼相似的放射状胶质细胞,只是人类的这些细胞不具有活性。目前,科学家已经可以轻而易举地把放射状胶质细胞分化为视网膜细胞并大量繁殖,并已成功地移植到老鼠身上。相信不久将能够制造出一种能激活人类体内不具活性的放射状胶质细胞的药物,使它们能够分化出新的视网膜细胞。视网膜受损是造成失明的重要原因,例如青光眼、老年黄斑变性、因糖尿病导致的各种眼疾以及视网膜硬伤者。因此,他们都将受惠于斑马鱼视网膜与人类视网膜的相似性。

美国《科学》杂志中一篇研究报告指出,斑马鱼体内有一种基因可以决定人类毛发、皮肤和眼睛的颜色。美国宾夕法尼亚州州立大学研究人员发现,斑马鱼基因组中存在一个决定鱼皮深浅颜色的基因,这个基因上的单一氨基酸的改变,在色素沉淀过程中起重要作用。由于人类也存在这个基因,研究人员认为,这或许可以解释为什么许多欧洲人皮肤颜色比较浅,也可能有助于找到治疗恶性黑色素瘤(一种恶性皮肤癌)的方法。

使用斑马鱼作为基因转移繁殖的研究材料,在活体神经发育的过程中,以绿蛋白的表现情形追踪 Nav1.6 在脑部、脊髓、周边神经中的表现。帮助我们了解神经特异性蛋白如何在神经系统中起调控作用。

美国叶希瓦大学研究团队在斑马鱼的卵子中注入部分 DNA,干扰 FIT2 的表现。科学家发现这两种基因控制脂肪包在磷脂膜与蛋白质下方形成脂滴。这种包裹脂肪让细胞可以利用脂肪作为能量来源,如果储存过多脂肪,便会造成肥胖。

类固醇荷尔蒙调节人体内的糖分与盐分,并影响人体的性特征和性功能。它们在体内的含量应受到严格调控,过多或太少都会引起病症。利用斑马鱼可以探索和研究这些类固醇合成调控机制。

目前,世界各国已成功地利用斑马鱼进行肝癌、皮肤癌、骨癌等癌症研究,并已通过基因转移繁殖斑马鱼,分离出影响血管再生的原始突变种,用于血管再生、血管矫正的研究,进而筛选出治疗血管疾病或癌症的新药。

上海复旦大学成功培育一种可直观监测环境雌激素污染的转基因斑马鱼。这种鱼能灵敏快速地显示水环境是否受雌激素类物质污染,即便微量污染,转基因斑马鱼的肝脏也会发出绿色荧光。美国辛辛那提大学正在研究经基因改造的斑马鱼,探测食用水供应中是否含有毒素或致癌物质。斑马鱼探测水质的方法,比传统仪器探测方法更加便捷和便宜,它生活在被污染的水域不会受到伤害,而在它离开污水后,身体也会自动停止发光。

3.19　修改惊人猜想

是否记得在上一章(2.36 节)猜想,也许几十万年后,有一天狗能够发展出与人类相似的智慧并可以与人类对话。因为狗是与人类相处时间最长和相处最紧密的哺乳动物,今天许多人类已经完全离不开狗。人类通过选择和控制繁殖早就可以把农作物的产量提高 10

倍。今天,通过基因工程(包括嫁接)的方法可以使农作物的产量提高 100 倍甚至更多。因此,哺乳动物没有理由不能发展出与人类相似的智慧,因为它们有人类帮助它们提高进化的速度。至此,也许你打算修改属于你的惊人猜想,将狗的进化时间缩短到了几万年甚至几千年。

3.20　绘制个人基因组图谱

　　DNA 序列中蕴含了控制人类生命活动的各种信息,决定了肤色、身高、体重等生物学性状,也对人类疾病与健康有至关重要的影响。目前,全世界只有极少数个人希望出高价对自己的基因组进行测序和分析。如果基因测序和分析的成本大幅降低,相信会有更多人愿意绘制出属于自己的基因图,这样,如果大规模绘制个人基因图谱成为可能,很多遗传疾病就可以通过基因组测序和相似分析来找到病因。从而使目前常见的癌症、糖尿病、心脑血管等具有特定的遗传学基础的疾病,获得预防和根治的方法。

第4章　思维的相似性

思维和抽象都是人类每时每刻的行为,超群的思维和抽象能力是人类成为人类的根本原因,那么,思维和抽象究竟是什么?

人类用语言来表达自然事物,这本身就是抽象。给予自然事物概念描述,也许就是抽象的本质。每个人都能理解物体形状的概念,例如,相似的圆和相似的方。科学界惯用相似的手段,例如,用质点代替众多的天体:太阳、行星、小行星和卫星,并且用了长达2 500多年的观察和思考才认识到:这些质点相互吸引,引力与两者质量的乘积成正比,与两球心之间的距离的平方成反比。

不要以为上述问题很简单,其实,关于这些天体运动的研究相当复杂。在科学史上,它以"N体问题"而著名,即使,当隶属于相互作用的数目减小到三,"三体问题"对于今天的科学家来说,仍然是令人生畏的难题。

你不妨问自己:太阳系的天体,它们的位置和速度为何是今天这样? 它们为什么总是绕着太阳转? 太阳系还有一大群小行星们,我们根本不清楚它们将如何逃离太阳,进入无垠的太空。这些问题连想象都是极其困难的,然而人们乐于思考这些问题。

今天过于严格的数学演绎体系,希望使用绝对精确的语言来描述自然事物。也许太阳系稳定性问题,对于今天的物理学家来说仍是永远无解的演绎。科学家已经开始引进"模糊"的数学描述。今天,相似原理也将加入其中,成为一员。

不要被"模糊"和"相似"所迷惑,"非确定性数学的描述",不是导致数学更简单、更粗糙的形式,而是更透彻、更精细、更全面、规模更宏大的数学形式。

一般来说,自然事物的抽象都是不可逆的。抽象的事物与具体的自然事物之间存在对应关系。但是,具体的自然事物抽象成为抽象事物后,两者决非等同。因为,抽象不可能完全逼真地描述具体的自然事物,也不可能非常完整地描述自然事物。因此,自然事物的抽象是不可逆的。

可以把人类迄今所有经典的数学方法理解为抽象的数学描述;把所有经典的学说、理论、文化、艺术,甚至人类的全部劳动成果都理解为抽象的成果。如此普遍的抽象的成果,来自于人类的思维能力。人类的抽象和思维都是不可逆的,但是,人类的抽象和思维具有创造能力,是智力经济。正如第2章所指出:抽象事物构成的世界比自然事物世界更加丰富,其容量也是无限的。

人类的思维过程,是对于自然事物的抽象过程;是对于抽象事物的反复抽象过程;是对于自然事物与多个抽象事物的整合抽象过程。思维是抽象的更加高级的状态和宽泛的形式,抽象和思维赋予人类无限想象能力和创造能力。本文给出关于抽象的数学描述,这种方法具有反复抽象的能力,但是,其创造能力还有待研究。

通过第3章,可以理解:神经细胞、神经网络的早期发育过程中保留了人类大脑进化的痕迹,因此观察和分析神经细胞、神经网络的早期发育的过程很重要;对特殊神经细胞、神经网络的分离和培养的过程,可以复现人类大脑进化过程的早期片段,这些方法有利于揭示人类大脑的遗传属性,对大脑运行机理的认识可能会很有启发。

本章主要对以下 3 个问题进行了详细阐述:

(1)对生物领域的能量最小原则进行了定义,并说明了它在生物的发育、成长和进化中的作用。

(2)对神经细胞、神经网络、记忆、意识、思维、抽象以及如何模拟并产生人工智能等广泛的问题进行了探讨和建议。透过思维现象,步步紧逼思维的本质。

(3)对思维中的"抽象"进行数学表达,提出关于抽象的一系列推理,对抽象中的"不可逆问题"进行了分析。

4.1　动物会思维吗

有关报道说:鲸鱼大脑质量约为 9 kg,包含约 2 000 多亿个神经细胞;人类大脑质量通常为1.25 ~ 1.45 kg,包含约 850 亿个神经细胞;蜜蜂大脑质量仅为 1 mg,包含约 100 万个神经细胞。蜜蜂的神经细胞足可以使它拥有思维活动甚至具有数数的能力,它们可以区分各种静物和动物。人们普遍认为低等动物是没有思维活动的,然而,尽管昆虫的大脑小如针尖,它们的智力却一点不逊于体形庞大的高等动物。蜜蜂、蚂蚁等昆虫拥有复杂的社会系统,蜜蜂可以通过它们的舞姿与同伴交流。昆虫知道数目,懂得分门别类,甚至可以识别人脸。

海鳗能够和石斑鱼合作狩猎,石斑鱼向海鳗摆头示意,海鳗接受邀请就会跟随石斑鱼,石斑鱼在珊瑚礁外侧游动将鱼儿赶向珊瑚礁内侧,海鳗在珊瑚礁内侧和珊瑚礁的缝隙间游动追逐鱼儿,捕食的概率大幅提高,而从内侧落荒逃出的惊慌失措的鱼儿正好被外侧的石斑鱼逮个正着。海鳗是比石斑鱼更古老的生物,两者差异很大,它们是如何发展出这种关系的,人们不得不惊叹它们拥有的智慧。

事实上所有具有眼睛的动物,都拥有很高的智慧。有眼睛的动物都会首先注意对方的眼睛,尤其是脊椎动物能根据对方眼睛的状态做出判断,如图 4.1 所示,然后再行动,这是很高级的思维和智能。前面路边有一条大狗,你想过去怎么办? 你偏过脸去假装不看它,大狗也许能放你过去,如果你看了它一眼,你就休想过去了,因为它看清了你眼中流露出来的胆怯。你可能观察到鱼缸里鱼儿们的不同目光,观察过公鸡看着一群母鸡的高傲眼神,你会惊叹动物真的具有思维能力和智能。

实际上,数百个神经细胞就可以支持动物数数;数千个神经细胞就可以使动物拥有思维活动,例如能够根据外部环境改变自己的行为。一般来说,身体的大小决定动物的脑容量,但体积大的大脑并不一定复杂,它有利于记住更多图像、声音或支配更大的躯体,而不能够增加其功能的复杂性。庞大的脑容量可以提高行为的准确性,使动物拥有更加发达的感官,例如视觉和听觉。体型大的动物需要更多脑细胞去支配其身体的运动。动物的思维能力和智能取决于其脑的进化程度和复杂程度。

图4.1 脊椎动物的眼神(来自 Google 图片)

4.2　感觉是思维产生的源泉

一个动物要经受环境的考验,需要拥有完善的感官来认识源于时间和空间的复杂变化。感觉是思维的源泉,感觉来自人体内部,感觉是不能直接给予的,无论我们对于自身和别人都一样。无论世界如何存在,人的感觉只能通过自我的意识对自我产生影响。机器想要代替人,瓶颈也许就在于此。每一个人从遗传和本能开始,通过在现实中不断适应、积累和成熟起来。人的感觉器官比一般动物丰富和复杂得多,人所处的环境也比一般动物所处的环境更加丰富和复杂。所以每一个人所处的感觉空间,由于上述丰富性和复杂性变得千差万别。这就是造成人脑发育成熟后,个体之间存在巨大区别的原因。每一个自我都形成了自我独特的感觉习惯和思维模式。感觉习惯和思维模式是长期依赖其所处环境或感觉空间形成的。不同的人看完全相同图像信息,感受通常是不同的。尽管如此,相对封闭的族群,还是可能保留更多的风俗习惯和思维方式的相似性。

4.3　人类的中枢神经系统

中枢神经系统是支配人类活动最重要的器官,它由脑和脊髓构成。中枢神经系统和周围神经系统一起构成人类的神经系统。中枢神经系统的结构、发育等方面表现出许多相似现象,对于我们理解大脑也许很有帮助。

中枢神经系统,即大脑和脊髓实际上是浸浮在脑脊液中的,从微观上讲所有的大脑和脊髓的神经细胞都浸在脑脊液中,由于浮力的作用,使脑的质量减轻到仅50 g左右。脑脊液是充满于脑室系统、脊髓中央管和蛛网膜下隙内的无色透明液体,内含无机离子、葡萄糖和少量蛋白,细胞很少,主要为单核细胞和淋巴细胞,其功能相当于外周组织中的淋巴,对中枢神经系统起缓冲、保护、营养、运输代谢产物以及维持正常颅内压的作用。脑脊液总量成人约为150 mL,它处于不断地产生、循行和回流的平衡状态,每天生成的脑脊液约为800 mL,为脑脊液总量的 5~6 倍。但同时有等量的脑脊液被吸收入血液,可见脑脊液的更新率较高。

　　脑脊液由侧脑室脉络丛产生,经室间孔流至第三脑室,与第三脑室脉络丛产生的脑脊液一起,经中脑水管流入第四脑室,再汇合第四脑室脉络丛产生的脑脊液经第四脑室正中孔和外侧孔流入蛛网膜下隙,使脑、脊髓和脑神经、脊神经等均被脑脊液浸泡。然后,脑脊液再沿蛛网膜下隙流向大脑背面,经蛛网膜颗粒(绒毛)渗透到硬脑膜窦内,回流入血液中。毛细血管壁对各种物质特殊的通透性起到血－脑脊液屏障作用。

　　在电子显微镜下观察,脑内大多数毛细血管表面都被星状胶质细胞伸出的突起(血管周足)所包围。因此可以推测,毛细血管的血液和神经元之间的物质交换可能都要通过胶质细胞作为中介。因此,毛细血管的内皮、基膜和星状胶质细胞的血管周足等结构可能是血－脑屏障的形态学基础。另外,毛细血管壁对各种物质特殊的通透性也和这种屏障作用有重要的关系。血－脑脊液屏障和血－脑屏障的存在,对于保护脑组织周围稳定的化学环境和防止血液中有害物质侵入脑内具有重要的生理意义。图 4.2 是人脑内的脑脊液和脊髓的流向示意图。

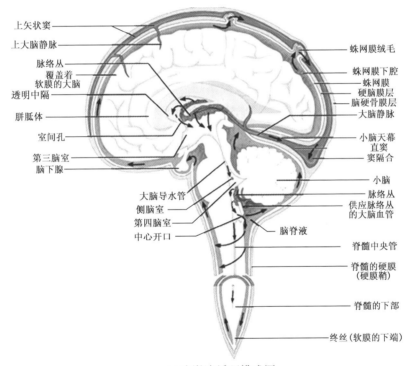

(a)脑脊液循环模式图

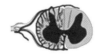

(b)脊髓内部的动脉分布

图 4.2　人脑内的脑脊液和脊髓内的流向示意图

　　研究表明,存在接触脑脊液的神经元系统,这些神经细胞的胞体位于脑室腔内、室管膜内或脑实质中,借助细胞体、树突或轴突直接与脑脊液接触,并能接受脑脊液的化学和物理因素的刺激释放神经活性物质(如肽类、胺类和氨基酸类物质)至脑脊液中,执行感受、分泌和调整的功能。可见,在脑脊液与脑组织之间存在交流信息的神经与体液回路。

  脑脊液系统与大脑活动的关系很密切,但是人们对其研究反而较少。由于脑脊液与脑组织之间存在直接的信息交流,脑组织的任何活动都会引起脑脊液的变化。脑脊液具有连通性和150 mL 的体积,所以它的变化应该是宏观的,这一点与神经系统的微观属性不同。因此,对脑脊液进行监测可以获得大脑活动的宏观信息。抽取脑脊液进行检测可以诊断神经系统疾病,甚至脑室给药可作为一种有效的宏观治疗途径。这是相似原理用逻辑直觉就可以获得的启发。

4.4 脑的构造

  脑由大脑、丘脑、下丘脑、中脑、小脑和延髓组成。大脑为神经系统的主宰,是意识、思想、语言和行为等的策划中枢。哺乳类以上的生物,大脑取代了部分丘脑的功能,但来自脊髓和脑后部的感觉冲动要通过丘脑;下丘脑是内脏机能的重要控制中心;中脑为视觉和听觉的反射中枢;小脑管理肢体肌肉平衡和协调各部分肌肉运动;延髓是脏腑器官的反射中枢,含有多种"生存中枢"。

  大脑包括左、右两半球及连接两半球的中间部分,即第三脑室前端的终板。大脑半球被覆灰质,称大脑皮质,其深处为髓质。髓质内的灰质核团为基底神经节。在大脑两半球间由巨束神经纤维与胼胝体相连。图4.3 和图4.4 是大脑半球示意图。

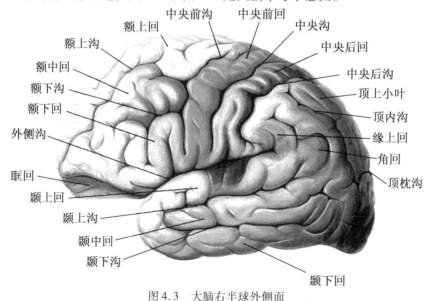

图4.3 大脑右半球外侧面

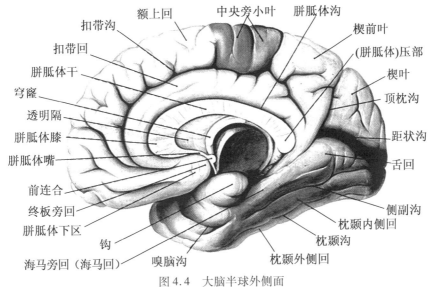

图 4.4　大脑半球外侧面

大脑半球被不同部位的沟回分成脑叶(区域)：

（1）额叶位于中央沟以前。在中央沟和中央前沟之间为中央前回。在其前方有额上沟和额下沟,被两沟相间的是额上回、额中回和额下回。

（2）顶叶位于中央沟之后,顶枕裂与枕前切迹连线之前,在中央沟和中央后沟之间为中央后回。横行的顶间沟将顶叶余部分为顶上小叶和顶下小叶。顶下小叶又包括缘上回和角回。

（3）颞叶位于外侧裂下方,由颞上、中、下沟分其为颞上回、颞中回和颞下回。隐在外侧裂内的是颞横回。

（4）枕叶位于顶枕裂和枕前切迹连线之后。

（5）岛叶位于外侧裂的根部,其表面的斜行中央沟分为长回和短回。

当人工刺激感受器或刺激传入神经时,在感觉传入和冲动的激发下,大脑皮质的某一特定区域可以产生较为局限的电位变化,并可用电生理记录仪进行观察记录。利用这种诱发电位(Evoked Potential)方法,可以观察和研究大脑皮质的生物电的活动,找到人脑的皮质定位。图 4.5 和图 4.6 是大脑皮质细胞分区示意图。

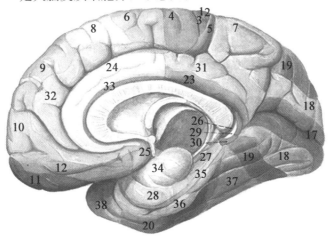

图 4.5　大脑皮质细胞分区(内侧面)

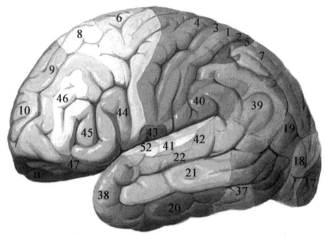

图 4.6 大脑皮质细胞分区(外侧面)

人类的大脑皮质比其他生物发达得多,特别是位于表面的新皮质,大脑皮质的功能定位如下:

(1)皮质运动区:位于中央前回(4 区),是支配对侧躯体随意运动的中枢。它主要通过纤维(即锥体束)控制对侧骨骼肌的随意运动。若一侧中央前回损伤,可造成对侧肢体瘫痪、肌张力增高、腱反射亢进,并出现病理反射。

(2)皮质运动前区:位于中央前回之前(6 区),为锥体外系皮质区。该区损伤可以引起性格的改变和精神症状。

(3)皮质一般感觉区:位于中央后回(3、1、2 区),接受身体对侧的痛、温、触觉和本体感觉冲动,并形成相应的感觉。顶上小叶(5、7 区)为精细触觉和实体感觉的皮质区。

(4)视觉皮质区:在枕叶的距状裂上、下唇与楔叶、舌回的相邻区(17 区)。当一侧视皮质损伤时,出现两眼对侧视野偏盲。

(5)听觉皮质区:位于颞横回中部(41、42 区),又称 Heschl 氏回。每侧皮质均接受来自双耳的听觉冲动产生听觉,当一侧听觉皮质损伤时,只出现听力减退。

(6)语言运用中枢:

①运动语言中枢:位于额下回后部(44、45 区,又称 Broca 区)。该区损伤后,人虽然能发音,但不能组成语言,称为运动性失语。

②听觉语言中枢:位于颞上回 42、22 区皮质,该区具有能够听到声音并将声音理解成语言的一系列过程的功能。此中枢损伤后,只能听到声音,却不能理解,不能正确地与别人对话,称此现象为命名性失语,也称感觉性失语。

③视觉语言中枢:位于顶下小叶的角回,即 39 区。该区具有理解看到的符号和文字意义的功能。若此区损伤后,人虽然有视觉,但不能理解所视对象的意义,称为失读症,一般尚伴有计算功能的障碍。

④运用中枢:位于顶下小叶的缘上回,即 40 区。此区主管精细的协调功能,受损后,人丧失使用工具的能力。

⑤书写中枢:位于额中回后部 8、6 区,即中央前回区的前方。此区损伤后,虽然手的一般动作无障碍,然而,人不能进行书写、绘画等精细动作,也称失写症。

4.5　脊髓的功能

　　脊髓(Spinal Cord)是脊椎动物中枢神经系统的低级部位,为一条灰白色的长管。脊髓分灰质和白质。灰质在内,白质在外。灰质是神经原元的细胞体和无鞘神经,白质主要是有鞘神经集中处。

　　脊髓的两个主要功能是:神经信息的传导和反射。由周围神经(多种脊神经)传来的冲动经脊髓上行入脑,脑的信息也经脊髓、脊神经下行到达身体各部器官。脊髓把躯体组织器官与大脑的活动联系起来。图4.7是人体中枢神经系统示意图。

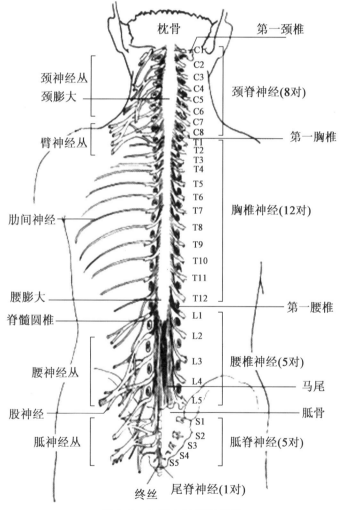

图 4.7　人体中枢神经系统

4.6 脑的发育与相似原理

第 3 章中,生物发育的相似原则指出:人体的发育过程与人类的进化过程相似或人体的发育过程是人类进化过程的一个缩影。从胚胎开始,人脑神经系统的发展,必然保留了人类大脑发展的痕迹,这种发展的时序被高度压缩,被有效地保留下来。所以研究人脑从胚胎的发育过程有重要意义,有利于揭示人脑的秘密。图 4.8 是人脑从胚胎开始的几个片段。

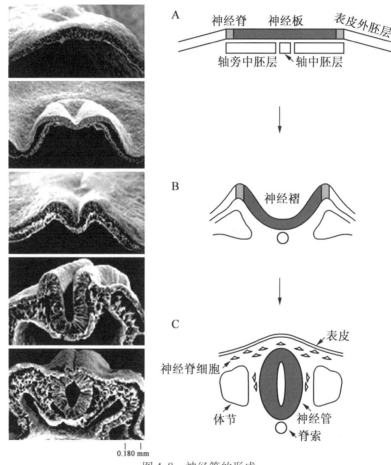

图 4.8 神经管的形成

A—神经板期;B—神经褶期;C—神经管期

在个体孕育初期,随着受精卵的不断分裂,位于胚胎背侧的外胚层开始部分增厚形成神经板,神经板中央出现凹陷形成神经沟,进入神经褶期,神经褶汇合形成神经管。在脊椎动物中,大量的神经细胞最初都呈相似的长管状。经过漫长的进化过程,这些神经细胞向身体的前部集中起来,最终发展成由脑和脊髓构成的中枢神经系统。人脑的发育过程正是如此:胎儿在第三周形成神经管,神经管有两个主要的发展轴线:背腹轴和前后(头尾)轴。前后轴将神经系统分成前脑、中脑、后脑和脊髓,还将这些区域细分为更加特殊的神经结构。在背腹轴上,不同的区域也有不同的神经细胞种类。在有些部位,还有局部左右轴,即左右两侧分布不同的神经细胞。外周神经系统来源于与神经板相邻的神经脊,后者是外胚层中一群特殊的细胞,从发源地迁移到胚胎多个部位,形成包括外周神经系统在内的多种组织。即脊髓平面的神经系统及其周围组织,背侧在上,腹侧在下。经此发育过程,最终形成中枢神经系统(即大脑和脊髓)和周围神经系统,如图 4.9 所示。

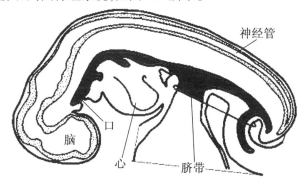

图 4.9　人 5 周胚胎的切面(背部为神经管)

脊椎动物神经系统的发育模式都很相似,只是脑的各个部分的发达程度不同。鱼类、爬行类、鸟类脑的各个部分的大小差异很大。

低等脊椎动物,端脑不发达,大脑也很小。两栖类和爬行类的端脑略显发达,但小脑却不太发达。在进化过程中,小脑和大脑的发达程度往往与应付环境瞬变和运动能力的进步有关。例如,鸟类的小脑相对发达,哺乳类生物的大脑更显发达,符合神经生物学的扩展原理。

脊椎动物进化过程中,还存在额叶化或中枢端移倾向。生物的某些更为重要功能的控制中枢,在进化中逐渐被移向脑的前方。例如,形成人类的大脑皮质,尤其是新皮质。新皮质异常发达是人类特有的,使人类位于脑进化的顶点。

人体的发育过程与人体的神经系统的发育过程同步。根据生物生长中的相似原则,人类的进化过程也应与人类的神经系统的进化过程相似同步。

4.7　神经细胞和神经网络的发展

在神经板→神经管→脑的发育过程中,神经细胞是如何发展的呢?外胚层增厚形成神经板时期,神经板仅由一层上皮性质的细胞(神经上皮细胞)构成。神经管成形后,神经上皮细胞增至 2~3 层,并分化为两类细胞。一类最终产生神经细胞的成神经细胞,另一类最终产生神经胶质细胞的成胶质细胞。

中枢神经系统主要由两类细胞组成:神经细胞(神经元)和神经胶质细胞。神经细胞的功能是接受从其他神经细胞传入的信号,将这些传入的信号转换成新的传出的信号,再传给其他神经细胞。图 4.10 是神经细胞的树突和突触结构。

神经细胞的胞体上有许多外伸的树突负责接收、转换来自其他神经细胞传入的信号,有一个(或几个)轴突负责输送传出的信号。轴突也称为神经纤维,人的坐骨神经轴突长达1 m。轴突的末端有许多外伸的末梢结构,分别与另一神经细胞的树突相接触,接触处称为突触(Synapse)。每个神经细胞有1千至1万个突触与外界联系。

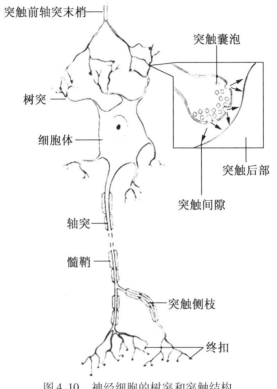

图4.10 神经细胞的树突和突触结构

神经胶质细胞有许多种,星状胶质细胞上有许多突起,一边紧贴毛细血管,一边与神经元紧密接触,神经元中的低分子量营养物质都是以胶质细胞为媒介,由血管运送进来的。同时,胶质细胞媒介起到阻止血液中有害物质进入神经元的屏障作用,建立起血脑屏障。神经元通常不能通过细胞分裂的方式进行再生,所以保护神经元很重要。少突胶质细胞呈片状,缠绕在轴突上形成髓鞘,髓鞘起到部分绝缘和防止离子泄漏的作用,可使体内纵横交错的神经细胞的轴突更高效地定向传导电信号(动作电位)。图4.11是几种不同的神经胶质细胞示意图。

人脑内约有10^{12}个神经元。其中,电信号在每个细胞内可以沿轴突迅速传导,然而,不会传向相互绝缘的其他细胞,于是可能建立起纵横交错的立体神经网络。

每个神经元与其他神经元联络所需的突触数如果按1 000个计算,那么,人脑的突触总数就多达10^{15}个,可能比银河系的星星还要多。突触的功能非常多,但具有十分相似的基本结构,它是神经网络构建中的关键。它所构成的复杂的神经网络的工作机制必然因为其相似性变得简单和易于认知,也必然因为其宏大的数量变得复杂和不易于认知。根据相似原理,生物中越普遍的相似现象,越可能是基础或原始的属性,因此,突触的行为、功能和变化值得关注。

以大脑皮质发育为例,较早分化的较大神经元先迁移并形成最内层,依次顺序向外;而较晚分化的较小神经元则通过已形成的层次迁移并形成其外侧新的层次,故不论皮质的什么区域,其最内层总是最早分化,而最外层则最后分化。这就形成了成长的外推成长模式。从宏观看,生物均以外推成长模式成长。图4.12是大脑皮质神经元向外迁移的示意图。

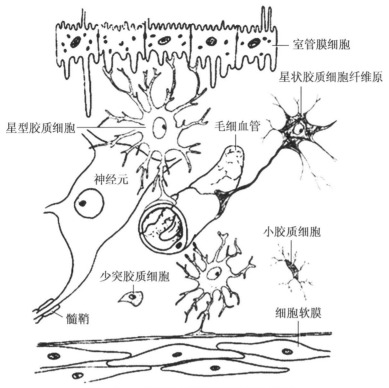

图 4.11　几种不同的神经胶质细胞示意图

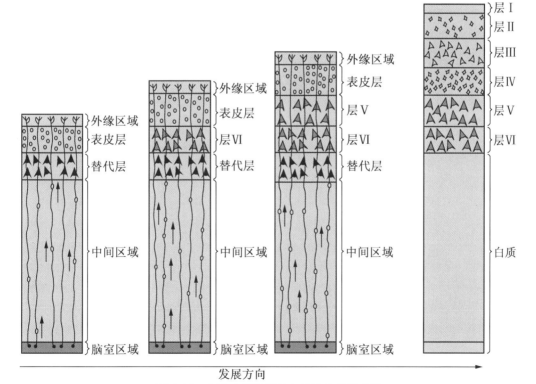

图 4.12　大脑皮质神经元向外迁移的示意图

可见,第3章指出的生物生长模式是有层次的,这种层次也就是相似的层次。自然选择原则和能量最小化原则都是上层原则和模式,而大脑皮质的结构和功能定位是较下层的生长模式,今天人类个体大脑的皮质细胞仍每时每刻保持不断的代谢和发展变化。

大脑发育中的扩展原理、额叶化、中枢端移、皮质定位等现象,也都是被脊椎动物自然进化的力量所驱动而产生的生物相似现象,其原因仍然是有利于生存的自然选择原则。生物,包括人类大脑的继续进化和发展是必然的。

4.8　脑内神经元网络的构建和维持过程

神经系统可能是首先通过过度繁殖并产生大量细胞,然后逐渐将细胞减少到一定的数量的方式,来完成脑内神经元网络构建的。图4.13是神经元和神经胶质细胞的示意图。

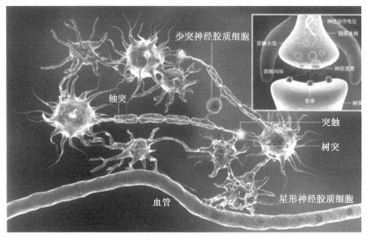

图4.13　神经元和神经胶质细胞(来自 Google 图片)

神经系统中存在只影响周边细胞的激素类物质,通常称为神经营养因子,典型的有神经生长因子(如二聚体蛋白质)。在神经系统发育和神经网络构建中,为了寻找靶神经元细胞,各神经元都必须不断地伸长它的神经突起。靶神经元释放的神经生长因子具有引导这些神经突起的作用。通常,神经生长因子通过神经元轴突末端终扣上的受体分子进入受体细胞内,再经轴浆的逆向运输到达胞体部位,最终影响细胞的核内基因的表达。

成长中的神经元通过伸长轴突,寻找靶肌细胞或其他神经细胞,如图4.14所示,来自靶细胞的神经生长因子将引导轴突向靶细胞的方向生长。由于神经生长因子的浓度的关系,只有一部分神经元能够获得足够的神经生长因子而得以继续生存。也即建立了联络的神经元在神经网络中得以继续生存,其他多余的神经细胞将凋亡。

神经生长因子除了能够诱导发育中的神经元和靶神经元建立正确的轴突联系之外,它还具有维持已经形成的突触结合的作用。在人体的生命周期内,神经生长因子始终处于微量合成持续状态,并对人体产生影响。神经生长因子只是诸多神经营养因子中的一类,特别是脑源神经营养因子在脑内的作用极其重要。事实上,神经营养因子控制细胞凋亡、神经元的"生死"。

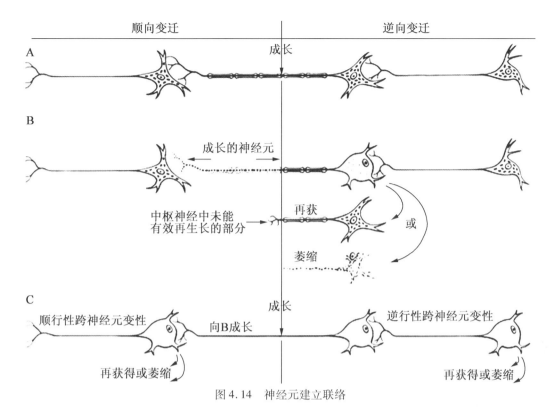

顺向变迁　　　　　　　　　　　逆向变迁

A　　成长

B　　成长的神经元

中枢神经中未能
有效再生长的部分　　再获　　或

萎缩

C　　成长
顺行性跨神经元变性　　向B成长　　逆行性跨神经元变性

再获得或萎缩　　　　　　　　　　　　　再获得或萎缩

图 4.14　神经元建立联络

　　伴随突触的形成和神经网络的构建,大批神经元死亡。显然神经元死亡过多或过少都将产生不良影响。也许,神经系统是首先通过过度繁殖产生大量细胞,然后逐渐再将细胞减少到一定数目的方式来完成构建神经网络的。

　　图 4.15 是人脑发育中的神经系统。从图 4.15 可以看出,人脑发育不同时期的神经系统。6~7 岁人脑发育已经完成,神经系统的布局也已经构成。从婴儿到孩童时期,人的可塑性最强,处于遗传和自我塑造的混合时期。成年后神经系统的发达程度反而有所下降,神经元的数量减少了,但是神经网络的连接关系变得更加紧密(也许更加高效)。

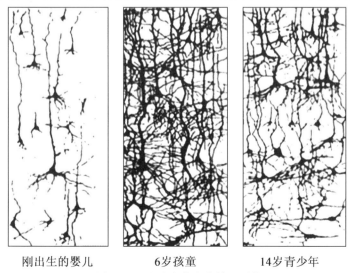

刚出生的婴儿　　　　6岁孩童　　　　14岁青少年

图 4.15　人脑发育中的神经系统

4.9　神经系统的运行模式与特点

人类发达的神经系统是整体人类长期进化的成果。个体神经系统的布局是遗传和先天的,神经系统的分工也是遗传和先天的,如大脑皮质的定位。神经系统处理事物的模式和方式,受神经系统的布局所规约。然而,视觉、听觉、触觉、嗅觉、味觉、内觉、语言、思维、意志、认识、知识、理性、道德、社会性等都是后天的培养、训练和自我学习中形成、成熟和丰富起来的。

神经刺激是指有多少神经细胞被激活,神经细胞是线状的,也即它包括了单向的传递路径。神经刺激的作用是单方向不可逆地,按时间顺序将一定区域的神经细胞及其路径"点亮","点亮"的程度不同,也即波及区域的大小不同。例如,直接作用于感觉器官的各种刺激;由词语导致的刺激(基于具体直接刺激的概括与抽象),它是在婴儿个体发育过程中逐渐形成的刺激反应。

刺激导致神经信号在复杂的神经网络中传递,与自然界发生的一样,即使在野外,走的路多了自然成了"路"。脑神经网络也一样,来自人体感受器的刺激重复遍历的局部神经网络,出现了"路",也即"针对性",这种"针对性"就是记忆。因此,每一个人类个体,他的"记忆"都是遵循相似的方式产生的,但是"记忆"的分布和时空定位又是几乎完全不同的。

从逻辑上讲,刺激与传递路径反复对应时,该传递路径的"唯一性"或"相似性"就成了"记忆"。所以"记忆"是由于"唯一性"或"相似性"产生和决定的。进一步设想,传递路径拓扑结构中的某一个点的化学属性具有"唯一性"或"相似性",那么,这个化学属性以及与路径的相关性就产生了"记忆"的层次。值得注意的是,此刻的"记忆"并不额外占用大脑的资源或占用大脑的资源是极少的,也就导致大脑无需专门的"记忆空间",就拥有无限的、可变化的、可扩展的、巨大存储能力。

人体的刺激输入和输出是不可逆的,如图 4.16 所示。大脑单向输入,又单向输出。以听→思考→语言表达为例,流程就是输入和输出路径本身。当然,该路径是多维的,是极其复杂和庞大的路径。这说明对于像人脑这样的系统,中间的记忆环节可能是多余的。

图 4.16　刺激输入和输出

虽然神经系统的布局是遗传和先天的,神经系统的分工也是遗传和先天的,正如,大脑皮质的定位,后天形成的刺激传递的路径仍然非常关键。虽然每一条微观路径微不足道,但是微观路径的集合——宏观路径,就是记忆和思维的载体。微观路径的产生必然服从最高层次的相似,例如最小能量分布、自然选择原理、外推成长模式等。

大脑神经网络一旦形成结构,就不可能再发生像大脑发育时期那样的激烈和快速的变化了。大脑中,绝大部分神经元的互联关系已经建立完成。在不同的刺激下,神经传递路径将遵循能量最小原则,也即按最小能量分布原则来选择传递路径。从微观看,每一次传递路径(大量神经元被激活)都依据使大脑熵值最大化、能量损耗最小化、刺激趋于减小或消失的原则来选择。如此运行中的大脑不仅能量损耗最小,而且从宏观看,大脑整体的熵值反而不断减小,大脑整体的效率和有序度反而获得提高,只有生物才具有这种能力。

人体的大脑神经系统为人类准备好了接受来自视觉、听觉、触觉、嗅觉、味觉、外部语言等输入刺激的途径,更重要的是在人体接受这些刺激的过程中,人体能进一步得到来自视觉、听觉、触觉、嗅觉、味觉、外部语言的反馈输入刺激。由于反馈刺激的介入大大提高了目的性,加速了神经网络从微观局部到整体对于刺激的响应和变化趋于减小的过程,既加速了神经网络微观传递路径的有序度减小(熵值提高),又使大脑整体有序度获得提高。人体大脑的反馈能力是大脑神经系统运行模式自然拥有的。反馈能力很重要,它是人类形成意识、思维、概念的加速器。

神经系统的运行主要有以下特点:

(1)基于进化的原因,个体的神经系统的布局是遗传和先天的,神经系统的分工也是遗传和先天的,所以人类的神经系统的布局和分工是相似的,但是,个体的神经网络都不同。

(2)神经网络每时每刻都在发生变化(传递刺激和调整神经网络的互联),变化的原则是:遵循能量最小原则,使刺激趋于减小,能量损耗趋于最小,由此导致神经网络微观传递路径的有序度减小(熵值提高)。

(3)大脑自动抑制相似的刺激,使神经网络从微观局部到整体对于刺激的响应和变化趋于减小,能量损耗进一步减小,形成遵循能量最小原则的响应刺激的过程、传递路径、处理能力,因此从大脑整体功能看有序度反而提高。

(4)神经网络中的神经元具有单向和定向传递信息的性质,所以不需要传递的"可逆性",只需要重复相似刺激的可辨认性。

(5)能量最小原则就是顾及眼前利益,使刺激和能量损耗趋于减小。

(6)神经网络运行模式中的传递路径和传递过程的"重复性""相似性"和"唯一性"等价于"记忆"。

(7)神经网络运行模式中的人体外部反馈刺激加速了神经网络从微观局部到整体对于刺激的响应和变化趋于减小的过程,既加速了神经网络微观传递路径的有序度减小(熵值提高)又使大脑整体有序度获得提高。

4.10　神经网络的不可逆问题

神经网络单向传递的性质构成了"不可逆问题"。其实,自然界极大部分事物都具有不可逆属性。其根本原因是时间的连续性和时间轴方向导致的不可逆性,因此,从数学上讲,相似原理的生物应用是关于不可逆问题的应用研究。

神经信号的重复性和唯一性避免了生物神经信号的可逆性,使抽象事物的数学表达、数学变换、数学分析大大简化,同时也就需要建立一系列新的方法和手段。生物领域的相似变换不需要可逆性,但需要重复性来保证唯一性。

神经细胞复现输入刺激,并不是通过神经网络传递的"可逆性"来实现的,而是通过"重复性"来实现的。

神经细胞的传递方向,从宏观上讲是由人脑进化形成的神经元网络结构所决定。它的上行方向是趋上、趋外、趋向大脑皮质的。它是在大脑神经网络发育过程中构建起来的,因为发育过程中它遵循更基础的外推成长模式。它的下行方向是指向输出器官表面的,同样,它也是在大脑神经网络发育过程中构建起来的。至于每一刺激的神经信息的传递,则由于具有大量神经元细胞参与,必然存在不确定性,但主流趋势是一定的。在神经网络分析中,"重复性"和"唯一性"其实都将被"相似性"所替代。

但是,必须清楚:不可逆问题分析是基于"重复性"的"唯一性"的。神经网络分析中,"唯一性"和"重复性"不得不被"相似性"来近似。

人的记忆过程、回忆过程和思考过程都与"重复性"有密切关系。它是非常不确定的,只有相似可言,根本不可能有精确性可言。这是由大脑的运行机理决定的。你可以问自己任何一个问题,例如:"苹果"。然后,在大脑中有何反应?结果会令你相当失望,除了产生一些短促的、不确定的、模糊不清的、甚至没有任何感觉。为什么?因为,大脑思维过程是大脑神经网络的相互传递的过程,是动态的,连一幅完整的静态的图像都不会有。大脑没有多余的存储空间和多余的机制。对于成年人而言,思维的图像越来越多地被文字概念所代替。这是成年人创造性比不上儿童的原因之一。

4.11　分子层次的能量最小原则

在前面许多章节中,不止一次提到能量最小原则,这里试图给出定义。

能量最小原则定义如下:

（1）如果一个物体处于自由空间,不受任何约束,该物体将保持其原有的静止或运动状态。

（2）在地球表面,在重力作用下处于无约束空间的系统中,物体与物体之间存在分子力和运动,具有使系统中的物体能量向该空间均匀分布的趋势,使该状态下的系统熵值最大化,物体之间作用力的总和最小化,系统的能量最小化。

（3）当物体重量远大于分子力时,物体呈自由落体;当物体重量远小于分子力时,物体呈扩散状（向表面外推）分子运动;当物体重量远小于分子力且分子空间运动的范围被限定时,分子的扩散运动中还呈现出由于"碰壁"引起的无规则"布朗运动"。

这里将能量最小原则的应用范围定义在地球表面,分子层次。能量最小原则对于地球生物的影响,极其深刻和广泛。在生物的产生、进化、发育、成长过程中,能量最小原则都是最重要的内在驱动力量。

4.12　思维的基本模式

思维在输出过程中渐渐清晰和固定下来。人类最特殊的输出形式就是"语言",这种能力,其他动物都不具备。语言的形式有多种,包括发声的语言和不发声的语言。思维可以在大脑中形成语言过程。思维也可以以不发声的形式"朗读",但不能一幕幕地在眼前展示图像。

如果认为思维过程是以语言过程的形式进行的,那会怎么样? 人类有那么多种语言,不同的语言体系,必将导致不同语言体系的人具有不同的思维能力和习惯。也许事实真的如此! 看来语言变得越来越重要,语言在人类进化中确实起到了决定性的作用。

语言是一种思维变换的形式,大脑将各种刺激变换成语言来"记忆""理解"和复现,因此,思维和语言过程等价。变换是基于"不可逆相似性"而成立的。

语言的另一种形式是文字,文字是语言的一种变换形式。大脑可以直接使用文字来进行记忆、理解和输出复现,因此,思维和文字过程等价。同样,变换也是基于"不可逆相似性"而成立的。

人们可以用大脑来写文字,一个字母一个字母地写,或者一笔一画地在大脑中流畅地书写文字。可是当你书写完毕后,却无法在眼前呈现那个被你写完的静态的字的图像。因为,思维是过程,思维与文字过程、语言过程相对应,都是时间的函数。思维是数量众多的 N 个神经元的状态随时间变化的片段。它是相似原理描述的 N 维事物,一次思维过程就是 N 维神经元的状态随时间变化的同步片段。

通过以上分析也许你已经可以体会到,为什么思维无法获得一幅图像的原因。思维是时间过程,大脑不需要静态和动态存储单元(RAM 和 ROM)。从某种意义讲,神经网络本身起到了动态存储的作用,只不过动态存储的结果总是被自动地及时清除。大脑把思维的结果留给了人体的运动、语言、文字的过程。

大脑具有文字能力,也就具有描绘动态图像的能力。例如,在大脑中写某个文字的图像,或用脑去欣赏大自然的美丽环境和观看一场惊心动魄的电影,然而一切都是图像、画面的动态过程。在这些动态过程中,局部过程不断地被抽象或压缩成一系列相似的时间片段,这些相似的时间片段不是语言过程就是文字过程或是一些无法独立理解的图形过程。这些过程就是相似原理中的时间片段和 N 维事物。

人脑最重要的功能和最伟大的能力就是"抽象"。人脑进化是在建立了"抽象"机制后,才突飞猛进地发展到今天。个体人脑的发育过程,保留了人脑进化的"痕迹"。人脑在发育过程中,"形如人脑进化的浓缩"一步步地构建起了"抽象"的机制。抽象是一种基于"不可逆"的相似变换,一种以最小能量原则驱动的变换。在这种变换下,思维的"抽象"过程使刺激不断在神经网络中重新分配,使得刺激"偃旗息鼓",能量最小化,人脑细胞的熵值增加;然而却反而使大脑的效率变高(刺激信息被从时间上压缩和空间上压缩)。抽象的结果,从整体上讲,使得大脑运行更有序,从而使大脑系统的熵值反而减小。

在思维和抽象过程中,神经网络不同部分之间的关联性会在将来的方向上逐渐增加(而不是向过去的方向)。人脑细胞和外部世界的关联性越来越紧密。记忆本质是在大脑传递刺激的过程中,随着时间向将来方向流逝,大脑与外部世界的关联性提高,使"记忆"的速度和数量不断提高,大脑的反应能力也不断提高。人脑当前的思维行为越来越多地影响将来(而不是过去),因为大脑与外部世界之间建立了越来越多的关联。

4.13 思维的过程

上行神经元将大量的刺激通过互联的方式传递到达大脑皮质的某个部位。该大脑皮质某部位的大量神经元被激活并产生一定的电位变化。这一系列的电位变化代表了对于上行刺激的表达。同时,该电位变化,通过下行神经元细胞向外产生输出。下行输出也是通过互联的方式传递到达输出器官,如图4.17所示。

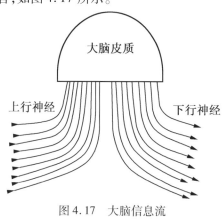

图4.17 大脑信息流

这一刺激反应过程有3个基本层次:

(1)反应过程的第一层次是:未达到大脑皮质,上行刺激已经到达下行神经元,这就是"条件反射"。这一层次是最原始的,是长期进化造成的,表现为大脑结构。

(2)反应过程的第二层次是:上行刺激到达大脑皮质的某个部位,皮质能够"熟悉"地在下行神经网络中形成输出。这一层次是人类个体通过后天学习、生活自然而然逐步形成的。

(3)反应过程的第三层次是:皮质不能迅速给出恰当的输出,需要某些反复刺激过程,才能在下行神经网络中形成"令人满意"的输出。所谓"令人满意"也是神经系统运行的一部分,它也是由大脑运行机制产生的(某种重复性),这种机制的动力仍然是能量最小原则。

大脑听到"山"字和看到"山"字或是梦到"山"的情景,这一思维过程非常复杂,但都必然经历上述过程。每一个体,对于完全相同的刺激,不同时间的反应会很不一样。少年可能有兴趣,中年可能司空见惯,反应淡然,老年可能产生许多往事的回忆。这些不同的原因是,大脑的机制存在相当大的不确定性,这些不确定性都是曾经经历的一些相似的时间片段的瞬间重复。大脑不需要额外的记忆空间,但是并不能排除人工大脑可以使用特殊的记忆空间来进一步提高效率。

不论大脑的运行机制究竟如何?利用上述方法已经可以构建基于相似原理的人工大脑了,完全有理由期待这一天的到来。

4.14　周期性刺激与闭合的神经回路

在大脑神经网络中出现刺激,表现为局部神经元被重复激活,神经元的轴突膜的动作电位变化,离子通道被开启或关闭,产生神经冲动的过程。

在大脑神经网络中出现周期性刺激,意味着出现局部的闭合的神经回路。闭合的神经回路,破坏了神经网络的单方向传递属性,形成了自激。所以闭合的神经回路传递形成的瞬间(或同时)会自动地被神经细胞迅速抑制,从而避免神经网络增加能耗和发热。形成或出现闭合的神经回路,表现为刺激被重复感应和强化,所涉及的神经细胞将产生一系列化学反应,关闭,直至阻断这些神经元信息传递过程。在构建基于相似原理的人工大脑时,上述特点都是可以利用的。

4.15　任意维事物的 2D 抽象

大脑皮质某一部位的 N 个神经元的电位,可以看成 N 维事物。下面介绍 N 维事物的 2D 抽象——达到大幅度压缩信息和剔除周期重复信息的目的。

(1)2D 抽象。

对于 N 维事物:$\{f_n(t) \mid n = 1, 2, 3, \cdots, N; t \in [t_0, t_c]\}$,$[t_0, t_c]$ 是该事物的时间片段。

离散化可得:$\{f_n(\Delta t_i) \mid n = 1, 2, 3, \cdots, N; i \in [0, \infty]\}$,当 Δt 趋于极小,离散化的 N 维事物与 N 维事物相似。以 Δt_i 为 X 轴自变量,$\{f_n(\Delta t_i) \mid n = 1, 2, 3, \cdots, N; i \in [0, \infty]\}$ 为 Y 轴应变量,在 2D 坐标平面,可描绘 $\{f_n(\Delta t_i) \mid n = 1, 2, 3, \cdots, N; i \in [0, \infty]\}$ 图形,如图 4.18 所示。

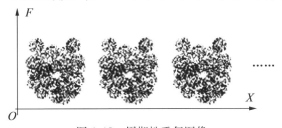

图 4.18　周期性重复图像

图 4.18 中可能出现周期性重复图像,利用相似性,可舍弃周期性重复图像,达到 2D 抽象目的。以 Δt_i 为 X 轴自变量,这种 2D 抽象并没有剥离时间维,称为准 2D 抽象。

(2)标准 2D 抽象。

对于 N 维事物:$\{f_n(\Delta t_i) \mid n = 1, 2, 3, \cdots, N; i \in [0, \infty]\}$,其 2D 抽象有 $N+1$ 种,2D 抽象不具有唯一性。例如,用 $\{f_n(\Delta t_i) \mid n = 1; i \in [0, \infty]\}$ 为 X 轴自变量,$\{f_n(\Delta t_i) \mid n = 2, 3, \cdots, N; i \in [0, \infty]\}$ 为 Y 轴应变量,在 2D 坐标平面,也可描绘 $\{f_n(\Delta t_i) \mid n = 1, 2, 3, \cdots, N; i \in [0, \infty]\}$ 图形。除 Δt_i 为自变量的 2D 抽象外,其他 N 种 2D 抽象均达到剥离时间维的目的,将这

N 种 2D 抽象称为标准 2D 抽象。

（3）标准 2D 抽象与准 2D 抽象简例。

以二维正弦函数为例。对于：

$$X = R \sin \omega t = R \sin \theta$$
$$Y = R \cos \omega t = R \cos \theta$$

离散成：

$$X : R(\sin 0°, \sin \Delta\theta, \sin 2\Delta\theta, \sin 3\Delta\theta, \cdots, \sin 360°)$$
$$Y : R(\cos 0°, \cos \Delta\theta, \cos 2\Delta\theta, \cos 3\Delta\theta, \cdots, \cos 360°)$$

$\Delta\theta \to 0$，离散变换相似。

以 $X : R(\Delta\theta)$ 为自变量，$Y : R(\Delta\theta)$ 为应变量，在 XY 坐标系中，可绘出图 4.19，即 $R^2 = X^2 + Y^2$，简化成为与时间无关的非时间函数。通过 2D 抽象达到剥离时间维的目的，因此为标准 2D 抽象。

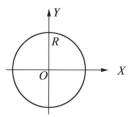

图 4.19　标准 2D 抽象图形

若以 $\Delta\theta_i = \omega\Delta t$ 为 X 轴自变量，$X : R(\Delta\theta)$ 和 $Y : R(\Delta\theta)$ 为应变量，在 XY 坐标系中，可绘出图 4.20，与时间周期有关，2D 抽象未达到剥离时间维的目的。但利用时间函数的相似性，可舍弃周期性重复图像，达到简化目的，因此为准 2D 抽象。

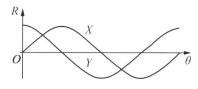

图 4.20　准 2D 抽象图形

（4）以四维正弦函数为例。

对于：

$$X = R \sin \omega t = R \sin \theta$$
$$Y_1 = R \cos \omega t = R \cos \theta$$
$$Y_2 = 2R \cos \omega t = 2R \cos \theta$$
$$Y_3 = 3R \cos \omega t = 3R \cos \theta$$

离散成：

$$X : R(\sin 0°, \sin \Delta\theta, \sin 2\Delta\theta, \sin 3\Delta\theta, \cdots, \sin 360° \cdots\cdots)$$
$$Y_1 : R(\cos 0°, \cos \Delta\theta, \cos 2\Delta\theta, \cos 3\Delta\theta, \cdots, \cos 360° \cdots\cdots)$$
$$Y_2 : R[2(\cos 0°, \cos \Delta\theta, \cos 2\Delta\theta, \cos 3\Delta\theta, \cdots, \cos 360° \cdots\cdots)]$$
$$Y_3 : R[3(\cos 0°, \cos \Delta\theta, \cos 2\Delta\theta, \cos 3\Delta\theta°, \cdots, \cos 360° \cdots\cdots)]$$

$\Delta\theta \rightarrow 0$,离散变换相似。

以 $X:R(\Delta\theta)$ 为自变量,$Y_1:R(\Delta\theta)$,$Y_2:R(\Delta\theta)$,$Y_3:R(\Delta\theta)$ 为应变量,在 XY 坐标系中,可绘出图4.21,简化成与时间无关的非时间函数。通过2D抽象达到剥离时间维的目的,因此为标准2D抽象。

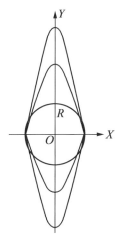

图4.21　四维正旋函数的标准2D抽象图形

8种不同频率声音的标准2D抽象是以所选自变量数值为图形域的势函数图形,如图4.22所示。

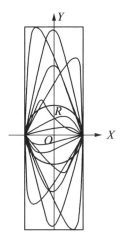

图4.22　8种声音的标准2D抽象图形

(5)以三维正弦函数为例。

对于:

$$X = R \sin \omega t = R \sin \theta$$
$$Y_1 = R \cos \omega t = R \cos \theta$$
$$Y_2 = R \cos 2\omega t = R \cos 2\theta$$

离散成:

$$X:R(\sin 0°, \sin \Delta\theta, \sin 2\Delta\theta, \sin 3\Delta\theta, \cdots, \sin 360°\cdots\cdots)$$
$$Y_1:R(\cos 0°, \cos \Delta\theta, \cos 2\Delta\theta, \cos 3\Delta\theta, \cdots, \cos 360°\cdots\cdots)$$
$$Y_2:R(\cos 0°, \cos 2\Delta\theta, \cos 4\Delta\theta, \cos 6\Delta\theta, \cdots, \cos 360°\cdots\cdots)$$

$\Delta\theta \to 0$，离散变换相似。

以 $X : R(\Delta\theta)$ 为自变量，$Y_1 : R(\Delta\theta)$，$Y_2 : R(2\Delta\theta)$ 为应变量，在 XY 坐标系中，可绘出图 4.23，简化成与时间无关的非时间函数。通过 2D 抽象达到剥离时间维的目的，因此为标准 2D 抽象。

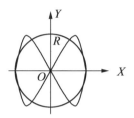

图 4.23　标准 2D 抽象图形(二)

以 $Y_2 : R(2\Delta\theta)$ 为自变量，$Y_1 : R(\Delta\theta)$，$X : R(\Delta\theta)$ 为应变量，在 XY 坐标系中，可绘出图 4.24，简化成与时间无关的非时间函数。通过 2D 抽象达到剥离时间维的目的，因此为标准 2D 抽象。

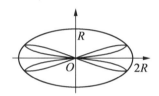

图 4.24　标准 2D 抽象图形(三)

4.16　标准 2D 抽象的应用(模拟人脑抽象)

设计一种基于平面感应器和模式识别软件的感知系统，通过示教来模拟人脑。当示教数据(母体)作用于平面感应器上，感知系统可以通过标准 2D 抽象，对母体的大量数据进行压缩、舍弃和剥离。母体的周期性在平面感应器上表现为被重复感应或被强化。于是感知系统获得对于母体的抽象体，该抽象体是母体的最简洁的相似体。

通过示教后的感知系统可以接受新的未知数据。通过比较抽象体与未知数据的相似性，感知系统能够进一步做出模拟人脑的反应。

在感知系统中，标准 2D 抽象具有自动舍弃母体的周期性输入的作用。

4.17　任意维事物的 2D 抽象推论

任意维事物，均可以抽象为 XY 二维坐标系中的静态图形(2D 抽象)，这是相似原理的重要推论。也许，这也是人类大脑的基本模式之一。将任意维事物抽象到 2D 空间，其含义是：

将任意维事物,通过抽象放到 XY 平面,使其具有 2D 几何意义。2D 抽象过程(时间过程)结果是,大量重复的、周期重复的信息被重叠后形成二维静态图形,且具有非可逆的唯一性。也许这符合人脑抽象的机制,也许人类人脑真的具有 2D 抽象能力。

由前面各章节的分析,相似原理可导出以下关于 2D 抽象的推论:

(1)只要信息母体时间片段的长度足够长,其标准 2D 抽象获得的图形与信息母体时间片段的时间起点的选取无关。人体器官的采样周期约为 20 ms,它可以作为时间片段选取的基本(同步)周期。

(2)在标准 2D 抽象获得的图形中,信息母体的周期性被图形的重复性所代替。即信息母体的周期性不改变标准 2D 抽象获得的图形外观。如果计及重复性,母体与母体的标准 2D 抽象体也是相似体。

(3)标准 2D 抽象中自变量的选择是任意的,选择变化最小的独立变量为自变量,可以获得变化最显著的标准 2D 抽象图像;选择变化最大的独立变量为自变量,可以获得变化最不显著的标准 2D 抽象图像。从能量的角度看,前者抽象过程的能耗大于后者。

(4)标准 2D 抽象的反演,即标准 2D 反抽象,如果计及重复性,信息母体与其标准 2D 抽象体是相似体。如果,标准 2D 反抽象不计及重复性,标准 2D 抽象体与信息母体的某些周期是相似体,且只能是"不可逆"相似体。

(5) N 维事物: $\{f_n(\Delta t_i) \mid n = 1, 2, 3, \cdots, N; i \in [0, \infty]\}$,有 $(N+1)$ 种 2D 抽象,有 N 种标准 2D 抽象,标准 2D 抽象具有自动舍弃信息母体的周期性输入的作用。所以 2D 抽象只能获得"不可逆"相似体。

(6) N 维事物的 $(N+1)$ 种 2D 抽象,分别具有"不可逆"的唯一性。

4.18　任意维事物的 3D 抽象

任意维事物,均可以抽象为 XYZ 三维坐标系中的静态图形(3D 抽象),这是相似原理的重要推论,也许这也是人脑的基本模式之一。由于因变量组合的多样性,抽象获得的三维静态图形并不是唯一的,也许这造就了人脑的个性。

将任意维事物抽象到 3D 空间,其含义是:将任意维事物抽象到 3D 空间,使其具有 3D 几何意义。3D 抽象与 2D 抽象相比,可以保留更多信息,剔除 3D 意义上的周期和重复信息。也许这更符合人脑巨大的 3D 神经网络的抽象机制,也许人类人脑真的具有 3D 抽象能力。

(1)准 3D 抽象。

对于 N 维事物: $\{f_n(\Delta t_i) \mid n = 1, 2, 3, \cdots, N; i \in [0, \infty]\}$,其 3D 抽象有 $(N/2)^{N/2}$ 种。3D 抽象不具有唯一性,因此不具有可逆性。

以 Δt_i 为 X 轴变量, $\{f_n(\Delta t_i) \mid n = 1; i \in [0, \infty]\}$ 为 Y 轴变量, $\{f_n(\Delta t_i) \mid n = 2, 3, \cdots, N; t_i \in [0, \infty]\}$ 为 Z 轴变量,可在 3D 坐标平面描绘 $\{f_n(\Delta t_i) \mid n = 1, 2, 3, \cdots, N; i \in [0, \infty]\}$ 图形。同样这种 3D 抽象并没有完全剥离时间维,因此称为准 3D 抽象。

(4)标准 3D 抽象

又例如,用 $\{f_n(\Delta t_i) \mid n = 1; i \in [0, \infty]\}$ 为 X 轴自变量, $\{f_n(\Delta t_i) \mid n = 2; i \in [0, \infty]\}$ 为 Y

轴应变量，$\{f_n(\Delta t_i) \mid n = 3, 4, \cdots, N; i \in [0, \infty]\}$ 为 Z 轴应变量，可在 3D 坐标平面描绘 $\{f_n(\Delta t_i) \mid n = 1, 2, 3, \cdots, N; i \in [0, \infty]\}$ 图形。这种 3D 抽象完全剥离时间维，因此称为标准 3D 抽象。

3D 抽象是"不可逆"变换，只能获得"不可逆"相似体。

4.19　计算机的 2D 和 3D 抽象

人体的感觉神经元感知的事物母体的维数一般都非常高。人脑有足够的能力对母体感知的事物进行各种降维处理和利用周期性进行数据裁剪，然后进行 2D 和 3D 抽象和时间维的剥离。人脑具有这种本能和机制，这种机制非常简单、自然流畅，甚至易于人工实现。

3D 抽象与 2D 抽象相比，保留了更多的母体信息。如果 2D 抽象的信息量是 A，则 3D 抽象的信息量是 A^2。所以对于神经元数量少的生物，采用 3D 抽象更为有利。

计算机利用 2D 和 3D 抽象，甚至可以采用更高维的抽象。基于相似原理的抽象方法将导致计算机的抽象能力的产生。计算机的抽象能力可以从速度和复杂度两方面超越人脑。

计算机的抽象能力，将进一步导致计算机的思维能力的产生。

4.20　闭合神经回路的作用

4.9 节中指出：神经网络的单向传递性质构成了"不可逆问题"，所以，在神经网络信息的表达中，"唯一性"和"重复性"其实都将被"相似性"所替代。

重复性和周期性在标准 2D 抽象中表现为 2D 图形的闭合，也即母体类似出现闭合的神经回路。闭合的神经回路破坏了神经网络的单方向传递属性，形成了自激。所以闭合的神经回路传递形成的瞬间（或同时）会自动地被神经细胞迅速抑制，从而避免神经网络能耗和发热增加。

形成或出现闭合的神经回路，出现闭合的标准 2D 抽象图形时，表现为刺激被重复感应和强化，涉及的神经细胞将产生一系列化学反应，关闭，直至阻断这些神经元信息传递过程。

特定的重复性或周期性刺激，必然与特定的闭合的神经回路相对应，这就是"重复性"是否具有"唯一性"的问题。"重复性"具有"唯一性"的问题容易被证明，因此，闭合的神经回路的形成过程就是相似匹配的过程。

根据以上分析，可以看出闭合的神经回路的作用如下：闭合神经回路的形成过程，完成了重复性（周期性）信息的相似匹配；避免了重复性信息作用下神经网络的能耗和发热增加；抑制了重复性（周期性）信息的输入，使大脑具备了自组织（自持）能力。

4.21　轴突单方向传递属性的意义

轴突单方向传递属性非常重要,它维系了生物的简单性和相似性,简单性又维系了生物的可发展性。瞬间闭合的神经回路破坏了神经网络的单方向传递属性,形成了自激,从而使闭合的神经回路将产生一系列化学反应,其能耗和发热均可能增加。同一时间在人的复杂的神经网络中,存在大量相似的瞬间闭合的神经回路,闭合的神经回路之间会形成新的外层闭合神经回路,这与自动控制系统中的内环、中环和外环的结构类似。不过生物的神经网络的这种瞬间闭合的神经回路是在三维空间存在的,闭合的层次很多。

大量相似的瞬间闭合的神经回路,也许构成了某一种模式。模式之间又存在相似关系,并形成某一种层次。请注意:模式和层次的多维属性,将维系神经网络的生物属性,即简单性和相似性。越是底层,模式越简单和相似,它们的简单性和相似性越容易被我们认知或看清楚,但是它们的数量会越大。

将人脑看成一个均匀的大神经网络是不恰当的,它一定存在层次结构。层次结构是由于进化机制的导向所创造的,因此,层次结构必然符合生物属性,即简单性和相似性。

上述闭合的神经回路形成瞬间,其能耗和发热均可能增加。从能量守恒定律和进化定律考虑,形成自激后,该闭合的神经回路产生一系列化学反应的最终结果是:该闭合的神经回路将迅速被抑制,并使能耗、发热、回路信号均降至最小,但是在闭合神经回路的形成过程中,完成了重复性(周期性)信息的相似匹配。

4.22　相似原理 2D 抽象与大脑运行机制

在人的神经网络系统中,大脑产生意识(大脑响应刺激的第三层次)。意识是大脑中正在和有待进行相似匹配的内容,无意识(大脑响应刺激的第一和第二层次)则是由神经网络直接传达至神经网络的另一区域,无需进行相似匹配的内容,即在神经网络传递过程中即时完成相似匹配的内容。大脑可以反复"回忆"无意识区的记忆,即从意识区返回到无意识区寻求相似匹配的结果。

大脑在同步地从无意识区输出一幅一幅与当前刺激相关的 2D 抽象相似图像,并与当前输入进行匹配,完全匹配的数据将被放弃,不能匹配的进入意识区。

世界上所有生命,最初阶段都只有无意识。无意识是神经网络传递过程中即时完成相似匹配的神经网络传递过程(刺激的第一层次)。这些内容对于该生命体而言,是完全有序的或是该生命体经常产生的神经网络传递过程。支配生命自身的行为对外界和内部刺激做出准确的反应以适应环境和为了生存,是无意识产生的准则。准则的本质内容就是母体的周期性,在生理上,表现为被重复刺激或被强化。无意识是大脑的低级的基本功能。人与动物甚至植物皆具有无意识。无意识的作用是:过滤输入的信息,组织信息,建立刺激的关联或相似程度,完成行为反应和任务等。2D 抽象也许就是大脑的无意识处理过程的主要内容。而潜意识是对于相似匹配过程的驱动。大脑的相似匹配过程还有待更深入的研究。也许相似匹配过程是两个或更多2D抽象图像的再抽象过程,如果周期性重复刺激强烈,那么相似度就越高。这种相似匹配将仍然是模糊的。人脑经常可以知道事物的大致发展方向,但无法进行精确"计算"和预测,也许原因在于其相似匹配机理。当我们设计出基于相似原理的并行计算机,通过相似匹配的方法,上述问题将迎刃而解(相似原理的数学方法理论上可以获得无限精确的匹配结果)。

当生命进化到一定程度,开始能够处理那些不能相似匹配的过程,以更复杂的方式和更长的时间进行不同的相似匹配过程。也许上述过程利用了2D抽象的非唯一属性,甚至人脑可以利用3D抽象的多样性,形成多种刺激的新的反应,建立新的无意识并形成新的经验,甚至形成新的思维方式,这样就可能产生意识。当生命能够以自持方式修正、完善自身时,它就有了自我意识。

人脑的智能活动是意识和无意识的混合工作,没有无意识就没有智能。

4.23 大脑神经网络运行的流程

皮质细胞的状态是 N 维的,皮质细胞的状态与感觉细胞的输入状态具有不可逆的唯一性。皮质细胞的状态是感觉细胞的唯一映象。同时皮质细胞的状态又是运动器官的状态的唯一映象,它与运动器官之间也具有不可逆的唯一性。感觉细胞把刺激上行传递给大脑或周围神经系统,产生 N 维随时间变化的庞大神经网络系统的信息传递过程,信息被抽象到 $X-Y$(皮质细胞)平面,变成与时间无关的"图像"的过程,这也许是一类大脑抽象过程,虽然是不可逆变换,但具有唯一性。这种2D抽象,压缩了巨大的输入重复信息,保留了信息变化的新鲜部分。上述抽象(过程)的同时,可能引起进一步的抽象或建立在抽象基础上的再抽象;抽象还可以在大脑内部引起新的刺激,并重复新的抽象或再抽象;最终将引起信息下行传递至运动器官的输出过程。大脑神经网络运行的流程图如图4.25所示。

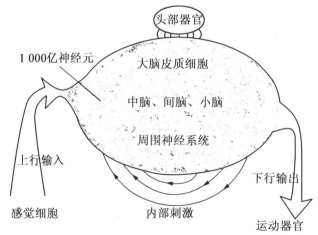

图4.25 大脑神经网络运行的流程图

4.24　大脑的相似匹配过程

大脑的相似匹配过程还有待研究,相似匹配过程可能是两个或更多 2D 抽象过程的反复抽象过程。如果周期性重复刺激越强烈,那么相似度就越高。这种相似匹配具有不可逆的唯一性,但又是模糊的。人脑经常可以知道事物的大致发展方向,但无法进行精确"计算"和预测,也许原因在于相似匹配机理。模糊问题使目前的人工智能无能为力,相似匹配的方法可能是可行的新手段。

设想用大脑看别人徒手绘制两个直径稍有不同圆的图像过程,瞬间将产生大量的 2D 抽象过程,如图 4.26 所示。由相似 2D 抽象原理可知:关于两幅圆的图像的绘制过程的 2D 抽象过程与圆的直径是无关的。因此,两幅圆的图像绘制过程的 2D 抽象的结果是人脑中"概念"圆的图像,更多次的绘制过程的 2D 抽象还是那个"概念"圆。

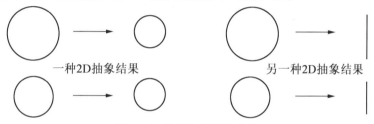

图 4.26　徒手绘制圆的抽象

由相似 2D 抽象原理可知,N 维事物有 $(N+1)$ 种 2D 抽象,分别具有"不可逆"的唯一性。另有一种 2D 抽象过程仅仅与圆的直径有关。因此,两幅圆的图像绘制过程的另一种 2D 抽象的结果是人脑中关于大与小的"概念"直线段的图像。周期性重复刺激越强烈,圆的细节越丰富,相似度也越高。大脑通过 2D 抽象过程可以判断,徒手绘制的两个圆的直径稍有不同。

N 维事物有 $(N+1)$ 种 2D 抽象,大脑是否采用 2D 抽象,采用哪类 2D 抽象,目前仍不清楚,不过不同类的 2D 抽象,很像从不同角度看问题。不论大脑采用哪类相似匹配过程,还是采用更高级的抽象形态,相似匹配提供了一类具有"不可逆"唯一性和具有自我保持数据相似性的抽象方法。这说明,大脑能够自觉地从不同的角度看问题。

目前,只有大脑通过意识能够进行模糊相似匹配,大脑无直接采用数理分析的能力,这正是我们大脑的神秘之处。大脑具有处理模糊(相似)问题的能力,不是靠"规则",更不是靠精确的数理分析和计算公式来进行复杂思维活动,靠的是随时随地地相似匹配和自我保持相似性的能力,从而使模糊问题的处理变得既直接又简单。

在人的大脑中可以由思维形成图像过程、文字过程、语言过程。长期的思维形成个人掌握的规律、规则、语言、文字,这些就是由意识加工而成的个人知识。它们都是一些神经网络传递的相似路径、过程、时间片段,潜伏在大脑的无意识之中。也许这些时间片段早已被一些 2D 抽象过程(图像)或 3D 抽象过程(图像)所替代或等效。

4.25 意识和思维的建立过程

与无意识不同,意识是通过思维反馈渐渐建立起来的,意识是思维的更高层次,有思维才能有意识。意识对各种思维进行组合、比较、加工,在各种形态不断的反馈作用下形成新的意识,甚至形成更高层次的意识,这类意识就是概念,是思维和意识催生新概念的形成。语言、文字、动作等都是这样形成的。意识和思维是人类具有智能的基础,因此也是构建人工智能的基础。但是我们不必过于强调思维和意识产生的次序,因为人出生后一旦有了思维和意识的起点,思维和意识就相辅相成不可分割。思维是大脑神经活动的过程,意识既是大脑神经活动的过程又是结果,又是思维的媒介。意识将导致新的思维,思维又将导致新的意识产生。它们将从本质上失去因果关系,思维和意识将融为等同物。

仅有归纳和推理是无法建立人工智能的。从相似原理看,各种形态的反馈使机器拥有思维,拥有意识,然后拥有人工智能是完全可能的。

人的大脑神经系统是意识的载体。人类发达的神经系统是整个人类长期进化的成果。个体神经系统的布局是遗传和先天的,神经系统的分工也是遗传和先天的,例如大脑皮质定位。先天的神经系统为人类准备了接受来自视觉、听觉、触觉、嗅觉、味觉、外部语言等反馈的功能和条件,使人类自出生那一时刻起,就能接受后天对于意识的培养、训练和自我学习。

4.26 大脑处理意识与无意识过程

将一盆水浇到地上,水总能够因势利导地快速流淌,直至静止。它的意义是:水的势能自发地在空间重新分布,水的能量微观的均匀程度不断提高,系统的熵值变大,直至水的势能耗尽。这个过程很像大脑处理模糊(相似)信息的过程。为了水能够流向指定的地方,可以先在地上开好一些沟槽,然后再将一盆水浇到地上,水将因势利导地快速流淌,并且能够流向和到达指定的地方,直至静止。这个过程很像大脑处理无意识有序信息的过程。大脑处理意识与无意识信息的过程是模糊和没有明确界限的,首先进入的外部刺激必然首先进入处理有序信息的过程。因为大脑神经网络的结构和大量的互联方式,是先天和后天构建起来的复杂结构和机制,使得大脑总是能够以最恰当的方式处理不同的信息。

在神经网络系统中,无意识是系统的有序状态和相似状态。它试图自动维持对每一次信息传递的有序性、相似性、快速性和高效性并按此原则做出相应的反应。处理无意识的基本手段就是相似匹配和相似抽象。

而意识是神经网络系统处于模糊状态时,试图将来自界面的模糊(相似)信息变换成新的有序状态的信息传递过程。其基本处理手段仍然是更自由、更广泛的相似匹配和相似抽象。

大脑的宏观工作机制就是试图使所有的信息流趋于有序的状态。但是这种情况下,神经网络系统中微观的神经元细胞传递信息的均匀程度都是不断提高的过程,所以微观神经网络系统的熵值总是在变大。如将一盆水浇到地上,水的能量微观的均匀程度不断提高,日久天长地面将留下有序的沟槽。

当部分无意识的内容进入到意识状态后,系统就会产生注意力。这时系统的某一局部信息从有序状态变成模糊状态,使得这些模糊(相似)信息获得更多由自然"熵"驱动的相似匹配过程。注意力是大脑神经网络某些区域的"热闹程度",信息从有序到模糊的变化产生了注意力。这是大脑思维过程中真正意义的熵值变大的自然过程。

注意力是模糊识别的重要前提。系统如何使自己的某些部分从有序状态变成模糊状态,也许,下面的分析有利于做出解释。由于大脑的相似匹配的过程,并不产生周期性重复刺激,反而使更多、更广泛的神经元参与了刺激。即它使刺激的广度变得更强烈,使系统的无序度变大,于是产生了注意力。也许,这可以解释低级意识的基本过程。思维则是一个系统向更加有序发展的复杂过程,是建立思维计算机的核心。

人脑可以同时处理多个无意识,人脑利用无意识可以对 90% 以上的输入信息进行滤除。但是人类却不能具有两个有意识的注意力,即人脑不能一心二用。而电脑就不一样,它可以一心多用。因此,相似原理将导致真正的超越人脑的电脑的产生。

4.27 梦境中的 2D 抽象图像

儿童的彩色梦境比成人多得多,成人的梦境越来越少,彩色的梦几乎遇不到。其原因是:成人的梦境早已被越来越多的概念和抽象所代替。

也许,梦境中的 2D 彩色画面与相似原理 2D 抽象画面有关联,儿童彩色梦境中的彩色画面经常呈现为闭合的、一环套着一环的、流动的、色彩斑斓的、不断向你逼近的、深不可测的彩色圆圈或眼形圈,也许儿童的彩色梦境真的是相似 2D 抽象留下的画。

成人梦境中的画面更加短暂、片段化和无法在清醒中描述。事实上,当要求自己闭眼思考或用心去感知"苹果",结果肯定令你相当失望。成人的"苹果"早已被文字概念化了,因此成人再也无法感知"苹果"的画面。幼儿就大不一样,幼儿有多得多的想象,闭眼看到和梦到彩色的苹果相当自然。

尽管可以通过看、听、触摸、吻来感觉苹果的存在,但是闭眼后,成人无法通过感觉器官感知苹果的画面。人们的感觉器官并不能获得你想要的任何真实结果,因为大脑留给成人越来越多的概念和抽象。

4.28 联　想

普遍认为联想是记忆的基础。巴甫洛夫指出:"暂时神经联系是动物界以及人类自己的最普遍的生理现象,同时也是心理现象,就是心理学家称为联想的东西,这种联想把各种各样的活动、印象或字母、词和观念联系了起来。"最早对联想进行研究的是柏拉图和亚里士多德。亚里士多德在《记忆论》里写道:在从事回忆的时候,我们力求引起我们的某些以往的运动,直到我们获得我们所要寻求的那一运动或印象所惯于追随的那一运动为止。为此,我们就在我们的思想内从一个呈现于我们的印象或者其他某种不论是相似于、对比于、还是接近于我们所要求的那一对象的东西出发,力求获得这一领先的印象。亚里士多德第一个总结了联想的几种情况,为后来直至今天的记忆研究奠定了最初的基础。

亚里士多德关于联想的定律是:

(1)相似律:两种在性质或特征上相似的事物可以形成联想。例如,由一串脚步声想起熟悉的友人;由刁钻的语言想到狐狸的狡猾。

(2)对比律:两种具有相反特点的事物可形成联想。例如,由白天想到黑夜;由先进想到落后等。

(3)接近律:在空间或时间上接近的事物可形成联想。例如,看到你想起他;走近花园便感受到鸟语花香。

(4)关系律:由于事物间的从属关系或因果关系而形成联想。例如,看到树木想到森林;听说3D电影就想到《阿凡达》。

在相似原理中,联想是一种思维过程,而思维是人脑中关于相似体之间的相似匹配过程。

4.29 意识传递的群体效应

相似的生命体之间的相互影响是导致生命体群体迅速发展的重要原因。即生命体之间的关于意识的传递,从而使相似的生命体迅速获得更多的有意识。单个生命体的进化是非常有限的,而由众多的、相似的生命体积累起来的意识的传递,所产生的关于进化的群体效应才是无法估量的。

每时每刻,量值达百亿维的运动过程,数百万年生命进化的总和,造就今天地球人类文明。而且当前地球人类的活动范围越来越广阔,相互关系越来越密切,群体效应必将越来越深刻和迅速地影响整个人类。

4.30 感觉增量的现象与相似匹配

视觉、听觉、触觉、味觉和嗅觉细胞以及感觉内部器官所处状态的感觉细胞,感受大多数外部和内部刺激的感觉细胞分成3类:

(1)感觉机械刺激的感觉细胞。

(2)感觉光刺激的感觉细胞。

(3)感觉化学环境变化的感觉细胞。

我们一定能注意到:感觉细胞似乎只对变化量起作用。有大量事实可以证明这一点,例如,人体对长期的"凉"会感觉不到"凉";对长期的"闹"会感觉不到"闹";对长期的"暗"会感觉不到"暗"。

人体的这些感觉特点(思维特点)是大脑采用相似匹配造成的。人体在相似匹配过程中,采用 2D 或 3D 抽象(或其他抽象)压缩了感觉细胞提供的、巨大的、重复的输入信息,只保留了信息变化的新鲜部分。

大脑使用 2D 或 3D 抽象形成的"凉、闹、暗"的概念,是相对的,是递推相似的,这一点我们从 2D 或 3D 抽象的定义(详见 4.14 和 4.15)也可以看到。

增量有两种,一种是多个感觉细胞,其感受的刺激随时间变化的增量,即自变量的增量是时间;另一种是处于不同空间位置上的多个感觉细胞,其感受的刺激随空间位置变化的增量,即自变量的增量是空间位置。事实上,自变量的选取在相似判别中是不起实际作用的,只有时间起点有作用,因为时间和空间是可以转换的(详见第 2 章关于时间和空间的关系,第 4 章 2D 和 3D 抽象的定义)。无论感觉细胞依据哪种方式感受刺激,对于相似判断都是一样的。

4.31　神经元网络的节律性波动

人脑的神经元网络是一种节律性波动的网络,几乎所有的感觉细胞都同步地按 40 Hz(左右)频率来对刺激做出响应。因此感觉细胞和神经元网络自动地具有同步时间起点。时间起点是相似原理基本定律所必需的。神经元网络的同步时间起点必然就是周期性相似的时间片断的相对时间起点。在大脑思维运行中,这种时间起点同步的机制是自动地、必然的、基础的。

计算机的刷新频率远远比 40 Hz 高数千万倍,因此计算机模拟大脑的出路,并不是运算速度,而是计算机的并行性。解决计算机的并行性的基础就是相似原理。

4.32　记忆痕迹

记忆是整个大脑的神经元网络对于刺激的传递过程。大脑运行不需要专门的存储单元。每个人的知识就是其大脑物理构造和大脑思维(运行)机制。

1950 年,在 *Search of the engram* 书中 Lashley 指出不存在记忆痕迹及其定位,没有任何结构是直接的真正意义上的记忆痕迹。如果不存在记忆痕迹和定位,必然导致知识无法通过学习来获得的结论 。然而,相似原理已经说明了思维和抽象过程(详见 4.11 节),大脑运行不需要专门的存储单元,并且有证据支持学习能够引起神经通路发生变化,并使个人知识不断丰富。

记忆是思维过程的一个附属品,是 N 维神经元独立随时间变化的过程,尽管 N 维神经元互相之间存在复杂的网络关系,但并不影响 N 维神经元作为独立随时间变化的变量。

$\sum N_i(t)_{i=1,2,\cdots}$ 变化的过程,构成了记忆和思维。

这些信息和功能由分布在大脑的不同部分分别处理,这些分别处理的信息构成了学习、思维。

$(N_1, N_2, N_3, \cdots\cdots)_n \cong (S_1, S_2, S_3, \cdots\cdots)_n$ 已经描述了两个任意复杂的变化的物理系统的相似性,这就是思维的本质。

思维因人而异,并不一定存在统一的模式。但是对于一个特定人,他的思维过程,就是对他而言的生命体内发生的一系列的相似匹配和抽象的活动。

人脑神经元网络可以看成分布式的、并行的、数量极大的网络系统。每一个神经元对人脑的知觉、思维、判别和行为的影响是微不足道的。然而,全部神经元随时间的变化,即决定了人脑的知觉、思维、判别和行为。

4.33　人脑与电脑

人脑不仅可以自动删除周期和重复信息,还可以通过减少事物的维数和简化其变化率来简化思维(和记忆)过程,这就大大减少了空间占用。图 4.27 中左边 N 个相似体,可以进一步与右面一个相似体相似,使数据的维数减少。不过当维数大幅度减少时,常常产生忘却,即无法找到其相似体。

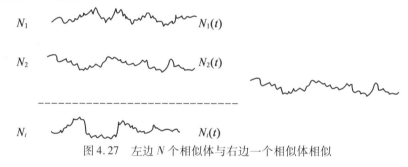

图 4.27　左边 N 个相似体与右边一个相似体相似

人记住一张脸,至少比记住一个外语单词容易得多,而电脑却恰恰相反。

人脑通过重复相似体的一个个过程来产生记忆(回忆),而电脑是从电脑以外的存储器中通过检索来产生的。

人出生后需要首先形成对所感受世界的基本素材的相似体,这个素材的数量并不大。而人脑对日后的事物的思维则就是这些素材的相似体的相似性匹配。这就是人脑不存在数据胀爆的原因,人脑具有无限的"记忆"能力。

4.34　相似性在思维中的作用

自然科学家和社会科学家对同一种类物质的理解和阐释,使物质以各种不同程度的姿态展现在我们面前。相似性就是所有科学工作者依据个人知识和认知的心理表征。人脑的思维机制就是在个人知识(自我认知范畴)范围内,寻找物质存在的形象或相似的过程。所以思维和认知中的一切事物都是以相似性作为中介而联系起来的,因此相似性思维支配着思维过程。

思维和认知中的一切事物都是以个人认知的相似的事物为原型的。因此,可以认为,所有的事物在被认知过程中均受到了相似性的约束。因此,对思维相似性机理的认识很有意义。

例如,人们在日常生活中观看马路棋手下棋,关注红、黑两方的围观者,被棋盘和棋子决定的游戏规则所限制。棋手的棋子的位置变换,产生和影响着一切思考,决定棋手和围观者(简称粉丝)的心理表征随棋子位置的改变而改变。棋手和其粉丝对棋子位置变化产生相似的响应。棋手和各方的粉丝均企图正确理解棋手的意图和变化。所有粉丝对棋手的认可程度建立在共识和认同过程中。于是,相似性的判断完全由该棋手所做的正确性来决定,也就是说该棋手的棋形成了对于所有粉丝的相似性的约束。不难看出,某一事物自有的运动规则同时决定了相似性的规则形成。此时,思维主体已经从空间的形式拓展到被思维的物质存在的运动状态之中。物体的所有的运动特征,被思维着的人们用他所能发现的正确的结构表述了出来,相似性描述了物体的具体的、准确的运动特征。

相似性促使观察者在认知过程中与考察对象达成一定共识,相似性存在于思维过程中。由于思维的自由性可突破现实物质结构和时空界线,产生诸多的联想、模型、类比、暗示、意图、愿望、企图、虚空等,并均以相似性的存在为基础。思维是认知的过程,是意识的形态,是人类和外部世界沟通的互渗状态。而相似性是这一过程的交点、闭合点和相切点,相似性往往触发思维过程的某一中间成果,导致思维的最终成果。相似性思维驱动和支配着思维过程。

依据当今主流理解,空间除为了决定物体的位置与次序,没有客观的真实,时间除了计算事件的次序外没有独立的存在。因此,时间和空间是非物质的,而是物质运动的"舞台"和"存在"。

在认知的时空中,空间事物和物质事件被思维过程加工、概括、抽象。相似性触发思维过程的不断重复、反复和重构。思维过程形成人们对客观事物的共性的理解。因此认知的时空,因映射空间事物和空间物质事件自身的存在而存在,相似性拥有无限广泛的思维时空。

4.35　人脑如何应对快速事件

把大脑看作是一个密集互联的神经网络、无数并行的处理器,可以同时处理上百万条信息。那么意识是如何支配这个网络和无数并行处理器的呢?

人体受脊反射支配,例如,遇到紧急情况踩刹车,至少需要 0.05 s;大脑支配的反应,例如,人类面临 Yes/No 最简单的决定,则需要 0.5 ~ 0.8 s。在需要有意识思考才能执行的动作反应时间,也许至少需要 1 ~ 2 s。意识反应的延时是明显的。如果乒乓球运动员按这样的模式来打球,肯定是不可行的。按照相似原理,思维和意识每时每刻正在响应和已经响应了发生过的、周期性相似的、相似的时间序列中的时间片段中的相似的信息,于是思维和意识可以依据相似刺激做出更为迅速的反应。这类似自动控制中的前馈控制,加速了大惯量系统中的响应延时,称为相似前馈。相似前馈是人类应对快速事件的一种机制。

由于大脑神经元网络的同步时间起点就是周期性相似的时间片断的相对时间起点,在大脑思维运行中,这种时间起点同步的机制是自动地、必然的、基础的(详见4.28节)。这种时间起点同步的机制为相似前馈提供了自然的基础。

同样在热烈的交谈或演讲中,我们知道要讲一句话,需要几秒钟时间,那么要理解它至少也需要同样时间,因为一句话,通常要讲完才能达意。然而老师和学生都能在讲话和听话的过程中,即时地组织演讲和即时地理解演讲。可以肯定,如此神奇的反应速度必然是基于上述前馈相似的。

4.36　大脑的复杂在于它的时间和空间的积累

意识不同于大脑活动过程,大脑活动整个过程还要复杂很多,意识只存在于某些大脑活动过程中。我们深信大脑是自然选择而进化的产物,它是一座巨型分子城市。它是几十万年前,那些早期微小的分子的生命形态偶然碰到一起发展起来的,因其适合生命形态的要求便开始固定下来,成为分子架构的基础。今天在生成现代人类大脑时,甚至还不断有一些新的小分子加入其中,例如,一些改进了的氨基酸、类脂物质等。在细胞层次,生成人类思维和意识的大脑,也不过就是几种改进了的真核细胞的重复和相似组合。因此,大脑的复杂在于它的时间和空间的积累,是相似基础上的时间和空间的积累。今天如果有了相似论基础,难道还担心不能制造出相似的机器大脑?

4.37　思维过程中大脑皮质的宏观活动

思维过程中大脑皮质的宏观活动是可能被观察的,大脑皮质的宏观活动与两种不同形式的生物电有关:

(1)诱发电位(Evoked Potential)是当人工刺激感受器将刺激传入神经时,在感觉传入冲动的激发下,大脑皮质的某一特定区域可以产生较为局限的电位变化,并可用电生理记录仪进行观察记录。

(2)自发脑电活动是在安静情况下,虽然没有任何明显的外界刺激,大脑皮质仍经常产生持续的节律性的电位改变。

人体正常脑电图波形如图4.28所示。脑电图在不同状态下的正常波形如下:

α波:频率在8～13次/s,振幅为20～100 μV。α波在清醒、安静、闭目时即出现。

β波:频率在14～30次/s,振幅为5～20 μV。β波在安静、闭目时在额叶出现。突然的刺激或思考时,其他部位也会出现β波。

θ波:频率在4～7次/s,振幅为100～150 μV。θ波在困倦时一般即可见到。

δ 波：频率在 1 ~ 3.5 次/s，振幅为 20 ~ 200 μV。在深度麻醉、缺氧或大脑有器质性病变时可出现 δ 波。

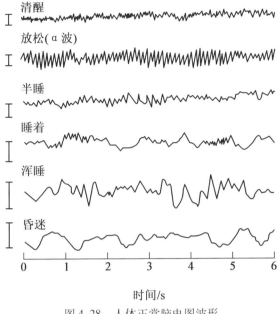

图 4.28 人体正常脑电图波形

脑电波形成的原因可能是，大量的神经元同时发生突触后电位变化，这种同步的电位变化引起皮质表面出现电位改变。

目前，人类已经能够通过学习的方法，利用思考产生的脑电波来控制计算机，已经有人设计出一种利用思考来控制的计算机。不过这些还都是相似原理最初级的应用。

4.38　基因组序列与相似曲线

随着人类全部的基因组序列于 2003 年完成，以及其他生物的基因组序列可能不断被完成，序列的比较将变得越来越普遍和彻底，并将给生物学家提供寻求构成整个动物形体动力的众多线索。代表进化树不同分支的更多的完整基因组将被推导出来，其本质是一系列相似曲线。相似曲线的分段、绞合、折叠、镜像、时间起点的移动，相似曲线的分裂及复制，以致形成几乎相同的或相似的基因链条。

总有一天，科学家们将完全掌握基因相似曲线的分段、绞合、折叠、镜像、时间起点的移动，相似曲线的分裂及复制，达到描述产生不同物种间生命形式的显著多样性的相似基因序列，以及相似基因调节中的变异等。科学家们将完全掌握那些几乎相同的相似基因序列如何来决定物种的不同表现形式。

目前，人类开始了解的基因还只是一维的，那么它是如何在四维空间对人体或生命现象起作用的呢？相似原理可以将 N 维事物抽象到四维空间，甚至将四维空间的事物抽象到一维空间。这种转换对 DNA 的适用性需要验证。

4.39 相似原理与神经网络中的刺激反馈

人类智能是人类整体受长期进化的反馈和影响的全局成果。人类神经网络中刺激和刺激反馈是神经信息传递的基本模式之一,都是单向的多输入多输出和并行的,如图 4.29 所示。

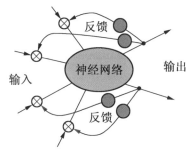

图 4.29　人类神经网络中刺激和刺激反馈

反馈是自动控制中最重要的概念,也是自动控制的基本手段之一。目前,人类构建的反馈控制还停留在单输入单输出水平,所以人工智能必须将反馈控制提升到多输入多输出和并行处理的水平。

在人类神经网络中,输入的刺激可能导致与该刺激对应的输出,并反作用于输入的刺激;神经网络也可能不应输入的刺激或不产生与该刺激对应的输出;也可能产生其他新的刺激并对输入的刺激产生影响,我们把这种新产生的刺激称为刺激反馈。从相似原理的观点来观察神经网络中的刺激反馈,得到以下推断:

(1)刺激的反馈起到纠正刺激的作用,使刺激的相似性提高,在利用周期性和重复性实现刺激的确认时,反馈常常使周期性和重复性的相似程度不断趋于提高,而周期性和重复性的强化必然导致不应和刺激被自动抑制。

(2)反馈使意识得到强化,当思维产生某个意识时,相当于某些神经网络被唤醒,此时,反馈可以大大加速这一过程的确立并使意识得到强化。

(3)外部刺激与内部刺激是不同的,内部刺激常常是一种意识的唤醒,人体首先以平息内部刺激为目标对刺激做出反应。平息内部刺激是比平息外部刺激更高层次的驱动,因为内部刺激的路径更短,平息刺激的效率也最高。

(4)文字、语言等概念必在人脑的神经网络中形成了固定的刺激路径,这些刺激路径很容易被反馈和相似的刺激所确认,因此,这类概念具有相对固定的刺激传递路径。

(5)联想也是在反馈过程中产生的,并且与反馈过程一样,对平息内部和外部的刺激起到加速作用。

(6)既然神经网络传递具有单向性,那么必然存在输入与输出的清晰界面来表征这种单向性。于是,从输入单方向地向输出传递的刺激的途径必将千变万化,传递的时间(相对于时间起点),传递刺激的强度也都会各不相同,先进入的刺激不一定先到达输出,后进入的刺激可能追赶先进入的刺激,并且有可能改变该刺激的性质、目的和后续的传递过程。这种机制必然存在,并为神经网络内部相似匹配提供了基础,人工智能可加以仿效和利用。

(7)进入的刺激不一定都产生与刺激对应的输出,它可以被新的刺激所代替,也可以被激活的内部的刺激所替代或改变,任何刺激都将被神经网络的终极目标消化和平息(受能量最小化驱使)。

(8)某些刺激可以迅速从输入直达输出端或以最短路径到达,这种机制也许还包括相似路径的复用。为了速度和效率,这种机制必是硬件化的。

(9)单向的神经传递路径应该有相似的分类,这种分类与大脑硬件(例如大脑的皮质定位)有关。无论是大脑的运行机制,还是大脑硬件、大脑神经网络的神经传递方式和路径都不可避免地、无处不在地利用相似性。

(10)语言、文字是一种高效的特殊的输入与输出形式,其神经网络的传递必然与大脑硬件结构有关。因此,语言、文字在大脑必然有定位。由于定位是微观的,使得寻找这种定位变得非常困难。然而文字在大脑中的定位很值得观察和研究。这也告诉我们不排除人工智能可以使用类似定位的硬件记忆,从而超越人体记忆特质。

4.40　形象思维与逻辑思维

人在思维过程中总是首先使用形象思维来响应输入刺激,有必要时再使用逻辑思维。从相似原理的角度看,其原因是:人类思维发展过程是首先从形象思维发展到逻辑思维(抽象思维)的,个人的思维能力的建立也始于形象思维。

形象思维是外界事物直接作用于人的感官、知觉并直接形成的思维活动,是人类最基本的和最普遍的思维活动。它与逻辑思维不同的地方是,整个思维过程中始终不脱离形象。

逻辑思维又称抽象思维,它是以表达和反映事物属性和本质的概念为思维对象的思维活动。人类形象思维的提升产生一系列抽象概念,抽象概念又在形象思维过程中被使用和修正,因此形象思维与逻辑思维(抽象思维)之间并没有严格界限。在人类的思维活动中,通常形象思维与逻辑思维是相辅相成,伴随共存的。但是从相似原理的角度看,思维与逻辑思维的层次必然是不同的。

4.41　人类思维和意识的相似

每个人的思维模式都有区别,但又都很相似,因为人类个体神经系统的布局是遗传和先天的,神经系统的分工也是遗传和先天的,人类发达的神经系统是整体人类长期进化的成果。每个人的思维模式在先天的神经系统架构下,由后天培养、训练和自我学习逐步形成。因此每个人的思维模式具有个性是必然的。每个人的思维与意识一旦建立就变得相辅相成,且每个人的思维与意识具有鲜明的个性。

思维与意识的结果都是抽象的事物,抽象事物是人对于自然事物的反应和表达,但是抽象事物能够超越自然事物而存在。

思维的基本形态是在自我认知范畴内寻找相似的、大脑曾经活动过程。因此相似性必然存在于思维过程之中,思维过程必然受相似原理的支配。语言文字、概念、定义、数学、物理学、化学、生物学、天文学、音乐、文化艺术等都是人类创造的抽象事物。人类对于这些抽象事物的认识,因相似原理而必然高度一致。例如,人类对于音乐、文化艺术、气候变暖、世界和平等认识的高度一致。

由于思维是非自然事物,因此思维的自由性可以突破时空界线、突破物质结构和物质世界存在。在思维主体的认知框架内,它试图反映和阐释自然事物的存在,接近或者与自然事物的科学相吻合,并且也允许其产生超出自然事物的意识、相似、概念、模型,为创新和超越现实打下基础。人类具有非物质的意识力,能够影响物质和自然事物的变化。

4.42   相似极大值原理

相似极大值原理是利用相似原理构建一种认识过去、现在、未来关系的数学方法。当过去的事实已知,未来的"事实"可以估计时,根据相似极大值原理可以估计出现在事物的变化。当现在事物的变化符合事实,那么先前对未来"事实"的估计可能是正确的同时可以获得改变现在事物和未来事物的经验。

设满足条件:事物在变化过程中的任何一个量都没有达到极值,或发生奇异突变现象,则称为连续变化的事物。

由相似原理可导出以下推论:

(1)事物的连续变化,可以理解成组成事物的全部 N 维变量随时间变化的过程为连续变化过程,$\{f_n(t) \mid n = 1,2,3,\cdots,N; t \in [t_0, t]\}$。

(2)事物的连续变化,可以由其全部 N 维变量在 N 维空间中的离散相似体来表示,$\{f_n(\Delta t_i) \mid n = 1,2,3,\cdots,N; t \in [t_0, t_1, t_2, \cdots, t_i, \cdots, t]\}$。

(3)事物 $\{f_n(\Delta t_i) \mid n = 1,2,3,\cdots,N; t \in [t_0, t_1, t_2, \cdots, t_i, \cdots, t]\}$,可以由其一系列基于相似原理的相似变换来表示。

(4)事物 $\{f_n(\Delta t_i) \mid n = 1,2,3,\cdots,N; t \in [t_0, t_1, t_2, \cdots, t_i, \cdots, t_c]\}$,是事物的某一时间片段,可以由其一系列满足时间片段的相似体的时序和来表示。即

$$\{f_n(\Delta t_i) \mid n = 1,2,3,\cdots,N; t \in [t_0, t_1, t_2, \cdots, t_a, \cdots, t_b, \cdots, t_c, \cdots, t]\} =$$
$$\{f_n(\Delta t_i) \mid n = 1,2,3,\cdots,N; t \in [t_0, t_a]\} + \{f_n(\Delta t_i) \mid n = 1,2,3,\cdots,N; t \in [t_{a+1}, t_b]\} +$$
$$\{f_n(\Delta t_i) \mid n = 1,2,3,\cdots,N; t \in [t_{b+1}, t_c]\} + \{f_n(\Delta t_i) \mid n = 1,2,3,\cdots,N; t \in [t_{c+1}, t]\}$$

(5)相似估计推理1:事物 $\{f_n(\Delta t_i) \mid n = 1,2,3,\cdots,N; t \in [t_0, t_1, t_2, \cdots, t_a, \cdots, t_b, \cdots, t_c]\}$,在其时间片段 $t \in [t_a, t_b]$ 内,由于事物系统的输入的变化,引起事物系统的 N 维全部变量随时间变化。由相似原理可知,只要时间片段 $[t_a, t_b]$ 很短,又已知 $\{f_n(\Delta t_i) \mid n = 1,2,3,\cdots,N\}$,$t \in [t_0, t_a]$ 和 $\{f_n(\Delta t_i) \mid n = 1,2,3,\cdots,N\}$,$t \in [t_b, t_c]$,则事物在 $t \in [t_a, t_b]$ 时间片段内的全部状态都是可以估计的,其方法为线性插值或高次插值等。

（6）相似估计推理2：事物 $\{f_n(\Delta t_i) \mid n = 1,2,3,\cdots,N; t \in [t_0, t_1, t_2, \cdots, t_a, \cdots, t_b, \cdots, t_c]\}$，在其时间片段 $t \in [t_a, t_c]$ 内，由于事物系统的输入的变化，引起事物系统的 N 维全部变量随时间变化。由相似原理可知，只要时间片段 $[t_a, t_b]$ 很短，又已知 $\{f_n(\Delta t_i) \mid n = 1,2,3\cdots N\}$，$t \in [t_b, t_c]$，事物在 $t \in [t_a, t_b]$ 时间片段内的全部状态是可以估计的，其方法为线性外推或高次外推等。

（7）相似估计推理3：事物 $\{f_n(\Delta t_i) \mid n = 1,2,3,\cdots,N; t \in [t_0, t_1, t_2, \cdots, t_a, \cdots, t_b, \cdots, t_c]\}$，在其时间片段 $t \in [t_0, t_b]$ 内，由于事物系统的输入的变化，引起事物系统的 N 维全部变量随时间变化。由相似原理可知，只要时间片段 $[t_a, t_b]$ 很短，又已知 $\{f_n(\Delta t_i) \mid n = 1,2,3,\cdots,N\}$，$t \in [t_0, t_a]$，事物在 $t \in [t_a, t_b]$ 时间片段内的全部状态是可以估计的，其方法为线性外推或高次外推等。

（8）从已知系统的状态出发，设想未来状态，则中间状态是可以估计的，这就是相似原理导出的相似极大值原理数学方法。

$$\{f_n(\Delta t_i) \mid n = 1,2,3,\cdots,N; t \in [t_0, t_a]\} + \{f_n(\Delta t_i) \mid n = 1,2,3,\cdots,N; t \in [t_a, t_b]\} +$$
$$\{f_n(\Delta t_i) \mid n = 1,2,3,\cdots,N; t \in [t_b, t_c]\}, [t_0, t_1, t_2, \cdots, t_a, \cdots, t_b, \cdots, t_c]$$

式中第一项为已知系统，第二项为估计系统，第三项为设想的未来系统。实际使用中，将当前系统的状态与定义的估计系统进行比较，可以作为判断设想的未来系统是否正确的评价标准。

相似极大值原理是利用 N 维事物过去的运动和预期的未来运动来估计现在运动的方法。它可以有许多应用，包括宏观经济的预期分析，社会学、生态学中的各种预测，自动控制中的智能运动控制、智能机器人、网络虚拟人。它还可以应用于思维的表达和仿真，并涉及对于智能体的研究和应用。

4.43 人工智能与相似原理的关系

人工智能（Artificial Intelligence）是研究、开发用于模拟、延伸和扩展人的智能的理论、方法和应用系统的科学技术。通常人工智能被认为是计算机科学的一个分支，它试图通过解析人类智能的本质，构建一种能够以人类智能相似的方式对事物做出反应的人工物体。

（1）人工智能应具有人类相似的智能行为和能力。例如感知、即时判断、识别、抽象、理解、猜想、推理、沉思、归纳、学习、积累知识和经验、自我意识构建等。

（2）人工智能应具有人类相似的思维特征，例如单向性、快速性、并行性、相似性、不可逆性、不确定性、灵活性、综合性、可塑性、个性和群体性。人工智能就其本质而言，是对人的思维过程的模拟。一般认为有两条途径，一是通过结构模拟，仿照人脑的结构和机制，制造出"类人脑"的机器；二是功能模拟，暂不关心人脑的内部结构，而从其功能进行模拟。

（3）人工智能应具有人类智能相似的必要元素，并且不排除人工智能具有超越人类的新的优异特质。例如，相似人类神经系统的运行机制，感知与不应（对于周期性、重复性、相似性感知的惰性或不响应）、趋简（简化一切的倾向性）、内在驱动力（能量最小化）、相似匹配（产生等价、抽象、思维、意识、记忆）、硬记忆（超越人类的记忆特质）。

（4）目前，人工智能学科研究的主要内容包括神经元网络相关的理论和技术、知识表示、信息搜索、自动推理、机器学习、知识获取和处理、定理证明、博弈、模式识别、自然语言理解、智能视觉、智能机器人、复杂系统、遗传算法、并行计算与智能控制技术等方面。

（5）目前，人工智能的实现手段是计算机，并且人工智能和计算机的发展历史息息相关。人工智能涉及计算机科学涉及的一切学科，例如信息论、控制论、认知科学、神经生理学、仿生学、生物学、心理学、数学、语言学、医学、哲学、经济学等学科。

可以看出，目前的人工智能研究还不能涉及和具备人类智能相似的必要元素、思维特征、智能行为和能力。人类目前还未能涉及人类智能相似的本质，目前的人工智能缺乏相似原理的参与。

4.44 迎接脑科学时代

人类是我们已知宇宙中最错综复杂、最神秘、最美妙、最具有力量的物体。人类发展历程约 350 万年，现代人类不过只有 4.5 万年历史，人类试图认识和研究大脑的时间还不到 2 000 年，特别是 21 世纪，人类对于自身大脑的发现使我们每个人激动不已，关于大脑的信息和知识更是最近几十年才积累起来的。当人类充分了解了大脑的特点、相似的运行机制和功能后，一定会意识到大脑拥有巨大容量和无限潜力，并且有可能创造出人工智能和人工大脑。完全有理由相信未来几十年后，人类将步入脑科学时代。

4.45 古老中国伏羲的八卦图与相似

中国的《易经》是最早利用相似性的著作。易经提出三观世界：仰视观天，俯视观地，再低头看自己的身体。认为看世界就是观天、察地、看人，观测三者在时空上的联系和相似属性，并得出天、地、人相似的结论。《易经》通过相似属性的分类和等价，建立了一套在给定时空中，通过观察 A 事物，对 B 事物做预测的逻辑体系。

7 000 多年前，伏羲的八卦图，这部无字天书，首先被用来预报天气。八卦的产生是先人对于自然现象的相似性的总结。它告诉人们当你看到某一类相似的'相'（对自然现象的归纳），就能判断未来天气会如何变化。伏羲的八卦图能告诉你是否会变天，你应该去种地还是去除草或收割。我们不难想象 7 000 多年前，家家户户门口都挂着一张伏羲的八卦图，人们每天种地、出行、办事前，总要先看看八卦图，再做打算。

中华文明信奉与大自然相似的法则，认为大自然给予大地众生平等相似的天机，人的生命与动植物相似并"轮回"。八卦发展成《易经》是许多先人和智人的共同努力。周文王将伏羲的单八卦两两重叠起来，演变为八八六十四卦，并予以理、气、象、术的解释，而后，孔子等先人加入象辞、彖辞、卦辞、文言等。中国的《易经》包含对于宇宙自然事物中相似现象的高度抽象、分类和总结。根据《周易》中的"太极生两仪，两仪生四象，四象生八卦，八卦定乾坤"，《易经》则用"太极"八卦中阴阳变化组合的符号来表示宇宙万物的一切现象。"太极"即宇宙,由太极分出阴阳"两仪",这阴阳两仪相互作用,产生了由太阴、太阳、少阴、少阳组成的"四象",再由四象继续以阴阳相互作用,于是便产生出由"乾、兑、离、震、撰、坎、艮、坤"组成的"八卦"。《易经》认为"太极"是派生万物的本原,是自然事物的最高本质。"太极"的阴阳既产生变化又保持不可分割的平衡状态,反映了自然事物的这种相似的本质,并且阐明了自然事物最高层次的相似属性。

1984年和1988年中国学者秦新华和杨雨善先后提出了DNA与《周易》中"四象"和"八卦"的关系,把《周易》中的四象与DNA的4个碱基对应起来,据此为基础解释DNA的4个碱基的互补配对。并把《周易》中的六十四卦与DNA的64个遗传密码对应起来,认为《周易》中的六十四卦就是DNA的64个遗传信息密码。《周易》认为事物都与阴阳概念有关,阴阳概念是古人在观测万物以后总结出来的。借此说明,阴阳学说有着丰富的自然物质基础。

根据阴阳学说,可以把DNA的双链结构理解成一条阴链和一条阳链的阴阳结构。对相似原理而言,一阴一阳的结构能量最小,且能保持平衡。

DNA分子中的脱氧核糖和磷酸交替连接,排列在外侧,构成基本骨架,碱基排列在内侧。阳链上的脱氧核糖是阴的,磷酸是阳的。阴链上的脱氧核糖是阳的,磷酸是阴的。脱氧核糖和磷酸的阴阳是DNA双链的阴阳中的阴阳。DNA分子的4种碱基分别与四象对应,如图4.30所示。

图4.30　《周易》中的四象与DNA的4个碱基对应关系

DNA分子有4种碱基,分为阴、阳两类。阳G、阳A、阳T、阳C和阴G、阴A、阴T、阴C称为DNA的8个基本元素。它们分别与《周易》中的八卦:乾、兑、离、震、撰、坎、艮、坤对应,如图4.31所示。

图4.31　《周易》中的八卦与DNA的8个基本元素对应关系

相似的,RNA分子上也有4种碱基,它们是A、G、C、U,也分为阴、阳两类。阳G、阳A、阳U、阳C和阴G、阴A、阴U、阴C称为RNA的8个基本元素。它们也分别与《周易》中的八卦:乾、兑、离、震、撰、坎、艮、坤对应,如图4.32所示。

图4.32　《周易》中的八卦与RNA的8个基本元素对应关系

用碱基符号G、A、T、C表示的DNA分子的64种遗传密码,如图4.33所示。根据阴阳学说解释DNA分子的运行机制,可是目前的解释都停留在表面。

CCC	CCA	CCT	CCG	CAC	CAA	CAT	CAG
CTC	CTA	CTU	CTG	CGC	CGA	CGT	CGG
ACC	ACA	ACU	ACG	AAC	AAA	AAT	AAG
ATC	ATA	ATT	ATG	AGC	AGA	AGT	AGG
TCC	TCA	TCT	TCG	TAC	TAA	TAT	TAG
TTC	TTA	TTT	TTG	TGC	TGA	TGT	TGG
GCC	GCA	GCT	GCG	GAC	GAA	GAT	GAG
GTC	GTA	GTT	GTG	GGC	GGA	GGT	GGG

图 4.33 用 G、A、T 、C 表示的 DNA 分子的 64 种遗传密码

从相似原理的角度看,越是抽象的事物,必然与实际的自然事物离得越远。表达事物相似的方法也具有这样的性质:事物间的层次相差越远,其相似性也相差越远,相似越弱。

易经与 DNA 在事物的高层相似,因此易经有可能帮助人们从更抽象的角度看事物,帮助人们了解事物的本质和本质属性。近代科学家,例如德国的汉森堡、丹麦的波尔等都自称受到易经思想的影响。然而,易经作为抽象事物与 DNA 的行为和功能的层次又相差甚远,因此不能指望易经在生命现象(下层事物)研究中产生直接的应用。

4.46 相似极大值原理的逻辑思维方法

相似极大值原理的数学方法还可以表达成逻辑方法和思维方法。相似原理的思维步骤如下:

(1)提出要解决(或解释)的问题。

(2)注意时间起点,从直接观察自然现象的当前时刻开始,在周围事物和记忆中寻找和遍历已知的相似事物。通过选择不同的相对时间起点,建立其因果联系,任意看上去不相关的事物,其实都可以从过去或未来的某个时间起点,找到与你此刻要解决事物表现出来的周期性相似。这是事物相似的普遍性决定的,因为事物间不可能不存在相似性,只要两事物的相对时间起点重新对齐,其相似性必然呈现。

(3)需要用不同的时间起点或事物变化的周期性(周期性提供了相对时间起点),反复重新遍历周围事物和记忆中的事物。每当我们找到一种新的相似,就离问题解决近了一步。

(4)不同时空尺度中的事物之间也会有相似,但是相似随事物演变层次的变大而退化。因此,层次差距巨大的事物之间,常常只表现出最原始和最基本的相似,这是相似性退化造成的。

(5)对于获得的相似事物,可以做出数学或逻辑上等效(等价)的假设,并通过数学的、逻辑的、思辨的相似性原理建立其抽象的模型。当这些模型的演绎与当前的事物一致时,在你的思维给定环境内,很可能寻找到了该事物的解释。上述思维过程可称为基于相似原理

的思维实验。

由相似极大值原理的逻辑思维方法确立的抽象事物,使事物以不同的形式被表达。其正确性、合理性、科学性受思维者的局限性制约,但保证了一定的相似性基础。

孔子说过:"吾日三省吾身"。其意思是"每天我都会对一天中观察到和发生的事物做三次全面的思考"。相似原理则告诉我们每天应该如何去思考。其实每一次主动的思考都是一次小小的思维实验。人类思维总是主动地将不同层次的事物,通过选择不同的相对时间起点建立其因果联系,让人类有机会不断发现宇宙的规律,创造和丰富其建立起来的抽象世界。本文作者认为,每个人最大的财富其实就是他拥有的思维能力,因为他的思维能力可以完成价值无限的思维实验。

4.47　思维的方法论

美国心理学家丹尼尔.卡尼曼(Daniel Kahneman)所著的《思考,快与慢》对思维的模式做出了深刻研究,并用最平易近人的方式向读者揭示许许多多思维现象和改进思维的方法。思维现象都可以用思维的相似原理一一对应地来解释。他长期的研究成果可以作为相似原理关于思维现象研究的基础,它是正确思维的方法论。

(1)丹尼尔.卡尼曼将思维的层次描写成无意识的"系统1"和有意识的"系统2"。在思维的相似原理中,无意识的"系统1"就是那些在思维被刺激启动后,能够被立即匹配的思维活动。这类思维活动包括对语言、文字、声音的即时响应,依赖情感、记忆和经验迅速做出判断。这类由刺激启动的思维活动,能够与大脑中那些经常出现的 N 维事物相似匹配,使这类刺激迅速"偃旗息鼓"。有意识的"系统2"就是那些在思维被刺激启动后,不能被立即匹配的思维活动,它们在神经网络的路径中到处传递,不断触发新的刺激,引起更大规模的相似匹配的思维活动,有时甚至需要某些外部刺激反馈的介入。它们需要更长、更多的思维匹配过程和时间才能"平息"。这类由刺激启动的思维活动,就像思维总是在编写符合"因果关系"的故事一样,能够"自圆其说"地使思维过程回归到思维刺激的原点。

(2)有意识的思维总是在"编写"符合因果关系的"故事",一旦使"故事"符合某些因果关系,就会被认为已经获得"自圆其说"的结果,大脑的神经网络将自动地"偃旗息鼓",回归到思维刺激的原点,除非有新的刺激介入进来。这是由人类大脑的运行机制决定的。

(3)大脑的运行机制决定了人类有意识思维("系统2")的惰性。思维总是能"七凑八凑"地编写故事,编写故事的过程中掺杂着许多无意识思维"系统1"的短促的过程,使其符合某些因果关系。符合得越快越好、越简便越好,一旦刺激被平息,绝对不肯再费脑筋,这也是人类大脑的运行机制决定的,它导致人类有意识思维的惰性。

(4)在事物发展的底层或早期,影响事物发展的因果关系比较简单或单纯,随着事物的发展,事物的层次越来越多,事物的复杂性和多样性显现,互相影响或依赖越来越严重。影响事物的因果关系也变得越来越复杂。因此,不完整、不确切、不可靠、不深入的因果关系"在所难免""比比皆是"。人脑在编写符合"因果关系"故事的时候,惯用符合得越快越好、符合得越简便越好的机制,因此,无论问题如何复杂,人脑总是最后的赢家。

（5）"光环效应"会不由自主地左右人们的思维过程。那些由"光环效应"构成的 N 维事物,不断地被思维过程"拿"出来,作为合理因果关系的一部分,企图尽快简便地达到"自圆其说"。

（6）"眼见为实"是人们获得的最"新鲜"或"深刻"的刺激反馈,它自然被拿来作为匹配的参照（系统1）,或"自圆其说"的因果关系（系统2）,尽快简便地平息刺激,获得自认圆满的结果。

（7）人的思维能够自动地、迅速地从不同的角度看问题（详见4.24节）,但是也容易受某些"突如其来"的启发,产生让别人无法理解,而令他自己满意的结果。

（8）前景理论中的"损失厌恶"指人们对于亏损的反应比对同等数量盈余的反应更强烈得多。其根本原因正如生物的相似性所指出:生物遵循"顾及眼前利益"的生存法则（详见4.9）。就思维而言,"顾及眼前利益"的相似匹配具有更便捷的思维路径,这是由生物进化中形成的大脑硬件的某些结构决定的。

人类存在上述思维特点甚至弱点,是受大脑运行模式约束所致,是大脑运行机制造成的。这种思维特点主要来源于遗传,后天培养对其影响很小。因此,了解这些思维特点,在有意识思维（系统2）中采用"慢"思考是比较好的方法。在无意识思维（系统1）中,如果允许放缓的话,请利用你的有意识思维（系统2）来加强。

尽管我们与卡尼曼先生的经历、生活和工作环境、观察事物的角度不同,大家仍可以用不同的方法来描述和表达共同关注的思维现象,使事物以程度不同的相似姿态展现在人们面前。我们相信知识和科学不分国界,每一个人都应该将自己发现的知识无私地奉献出来,因为知识和科学是属于整个人类的。

第5章 宇宙定律与相似原理

人类对宇宙基本规律的观察和归纳总结已长达几个世纪,从柏拉图、亚里士多德到欧几里得、牛顿、爱因斯坦……成千上万的科学家为此做出了巨大贡献,这些基本定律包括:

(1)物质的粒子性(不断进化的原子理论)。

(2)能量守恒与能量转换定律(热力学第一定律和第二定律)。

(3)空间与时间的定义(包括以绝对时空为参考的相对论时空)。

(4)物质的微观与宏观行为的定律(作用力定律)。

这些定律为人类认识自然和与自然和谐相处做出了重要贡献。本章将这些定律放到一起,回顾其进化过程,进行分析和比较。试图探究这些广泛定律群的相似性内涵,也许你会感觉到相似原理也是宇宙基本定律之一。

相似是宇宙中最普遍的自然现象。相似原理认为,自然事物的相似现象具有层次。宇宙中基本粒子的行为属于最底层的行为。最底层事物的相似是最基本的相似和最单纯的相似,往往呈现出最可靠和最单纯的相似现象。所以用相似原理的思想方法来重新审视上述最基本的定律,具有重要意义。

5.1 物质与粒子性

无论是微观还是宏观,物质均呈现粒子性,最典型的就是微观基本粒子和宇宙中的星体。在宇宙的恒星系统中,如太阳系,发展出了像地球这样的伟大星体,并在地球上发展出生命。在此期间,微观粒子也同步地经历了极其复杂的组合和演变过程,并且发展出植物、动物和人类。人类又发展出思维能力,在人类思维中产生了微观和宏观,产生了对自然事物描述和抽象事物。

通过大量间接、直接的观察和实验表明,一切宏观自然物体都是由微观粒子变化组合而成的,于是建立起原子和量子物理学。少数基本粒子组成原子,原子组成分子,分子组成细胞,细胞组成生物体,但这些构成和组合的层次不同。组成自然物体的层次指:

(1)原子、分子、细胞的空间组合或构成的大小、包含、从属关系。

(2)形成物体的大小、包含、从属关系的先后顺序。

前者是空间的,后者是时间的,这就为分析任意物体的相似性提供了基础。

物质的粒子性必然导致,从少数基本粒子发展而来的自然事物和抽象事物,从简单走向复杂的过程中,必然留下相似的痕迹和因果关系。这就是相似原理的基础。

关于光子和电子的行为,人类经历了长达300多年的思索和探索,而且这些探索仍在进行。今天也许我们比较清楚地认识到:物质通常在微观下呈现粒子性,物质在极度原始的状态下是由极少数的基本粒子所构成的。今天看到的宇宙空间仍然是处于原始状态下的宇宙,因为它们距离地球太遥远,以至于我们今天看到的仍然是宇宙过去的图像;地球物质世界也是由这些粒子在宇宙进化的过程中,经历漫长时间,在各种作用力的驱使下,通过各种能量转换过程逐步形成的。

随着时间的推移,宇宙和地球上原子层次内发展出 111 多种不同的原子物质。这些原子物质进一步向复杂化、丰富化发展和演变,分子层次内产生了 100 多万种不同的分子物质。进一步突破分子层次,发展和演变为各种分子聚集态以后的层次,物质变得越来越复杂,DNA 双螺旋结构的不断发展,构成了无数不同物体、植物、生物和事物。事物的相似层次变得越来越深远,越来越淡薄,导致相似性退化。进一步发展,产生人类与人类思维,产生抽象事物,直至今天地球文明形成。今天大约有 2 340 多万种主要通过人工合成的分子物质。因为地球资源有限,这种发展的加速,反而令人担忧。地球事物发展与时间轴方向如图5.1所示。

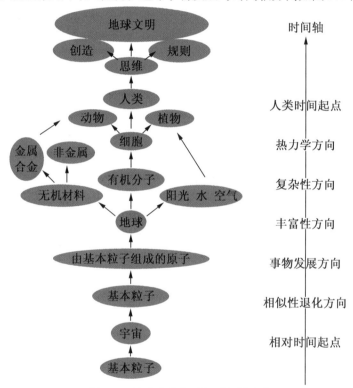

图 5.1　地球事物发展与时间轴方向

4 条宇宙基本定律支配着地球物质和事物的发展。这种发展是不可逆转的,是唯一的。在宇宙的其他星球上,已经发生或正在经历与地球相似的发展和演化过程。尽管支配发展的 4 条宇宙基本定律相同,仍不要希望可能发展出与我们相似的智慧生物,因为相似的层次相差得太遥远,相似性遭到巨大退化,共同的相似仅仅在物质的底层和遥远的过去。所以应该尽量慎重与外星智慧生物接触,其后果因相似性退化而变得无法预期。

以下是关于地球物质底层属性的思考:

(1)地球物质通常在微观下呈现粒子性,在宏观下呈现波动性,即连续属性。这并不影响物质是由粒子构成的自然属性。

(2)无论微观下少量光子微粒的行为,还是宏观下巨大数量的光子的行为,表现出波粒二象性,其本质仍是粒子性的。如,在宏观下,由太阳这样的恒星发射出来的光子的行为,其本质仍是粒子性的。

(3)宏观与微观是以人的观察能力来界定的。研究空间与时间尺度相差巨大的两个事物之间的关系,从相似原理看,是没有意义的。例如,人体与几个电子完全无关,但反过来人体与人体中如此广泛的电子就有密不可分的关系了。因为人体与几个电子在空间尺度相差巨大,而后者 100% 充满整个人体。

(4)在宏观尺度观察太阳与行星之间的相互关系有意义;在微观尺度观察原子核与电子的互相关系也有意义;将宏观的太阳与微观的几个电子放在一起观察,不但不可能,也毫无意义。

(5)宏观与微观是以人的观察能力来界定的,是相对的。在大尺度下,无法排除宇宙中存在更多类型、更加复杂或更加"致密"或"松散"的星体组合。

(6)当我们观察大尺度下光的传播时,不得不面临复杂的宇宙环境。光的传播不但被偏移而且速度也不断地被改变,尽管人类已经掌握了地球甚至太阳附近的各种情况,但是仍无法预测离地球更遥远空间和更遥远时间中发生的一切。

利用思维实验可以进行无法实际观察和实施的实验,这是人类特有的思想实验和更进一步形而上学的思考和思维创造。思维实验所完成的研究或仿真可以为人类节省亿万资金,这完全不足为怪,而 2 500 多年前由亚里士多德建立起来的形而上学的科学体系,规模之庞大,令现代人惊叹不已。

5.2　物质与物质结构的发现及逻辑疑点

17 世纪的天文学积累了几百颗天体运动的数据,对它们的分析导致开普勒提出天体运动的三大定律,为牛顿建立经典力学体系奠定基础。

19 世纪 60 年代,化学积累了数十种元素和上万种化合物的数据,门捷列夫把这些元素按相对原子质量的大小次序排列,发现它们的化合物的性质有周期性变化,因而在 1869 年提出元素周期律。门捷列夫元素周期表,是人类对化学抽象的一个相似性数学操作,它为以后新元素的发现和玻耳原子模型的建立做好了铺垫。

20 世纪 30 年代,积累了 100 多万种化合物的数据,结合量子化学的发展,导致鲍林总结出化学键理论,发表《论化学键本质》这本经典著作,对 20 世纪化学的发展起了非常重要的作用。

截止到 1999 年 12 月 31 日,美国化学文摘记录的分子、化合物和物相的数目已超过 2 340 万种,比鲍林总结化学键理论时扩大了十余倍,但全世界的化学家似乎还没有充分利用这一化学文选宝库来总结新的规律。基因研究应该充分利用这一化学文选宝库,因为这些结果可以为我们提供相似的背景和过去的事实。

今天"光速"仍是"抽象事物",也许它处于自然事物与抽象事物的边缘。波粒二象性其实是物体处于微观与宏观交叉层面产生的自然现象。例如,电子和光子具有微观的粒子性与宏观的波动性。

光速恒为 $c = 3.0 \times 10^8 \, \text{m/s}$ 就是光子宏观运动的连续性。太阳附近光线的弯曲是光的粒子性表现。光的粒子性和波动性的相互关系特别明显地表现在以 3 个抽象表达式中：

$$E = h\nu$$

$$p = h/\lambda$$

$$\rho = k \, | \, \Psi \, |^2$$

等式的左边表示微粒的性质，即光子的能量 E、动量 p 和光子的密度 ρ，等式的右边表示波动的性质，即光波的频率 ν，波长 λ 和场强 Ψ。

按光子学说，光是一束微粒子流。光子具有能量 E、动量 p 和质量 m，它与实物电子碰撞时一样服从能量守恒和动量守恒定律。这些性质与牛顿力学中所了解的微观性质相一致，所以说光具有粒子性，但是由于光在真空中运动速度恒为 c，所以牛顿的 $f = ma = md\nu(t)/dt$ 没有意义。

在真空中光的运动规律，目前还只有宏观观察手段或间接观察手段，并且它服从波动方程：

$$\nabla^2 \psi = \frac{\partial^2 \psi}{\partial x^2} + \frac{\partial^2 \psi}{\partial y^2} + \frac{\partial^2 \psi}{\partial z^2} = \frac{1}{c^2} \frac{\partial^2 \psi}{\partial t^2}$$

式中，Ψ 代表电场强度或磁场强度，在某一瞬间和空间某一点的光子密度 ρ，与大量光子的运动产生的电场或磁场强度 Ψ 的平方成正比。光的频率 ν、波长 λ 和场强 Ψ 服从上述波动方程。

电子与光子相似又有很大差别。真空中任何光子的速度恒为 c，而电子的速度却总是低于 c。光子的质量 $m_g = h\nu/c^2$ 为恒值，而电子的质量 $m_e = h\nu/\nu^2$ 随 ν 变化。

普朗克的量子假说和玻尔氢原子理论认为，原子系统只能处与某些特殊的状态，这些状态对应一定的能量，这些能量之外的任何能量值都不存在，即系统状态对应的能量是量子化的；原子系统从高能量状态变化到低能量状态时，系统辐射（产生）出光子；原子系统吸收光子时，系统从低能量状态变化到高能量状态。这意味着，状态变化时原子系统能量的改变只能以跃迁的方式进行。它们的能量都是唯一的量值 $h\nu$ 的整数倍数，即光子的能量具有量子化的属性。

从宏观行为看，光能够传递惯性，表明光子有惯性质量和能量；光通过太阳能弯曲，表明光有引力质量。因此，光子和粒子确实没有什么差别。光子与电子是相近层次的事物，受相同的关系式约束。泡利不相容原理告诉我们，电子轨道是由原子与电子的质量和电荷量决定的。原子的外层电子可能形成随机变化的电子轨道共享。电子在量子轨道上的位置以及频繁的轨道跃迁是由于粒子间复杂的空间位置的变化导致互相间作用力的变化造成的。少量粒子间的行为是可以精确预测的，但少量粒子的情况我们几乎无法遇到。人们总是只能遇到大量粒子存在的情况，所以目前，其行为只能借助量子理论进行概率预测。

表 5.1 是电子与光子的比较。

表 5.1 电子与光子的比较

关系	表达式	特点
光子的动量与波长关系式	$p = m_g c = h/\lambda$	式中光子的 c、m_g 均为恒值
电子的动量与波长关系式	$p = m_e v = h/\lambda$	电子的速度 $v \leqslant c$，m_e 变化
光子的质能关系量子化	$E_g = m_g c^2 = h\nu$	c，m_g 为恒值，

续表 5.1

关系	表达式	特点
电子的质能关系量子化	$E_e = m_e v^2 = h\nu$	m_e 随 ν 变化
电磁波的波长	$\lambda = h / mv = c^2 / v^2$	联立上述关系式获得
电磁波的频率	$\nu = m c^2 / h$	联立上述关系式获得
电子与光子比较的结论或利用相似原理观察产生的逻辑疑点	(1)光子与电子的量子属性相同 (2)光子与电子的波动特性相同 (3)原子中每个电子的每次电子轨道跃迁,产生或吸收一个光子,并形成因果关系,因此光子的能量应等于一个电子跃迁的能量变化值 Δe 光子的能量;光子与电子的属性不同,但存在因果关系 (4)光子的速度 c、质量 m_g 和能量 E_g 均为恒值,再由结论(3)和相似原理可以推断:电子跃迁的能量变化值 Δe 也应为恒值,且与电子跃迁的轨道层次无关 (5)电子的速度为 $1/v, v \leqslant c$ 时,电子的波长 λ 为某量子化定值,当 $v = c$ 时,电子的波长 $\lambda = 1$,成为光速行进的电磁波,也即光波;然而由因果关系(3)电子不可能转化为光子,除非电子的质量轻得像光子,自由空间同样充满"饱和的电子",或者光子的速度 c 也是量子化的,这显然不可能和不存在 电子与光子的上述微观描述,仍存在以上相似原理观察产生的逻辑疑点	

5.3 能量守恒与能量转换定律

人类最早认识的"真理"是"广义热力学理论"。必须承认 2 000 多年前,亚里士多德在他的物理学基本学说中已经表明了这一思想。

他断言:宇宙的秩序就是使宇宙趋于完美。这个世界一旦离开某种平衡状态,总会自然地恢复到稳定平衡状态。在没有任何外在干预的情况下,物体中产生自然运动的一切原因,都是为了维持宇宙的理想平衡状态,并且是终极原因,也是最有效的原因。

这是亚里士多德的形而上学的思维与想象,而现今物理学则认为:

假想存在一个无生命物体的集合,不受任何外部物体的影响,该集合的状态发生变化时,某个状态对应某个熵值,并具有使熵值最大化的趋势,这一最大熵状态总会是稳定平衡状态。也就是说,在这个孤立系统内产生的所有运动和所有现象都使它的熵增加,因此也倾向于导致这个系统达到平衡状态。

两种思想如此一致,然而相似原理则进一步认为:即使在有生命物体和外部物体的干预下,无生命物体或生命物体内部的一切最基础的运动和所有现象都仍然满足"广义热力学理论"。相似原理已经说明,生命物体并不例外(详见第 3 章)。

1850 年,德国物理学家克劳修斯首次提出熵的概念,用来表示任何一种能量在空间分布的均匀程度,能量分布得越均匀,熵就越大。一个系统的能量完全均匀分布时,这个系统的熵就达到最大值。

克劳修斯推论:一个孤立系统的熵永远不会减少。它表明随着孤立系统由非平衡态趋于平衡态,其熵单调增大,当系统达到平衡态时,熵达到最大值。宇宙的熵趋向极大值。

熵增加原理就是热力学第二定律。从这个定律出发,许多哲学家得出宇宙有开端和有终结的推论。他们的理由是:物理和化学变化在宇宙中继续进行下去是不可能的。他们认为这些变化曾经有开端,也就会有终点。在这些思想家看来,即使物质不是在时间中创生,至少也是它的变化的自然倾向在时间中创生,绝对静止状态和宇宙的死寂确定无疑。这是热力学原理不可避免的结局。但是,这些哲学家也许忘了,热力学原理假设的孤立系统在宇宙中并不存在。因此宇宙中不存在实际的熵趋向极大值的角落。宇宙的熵在经历了亿年增加之后,将在新的亿年经历减小,迄今的实验科学不能预言宇宙的终结以及断言它永恒的运动。只有当我们严重误解理论的使用范围时,才会要求它证明形而上学的推想。

宇宙的过去、现在、将来能量都是守恒的。从这个定律出发,许多哲学家得出宇宙有限的推论。他们的理由是:如果宇宙的过去、现在和将来能量守恒的话,宇宙能量应该趋于某一无限大的恒定的量。在迄今人类的观察能力范围内,能量守恒毫无例外。就相似原理而言,能量守恒定律已经满足该时间和空间中能量守恒的全部自然现象。由于时间空间的巨大跨度,追究形而上学的某一无限大的恒定的量的思维的图像是没有意义的甚至是无法被人类大脑理解的。

在任何情况下,由物理学定律对巨大时间空间尺度做出的预言也许都是轻率的。从本质上讲,实验科学是不能预言宇宙的终结和断言它是永恒运动的。

5.4　光波的传播与能量守恒

在迄今人类的观察能力范围内,任何物体的运动速度 v 均不能超过光速 c。19 世纪初,科学界已经知道光是一种波动(光波)。19 世纪末,科学界又确定光波是电磁波,光波的传播也就是变化电磁场的传播。1865 年,麦克斯韦尔在"位移电流假设"和"涡旋电场假设"的基础上,建立了以麦克斯韦微分方程组为核心的电磁场理论。该方程组预言了电磁波的存在,指出光辐射也是一定频率的电磁辐射(电磁波)。1889 年,德国人赫兹的试验证实了麦克斯韦电磁场理论的正确性。

根据麦克斯韦电磁场微分方程组可知,电磁波在真空中的传播速度 c 只取决于媒质本身固有的电磁性质:

$$c = 1/(\varepsilon_0 \mu_0)^{1/2}$$

式中,ε_0、μ_0 分别为真空的介电系数、磁导率。真空的介电系数、磁导率均为常量,所以光波(电磁波)在真空中的传播速度 c 也是常量。

麦克斯韦当年是这样描述电磁场的:"设在空间某区域内有变化电场(或变化磁场),那么在邻近的区域内将引起变化磁场(或变化电场),这变化磁场(或变化电场)又在较远的区域内引起新的变化电场(或变化磁场),并在更远的区域内引起变化磁场(或变化电场),这样继续下去。这种变化电场和磁场交替产生,由近及远,以有限的速度在空间传播的过程称为电磁波。"

无论变化电场产生变化磁场,还是变化磁场产生变化电场,前者将能量全部转化成后者的能量。如果电磁场在真空中传播,不消耗能量的话,它一定不能做功并且前者将能量全部转化成后者的能量时,前者本身必然消失殆尽,也即电磁场在真空中传播不会留下任何痕迹。也就是说:当一颗恒星能量消耗殆尽停止发光时,它不会留下任何痕迹,留下的是一个"黑洞"。这样的"黑洞"并不吞噬光线,而是光源不能在其周围留下任何发光的痕迹。设想遥远宇宙中的一群"死亡之星"留给地球观察的图景,是巨大"黑洞"?还是一片"死寂"?

用相似原理的方法来思考上述问题。

声波是机械波,因此不能在真空中传播。声波在空气中传播,使其周围空气产生振动,做功并消耗能量。水波是与声波相似的机械波。向平静水面投一颗小石子,水波在水面传播的图景:随着时间延长,水波的波长变长了,频率变低了,幅度变小了,直至回复之前的平静,投一颗小石子的能量变成一片水波涟漪的过程。我们可以再想象,一个点光源,在真空中向周围发射光芒的图景:随着时间延长,光波的波长不变,频率不变,幅度不变。光波在真空中传播是自由和不消耗能量的,只有当光波遇到真空中其他物体的阻挡,光波的波长、频率、幅度才会发生改变。这正是电磁波与的声波(机械波)传播媒质存在本质区别。

如果在地球大气层以外的真空,向太空发射一束激光的话,我们自己却无法看到它,只有当光波遇到真空中其他物体的阻挡被反射回来时,才能被我们自己发现。

当一颗恒星能量消耗殆尽停止发光时,它不会留下任何痕迹,留下了一个"黑洞",如图5.2 所示。如果地球正处于那颗恒星与"逃逸"的"光芒"之间,我们向那颗恒星和向那些光芒(两个不同且相反的方向)看过去,我们将得到从未有过的思维体验。前者一片"死寂",后者是"逃逸"的"光芒"。如此看来,人们有可能观察到那些不同恒星发出的"红移"或"蓝移"的"光芒",然而这种区别只不过是由于不同恒星产生"光芒"的时间不同而已。

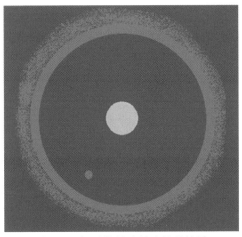

图 5.2　恒星能量消耗殆尽的情景

继续我们的思考,也许受地球生命的制约,今天的地球正处于那些光芒之外的地方,如图 5.2 所示,我们又将得到哪些从未有过的启发?是否需要进一步审视:宇宙微波背景辐射、宇宙不断加速膨胀、神秘的"暗能量""宇宙常量"的变化等问题。

再继续上面的思考,如果那颗恒星在遥远的位置、遥远的过去发生了今天人类认知的

"宇宙大爆炸",那么地球在不同的时间会看到哪些不同的图景呢?因为不同的时间地球处于想象图景不同的位置。令人可惜的是,到目前为止,人类能够看到和感受到的只不过是远古宇宙的某个极其短促的瞬间,人类没有机会,也无法感知广阔的时空。

也许这些问题最好还是留给专门的科学家,不过建议他们试着利用相似原理的方法,因为自然事物的相似性是判别抽象事物准确性的必要条件(详见2.31相似原理判别法则)。

图5.3是电磁辐射全谱以及引发光谱的过程和原因。电子分布的变化可引发 X 射线、紫外线和可见电子光谱;分子、离子的构型变化产生振动、转动的光谱;分子、离子的空间方位变化产生微波光谱;电子自旋变化产生自旋共振(ESR)和核磁共振(NMR)的光谱。

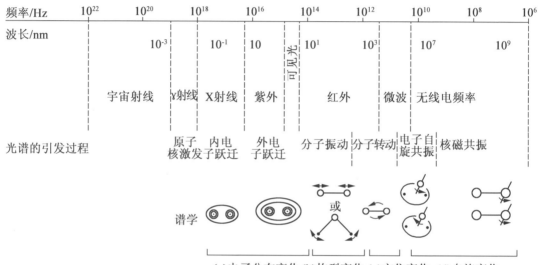

(a)电子分布变化 (b)构型变化 (c)方位变化 (d)自旋变化

图5.3　电磁辐射全谱和引发过程

2009 年 12 月 27 日,地球人看到一颗离地球 2~3 万光年、位于银河系的人马座,编号为 SGR1806-20 的中子星,在短短 0.2 s 内,释放出的伽马射线,其能量相当于太阳 25 万年所发出的能量总和。

5.5　太阳系行星运动中的能量守恒

无论是微观还是宏观,物质均呈现粒子性,最典型的就是微观基本粒子和宇宙中的星体。通常在宏观世界我们不必在意微观世界所发生的事物变化,同样,在微观世界我们通常也不必在意宏观世界所发生的事物变化。但是宏观世界是基于微观世界的复杂时空相似变化产生的,因此,期间存在相似性是必然的。由于时间和空间的尺度相差如此之大,研究微观与宏观中物质的粒子性,目前人类的手段非常有限,因此思想实验必不可少,但其结果必须与自然事物和现象相符合。

巨大时空差异下,存在测不准现象是可以理解的。观察电子和光子的量子行为,存在测不准现象,只能用统计的方法来表达。从地球看,无数遥远星球发出的光线也是量子化的,因为无数星球之间遥远的空间尺度与微观粒子之间遥远空间尺度是相似的。原子周围分布的电子具有量子化的轨道,某个电子在某个时间片段中的运动(速度、位置)无法预估,因为无法追溯电子行为的时间起点和相对时间起点。根据相似原理,当已知 t_0 时刻电子运动(速度、位置),那么当 $\Delta t \to 0$,必然可以预估 $t_0 + \Delta t$ 时刻电子的运动。事实上,人类目前还没有如此精细的实验手段。图 5.4 是太阳系九大行星围绕太阳运动的示意图。

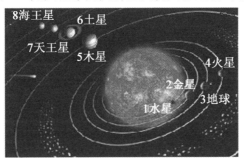

图 5.4　太阳系八大行星围绕太阳运动的示意图

地球以及八大行星围绕太阳运动的根本原因错综复杂,并不能完全肯定是由于宇宙大爆炸瞬间留下来的能量造成的。

事实上,太阳系的几乎所有天体包括小行星都自转,而且是按照右手定则规律自转(水星除外)的,所有或者说绝大多数天体的公转也都符合右手定则。人们基于习惯的相似猜想:太阳系的前身是一团密云,受银河系产生过程中的某种力量驱使,使它彼此相吸,这个吸聚过程,使密度向中心逐渐变大,并进一步促使吸聚过程加速,最终形成了今天的太阳系。原始太阳星云中的质点处于混沌状态,互相碰撞、融合和分离,逐渐把无序状态变成有序状态,其中 90% 以上的质量积聚成为太阳,此外,使得其余气团物质逐渐向扁平状发展,发展的过程中势能变成动能,最终整个太阳系转起来了。开始转时,方向混乱,但存在主流方向,最终都变成现在发现的右手定则方向。也许其他恒星系符合的是左手定则,然而我们太阳系符合右手定则。地球自转的能量来源于银河系和太阳系产生过程中,是银河系及太阳系物质势能最后变成动能所致,最终的地球一方面绕太阳公转,一方面绕地球轴自转。

星球自转的最大速度是该星球的离心力(万有引力)能够使星球外层物质不脱离星球。所以,密度越大的星球自转速度越大。可以使用圆周运动的公式近似估计该星球的离心力:

$$F_1 = mv^2/r$$

其中,m 为星球的质量;r 为星球的运动半径;v 为星球的线速度。

恒星与行星之间的万有引力应与行星的离心力相平衡,并使行星围绕恒星转动。

$$F = G \frac{m_g M_g}{r^2}$$

其中,F 是恒星施加给行星的万有引力;r 是行星与恒星之间的平均距离。

也可以利用开普勒第三定律估计行星围绕恒星转动的周期:

$$r^3/T^2 = k$$

其中,r 是行星和恒星之间的平均距离;T 是围绕恒星转动的周期;k 是一个比值,跟恒星有关,跟行星无关。

5.6 相似原理关于宇宙的猜想

任何人都可以不受限制地提出他自己有关宇宙起源的观点,但一个有说服力的观点,必须要求它能够解释人们已经收集到的有关宇宙起源的数百个数据并与数据相一致。研究宇宙学,最容易犯错误,所以要勇于抛出新的思想,哪怕它只有 10% 是正确的,希望这 10% 的正确思想能改变或加速人们对于宇宙的整体认识。

传统牛顿时空中,空间是各相同性的、绝对均匀的、数学化的、静止的、理想的,这三维空间大到人类想象力所及。同样,时间是数学化的、绝对均匀的、理想的,以至于两个时刻之间可以采用任意均匀的间隔进行描述,时间流逝与物质运动变化本身无关,时间是一维的。任意维度的事物(事件和物质)在此时间与空间中演化着、生存着、发展着。人类目前认知的宇宙就其中。牛顿空间与时间用于对事物运动变化的定量和描述。这样的空间与时间定义,对于采用任何参照系具有任意性,它不依赖于物质本身的属性。传统牛顿时空还保证了,在它之上建立的任意坐标系均具有相对性。相似原理要求时间的一维属性,要求任意维度的事物具有相对性,所以相似原理采用传统牛顿时空。

2009 年,发现与地球最近的大型河外星系——仙女座星系,其质量与银河系相当,两者的牵引力很大。于是不妨猜想:

(1)$t = t_1$ 时刻

设当今宇宙是牛顿时空中的一个子宇宙,它处于银河系。牛顿时空中有无数宏观相似的子宇宙。这与地球尺度,通过观测获得的已有的认知相似。假设,当今宇宙 $t = t_1$ 时刻,地球人所在的子宇宙的状态如图 5.5 所示。

当今地球人所在的宇宙中的宇宙物质的平均密度、真空中的暗能量、膨胀速率分别为:$\Omega_1 < 1$,$\Omega_1 + \lambda_1 = 1$,$H_1 > 1$,当今的宇宙在加速膨胀、变冷,反引力越来越大,反物质越来越稀薄。可以看到银河系的星群正在离地球而去,群星的光芒正在发生"红移"。可是,地球人并没有意识到,在地球人所处宇宙的附近,另一个迅速膨胀的子宇宙正在向我们扑来。两个子宇宙之间,存在与宏观相似的吸引力,对于地球所在的宇宙而言,我们感受到的"反引力""暗能量"正在增加。随着时间的增长,两个子宇宙所占的空间扩大,两者之间距离减小。反引力按牛顿引力的平方率增长,直至两个子宇宙相交。

(2)$t = t_2$ 时刻

地球人所在子宇宙与某个子宇宙相交,在牛顿时空中的状态如图 5.6 所示。宇宙相交后,该宇宙物质的平均密度 $\Omega = \Omega_1 \cdot \Omega_2 > 1$,因此,反引力随时间减小并消失,地球人所在子宇宙开始"收缩"、变热,我们将看到银河系的星群以及更多的星群向我们扑来,它们的光芒正在发生"蓝移",正在大量产生反物质。

随着时间的增长,两个子宇宙融合,所占空间紧缩,星球间距离减小,温度急剧上升。融合后的宇宙 $\Omega > 1$,迅速紧缩,并产生崩塌。

(3)$t = t_3$ 时刻

融合后的宇宙开始崩塌,温度急剧上升到几亿度。超新星剧烈崩塌时,催生出如铁、铜、镍、铀等重元素,在牛顿时空中的状态如图 5.7 所示。崩塌后的宇宙,从宏观看相似一个"点",其质量巨大。

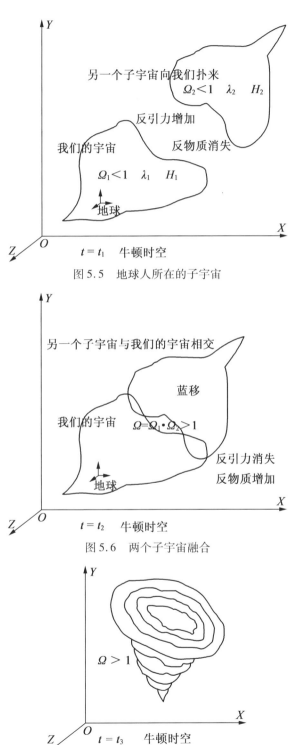

图 5.5 地球人所在的子宇宙

图 5.6 两个子宇宙融合

图 5.7 宇宙的崩塌

（4）$t = t_4$ 时刻

崩塌后的宇宙，从宏观看又从一个"点"进入"大爆炸"，如图 5.8 所示。新的宇宙诞生，轻元素大量产生，重元素被重新合成，并被均匀地撒向宇宙。宇宙中粒子在重力、电磁力、弱核力、强核力的作用下，演变成宇宙中的星群。开始，反引力几乎为零，反物质、磁单极子、超重元素的密度很大。随着宇宙迅速膨胀、变冷，由附近宇宙引起的反引力越来越大，反物质越来越稀薄，使膨胀进一步加速。也许历时 120 亿年后，这个宇宙又相似于目前地球所在的宇宙，$\Omega_1 < 1, \Omega_1 + \lambda_1 = 1, H_1 > 1$。在此宇宙中，孕育出了相似的地球、人类、文明。

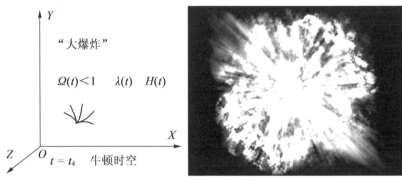

图 5.8 宇宙"大爆炸"

其实，在此牛顿时空中，也许存在无限平行的宇宙，只是它们在更遥远的时空。上述过程也许是更多的子宇宙，从四面八方共同作用的结果。牛顿时空中的绝对时间起点、绝对坐标原点，仅仅存在于人们想象力所及的远方。任意维度的事物（事件和物质）在属于其自身的宇宙中演化着、变化着、发展着。目前，人类观测到和认知到的仅仅是一个有限时间片段中发生的属于人类自身的子宇宙。

但是，可以相信，人类观测和认知的范围在不断扩大。不久，人类可能观测和认知超越银河系以外更遥远、更多的子宇宙，发现平行的宇宙。人类有能力，将认知扩大到人类想象力所及的时空。因为，人类拥有了相似原理带来的思维方法。

5.7 壮丽的宇宙

图 5.9 是英仙座星系团，同时也被称为 Abell 426。该星团距离地球约 2.5 亿年，它包含了超过 500 个记录在案的星系，其中有些星系是类似于银河系的螺旋星系。图 5.9 中每一个亮点都包含了超过数亿颗像太阳一样大的恒星。

据英国《每日邮报》报道，2012 年科学家们在距离地球 1 000 光年的远处发现一个和我们太阳系非常相似的行星系统，如图 5.10 所示。该恒星称为"开普勒 – 30"，该恒星系统中的行星的排布方式和我们太阳系非常相似，其公转轨道平面与它们中央恒星的赤道面相一致。它是一颗类太阳恒星。在太阳系中，行星的公转轨道面和太阳赤道面几乎位于同一平面上，这说明恒星和行星两者起源于同一团旋转的原始星云。不过在这个行星系中只有 3 颗成员行星，而太阳系中则有 8 颗大行星。有关这一发现的论文已经发表在了《自然》杂志上,这项研究将有望揭示出构建行星系统背后的机制。

图 5.9　英仙座星系团(Abell 426)

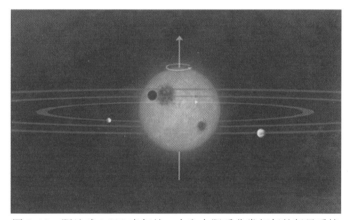

图 5.10　距地球 1 000 光年处一个和太阳系非常相似的行星系统

　　图 5.11 所示是壮美的仙女座星系,它是距离银河系最近的大星系,是位于仙女星座的一个巨型旋涡星系。仙女座星系是根据其所在的仙女星座命名的,又名 M31。仙女座星系直径为 22 万光年,而银河系直径只有 10 万光年。

图 5.11　仙女座星系

应该注意,现在看到的哈勃星云图片,都是经过复杂相似变换处理的图片,例如星云的尺寸、深度、发生的时间、色彩等都经过了复杂相似变换处理,才能以符合人类感觉习惯的形式呈现在我们眼前。

图 5.12 是一张银河系中心的彩色红外合成图,展现了新的超大质量恒星以及围绕周围 300 光年距离核心处旋转的炽热电离气体复杂结构的最新细节。合成图将"哈勃"太空望远镜的近红外相机和多目标分光仪(NICMOS)拍摄的照片与以前"斯皮策"太空望远镜捕捉的彩色照片组合在一起,生成迄今银河系中心最清晰的红外照片。在可见光下,银河系核心区域因尘云而显得十分模糊,但红外光仍穿透了层层迷雾。在这一距离下——距地球 2.6 万光年,"哈勃"太空望远镜揭示了大小只是太阳系 $\frac{1}{20}$ 的天体的惊人细节。

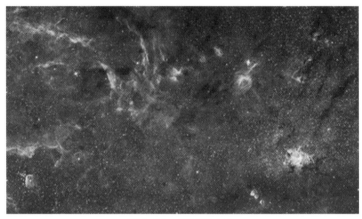

图 5.12　银河系中心

5.8　物理学定律是暂时的、近似的、互补的和不断进步的

法国科学家、哲学家皮埃尔·迪昂(Pierre Duhem,1861—1916)认为,每个物理学定律都是近似的定律。任何近似的定律都处于进步的支配中,每个物理学定律本质上都是暂时的。不仅因为对它价值的评估会因人而异,对它的准确性和适用性会随时间和科学的进步而总是有所变化,而且因为它是符号化的抽象事物,因此总是存在用定律联系起来的符号和抽象不能够再以满意的方式描述自然事物的情况发生。物理学定律作为抽象事物,由于它对描述的浓缩和概括,以至于不能完备地描述自然事物。于是定律的陈述和约束需要不断修正甚至重新认识,进而使物理学定律变得越来越精准、令人满意和普遍适用,能够避免实验提出的不断反驳。

例如,一盆水放在那里,我们都清楚万有引力将作用于每个水分子,并令其保持水平的界面。可是当我们仔细观察,只有在距离盆的边缘一定距离的水面才是水的平面,盆的边缘水面上升了;如果插一根细的管子,管中水面将升得更高。在这里万有引力失效了,为了防止毛细现象驳倒引力定律,引入水的表面张力作为补充项,于是将天体运动和毛细效应包括在了同一定律中。

这一新的定律比牛顿定律更综合。尽管如此,我们仍将无法避免新的矛盾。当我们将正负两个电极插入水中,你会发现毛细现象变了,因为水被电离后,电离粒子之间产生了新的作用力。

任何物理学定律都将面对这类无休止的考验。正是因为重力定律与摩擦生电产生的静电引力相矛盾,物理学创造了静电定律;正是因为磁铁克服重力定律吸起了铁块,物理学产生了磁学定律;正是因为奥斯特(Oersted)发现静电定律和磁学定律的实验例外结果,安培才发明和创建了电动力学和电磁定律。

人类建立的物理学定律与数学定律不同,物理学定律是暂时的、近似的和互补的。物理学提供给我们的是连续的发展和真实的进化。当科学的领域不断扩大,在科学发展的任意时期,物理学理论作为一个整体从未产生过崩溃。由于它恰当地说明了当时和过去的若干事实,它对这些事实依然继续有效。

再来看一个关于"电阻"的认识。假设一段电路两端的电压为 u,电阻为 r,那么流过该电路的电流为 i,并可以表示为 $r = u/i$。当 $r = R$ 恒为常数时,它就是欧姆当年定义的线性电路的欧姆定律。它是近似的,因为后来人们发现了非线性欧姆定律: $r = u/i = u(t)/i(t) = r(u,i)$。"电阻"是电压和电流的函数,即非线性电阻是 $u - i$ 平面的一条曲线,如图 5.13 所示。

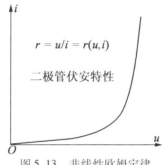

$$r = u/i = r(u,i)$$

二极管伏安特性

图 5.13　非线性欧姆定律

之后人们进一步发现和总结出具有滞回特性的"电阻",以及同时具有温度、光敏、湿度等高维变化特性的各类"电阻",这些"电阻"均满足 $r = u/i$ 关系表达式,只是定律的陈述和约束范围扩大了。

每个物理学定律都是暂时的,因为它是近似的,物理学定律的暂时性、近似性都是历史造成的,是人类认识世界的过程造成的。物理学定律包含的近似性对于当时的科学家而言精度足够,因为它能够很好地解释当时的自然事物,哪怕还遗留了一些未能解释的问题。但随着时间的前进,这些近似变得越显不足。这就为物理学定律的修缮、补充和发展提供了动力。物理学定律是暂时的、近似的、互补的和不断进步的。

5.9　相似原理的物理学态度和物理学体系的进化历史

在人类迄今的科学史上,科学界对于相似的分析是持排斥态度的。普遍的担心是:相似与表面现象混淆,相似不符合迄今人类建立的逻辑体系,相似过于平庸和普遍。相似的普遍性和常识性,常常导致它的表面性和片面性。

对于自然现象,当现象的因故关系清楚时,它就是事实;当现象的因故关系不清楚时,它就是表面现象。现象是客观的,人的认识允许不同。特殊现象的认识比较容易,最普遍的现象最难以表达和最具有描述和解释的价值。人类追求终极理论的愿望,就是企图建立普适的理论。

我们乐意引用哲学家皮埃尔·迪昂的研究,来回顾万有引力体系的进化历史,可以看到几千年以来,没有一个科学家不在自觉不自觉地利用"相似现象",日月星辰、磁、光、潮汐等现象毫无例外被加以利用。

产生万有引力体系的进化,在长达几个世纪的进程中缓慢地显露出来,直到逐步成长为牛顿给予它完美程度的过程。这个过程与人类进化的历史一样漫长和相似。萌芽期和迷茫期是如此艰难和漫长,形形色色的考虑和截然不同的学说相继出现,都在争夺天体力学的构造权,其中包括重力、离心力的普遍经验,开普勒阐明的行星观察定律,笛卡儿主义者和原子论者的粒子旋涡以及惠更斯的理性动力学;亚里士多德主义者的形而上学学说,以及医生体系和占星术士的梦想;关于重量与磁作用力的相似比较,以及光对于天体的互相作用,以及天体之间的密切关系等现象;假设、推断和估算月亮、地球、太阳对潮汐现象的影响。在这一漫长的诞生过程中,我们能够体会理论体系进化的漫长、剧烈而又逐渐地转变。

回顾牛顿力学这一伟大的物理学理论建立的进程,它宏伟地展现了它从初始假设出发所规划的演绎,看它推论描述了众多的实验定律直至最小的细节,人们不能不被这样的结构之美而陶醉。迄今人类拥有的物理学理论体系(包括牛顿力学)是由几个世纪的成千上万科学家共同建立起来的,它从来都是暂时完美的暂定的理论,这些理论通过人类摸索、踌躇和推敲,才慢慢地进展到今天的理想形式。

在人类建立物理学体系的时候,常常处于矛盾的两面,一方面尽可能排斥相似的表面现象;另一方面又必须寻找相似的根源。所建立的新理论,一方面以它的创新和区别为标志;另一方面又以它能解释相似现象的广度为标志。要把相似的本质与相似的表面现象分开的唯一手段就是寻找事物的因果关系。

人类科学的进步从来都不依赖于革命或颠覆前人的论述。人类科学的进步是连续的、渐进的、群体的。人类建立的物理学定律与数学定律不同,任何物理学理论都是对于自然事物的抽象,你永远无法证明它未来的准确性。尽管过去和今天它与实验如此精确一致,你仍无法保证它下一次可能产生矛盾的结果。哪怕找到一个和理论预言不相一致的观测事实,即需要重新审视它的正确性。

5.10　万有引力不解之谜

万有引力定律是如此辉煌,然而万有引力定律的因果关系目前仍不清楚。为何不管两者物体相距多远,相互间都会有引力作用? 为何万有引力的大小与两个物体质量的乘积成正比? 为何产生的是引力而不是斥力? 为何引力的大小与两者距离的平方成反比? 万有引力究竟是如何传递的?

牛顿以数学形式给出万有引力定律,未能说明产生引力的因果关系和本质,因此万有引力被视为超距作用,仍是不解之谜。如果两个物体中的一个物体,瞬间失去质量或者获得质量,引力的变化将瞬间建立,而不存在任何滞后。那么一架不断丢弃质量的宇宙飞船,是否一定能加速到接近光速了呢? 相似地,如果有一原子系统被粒子加速器加速到接近光速,如果瞬间让其失去电子,则该原子系统将被进一步加速。相似地思考:两个不发光物体之间的万有引力符合牛顿万有引力定律,那么两个发光物体之间的万有引力会如何呢? 因为两个发光物体都在失去它们的质量,所以两个发光物体之间的万有引力会随着它们质量的减小,变得越来越小,并导致两者背道而驰,这也是"红移"的原因之一。

5.11　电磁场传播中的能量守恒问题

依据麦克斯韦方程组,电磁波是依靠横向电场 $\vec{E}$ 和横向磁场 $\vec{B}$ 相互激发向前传播的,并且横向电场 $\vec{E}$ 和横向磁场 $\vec{B}$ 相位相同,它们同时达到最大值,又同时为零,这明显与能量守恒定律相违背。

根据能量守恒定律,在场的任意位置,如果磁场 $\vec{B}$ 达到最大值 B_m 时,电场 $\vec{E}$ 应为零,也就是说,在场的任意位置电场 $\vec{E}$ 和磁场 $\vec{B}$ 的能量密度之和应为常量,并满足

$$B^2/\mu_0 + \varepsilon_0 E^2 = B_m^2/\mu_0 = \varepsilon_0 E_m^2 \tag{5.1}$$

那么,满足式(5.1)的电磁场在空间如何传播呢?

麦克斯韦方程认为光速取决于媒质,即

$$\varepsilon_0 \mu_0 = 1/c^2$$

于是式(5.1)等价于 $c^2 B^2 + E^2 = c^2 B_m^2$ \tag{5.2}

又由麦克斯韦方程可知

$$\left. \begin{array}{l} E = E_m \cos(kx - ft + \theta) \\ B = B_m \cos(kx - ft) \end{array} \right\} \tag{5.3}$$

其中,θ 是电场 $\vec{E}$ 和磁场 $\vec{B}$ 的相位差。把式(5.3)代入式(5.2)中,则有

$$E_m^2 \cos^2(kx - ft + \theta) = c^2 B_m^2 - c^2 B_m^2 \cos^2(kx - ft) = c^2 B_m^2 \sin^2(kx - ft) \tag{5.4}$$

也即有

$$\frac{E_m \cos(kx - ft - \theta)}{B_m \sin(kx - ft)} = c \tag{5.5}$$

显然,若要

$$\frac{E_m}{B_m} = c \tag{5.6}$$

其 θ 就必须等于 90°,也就是有

$$E = cBe^{-j\pi/2} = jcB \tag{5.7}$$

这意味着麦克斯韦方程中的磁场 $\vec{B}$ 与电场 $\vec{E}$ 的相位差 θ 不是零,而是 $\pi/2$。相位差为零的电磁波的传统表述的传播规律如图 5.14 所示。图 5.15 则是相位差为 $\pi/2$ 相似原理表述的电磁波的传播规律。

由上述分析可得出一条重要结论:磁场能量由电场能量转换而来,电场能量由磁场能量转换而来;有多少磁场能量产生,就必定有多少电场能量减少;有多少电场磁场能量减少,就必定有多少电场能量产生。从宏观尺度看,光波在自由空间(真空、无物质的空间)传播,其能量密度应保持为常值;磁场 $\vec{B}$ 与电场 $\vec{E}$ 的时间相位差为 $\pi/2$。相似原理告诉我们电磁场传播不可能违背能量守恒定律。所以,从相似原理的角度看:电场与磁场交换能量的频率就是该电磁波的频率。电场与磁场交换能量是原因,电磁波按某一频率传播是现象和结果。而电场与磁场交换能量的频率必然取决于被传播粒子的质量和传播的媒质。

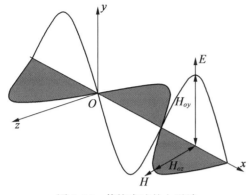

图 5.14 传统表述的电磁波

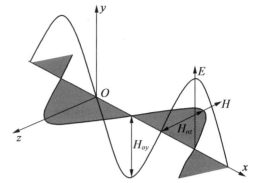

图 5.15 相似原理表述的电磁波

5.12 宇宙膨胀的不同解释

目前普遍认为,宇宙膨胀来源于宇宙大爆炸。如果真的如此,必然导致观测同一星体发出不同波长光波时的红移值均应相等,因为无法想象同一星体以不同的速度离我们而去,不幸的是目前发现同一星体发出不同波长光波时的红移值并不相等,这种矛盾使人们难以接受宇宙均匀膨胀并可能源于宇宙大爆炸的描述,宇宙膨胀可能另有原因。

美国著名天文学家哈勃根据星系普遍存在红移现象,曾于1929年指出星系红移与退行速度成正比,并由此得出整个宇宙处在不断地膨胀之中,这一结论被看作是一个伟大的发现。然而,类星体红移速度不一致的发现动摇了哈勃的速度红移理论。人们发现,同一类星体有不相同的红移谱线,这明显与速度红移理论相矛盾,因为同一个类星体不可能以几种不同速度远离我们而去。另外,有些类星体的红移量相当大,用哈勃红移理论解释,这些类星体应处在极遥远的地方,且有几乎趋近光速的退行速度。这也许说明星系红移是不能完全用多普勒效应来解释,应该还有其他原因影响波长的红移,但到目前为止,还没有看到令人信服的物理机制对星系红移现象做出圆满说明,星系红移现象向物理学提出了新的挑战。

那么如何审视宇宙膨胀和宇宙大爆炸呢,也许你可以提出你的看法。

事实上,在清澈的夜晚,地球上看到月亮和那些最亮的星星可能只是金星、火星、木星和土星这几颗太阳的行星,它们在空中的位置每天都在变化,因为它们离地球很近,而且它们都不是地球的同步卫星。那些数目巨大的类似太阳的恒星,它们离地球遥远,因此无论地球如何运动,地球相对那颗恒星的距离几乎不会改变,以至于人们一直认为它们在空中的位置是可以完全固定不变的,于是这些星星经常被人们用于精确的环球导航。

1924年,美国天文学家哈勃第一个证明宇宙中有许多其他的星系,这些星系之间相距遥远,以致我们只能看到它们形如一个极小的光点,看不清它们的大小和形状。现在我们知道,我们所在的星系只是用现代望远镜可以看到的数千亿个星系中的一个,每个星系本身又都包含有数千亿颗恒星。我们生活在银河系,一个宽约为10多万光年并慢慢旋转着的星系中,在它的螺旋体上的恒星绕着它的中心公转一圈大约需几亿年。太阳只不过是其中一颗平常的、平均大小的、黄色的恒星,它靠近螺旋体外侧的边缘。可以想象,在我们看到的那个遥远的极小的光点中的某个无法看到的位置上,如果有人用现代望远镜看我们地球,也有同样的情景,地球、太阳以及整个银河系形如那个极小的光点。那个极小的光点可能是数千亿颗恒星在遥远时空的表象。

利用牛顿三棱镜,可将照射在三棱镜上的太阳光分解成为像彩虹一样的分色光。将望远镜聚焦在一个单独的恒星或星系上,可观察到从恒星或星系来的不同的光谱,不同颜色光谱的相对亮度总是等价或相似于地球上灼热物体发出的光谱。这意味着可以从恒星的光谱得知它的温度。并且,我们发现,地球上每一种化学元素都有非常独特的吸收光谱族线的特征,将它们和恒星光谱进行比较,就可以准确地确定恒星大气中存在的元素,这是相似原理的一个天文应用。

19世纪20年代,天文学家开始观察其他星系中的恒星光谱时,发现所有的恒星正在离我们而去,离我们越远的恒星,离去得越快,它们的光谱向红端移动(红移);而如果恒星趋近我们而来的话,光谱则应当蓝移。这称为多普勒效应的频率和速度的关系,也是人们日常所熟悉的,例如,人们听路上来往汽车的声音:当汽车开过来时,它的发动机的音调变高(相当于声波的频率变高);当它离开我们而去时,它的音调变低。光波或无线电波的行为与声波相似。警察可以利用多普勒效应,通过比较无线电波脉冲从车体反射回来的频率变化来测量车速。因此,也可以利用多普勒效应在地球上测量诸恒星或星系的天文学距离和估算速度。

1965年,美国新泽西州贝尔电话实验室的阿诺·彭齐亚斯和罗伯特·威尔逊检测到意外的辐射噪声。不管探测器朝什么方向,不论白天、夜晚,这意外的噪声都是一样的,所以它必须来自大气层外,甚至与地球自转和绕太阳公转无关。这表明,辐射必须来自太阳系以外,甚至星系之外,否则当地球的运动使探测器指向不同方向时,噪声必然变化。

1992年,宇宙背景探险者飞船COBE,首次检测到宇宙不同方向微波辐射的变化幅度大约为十万分之一。

关于宇宙在任何方向看起来都一样的所有证据似乎暗示,我们所在宇宙的位置有点特殊。特别是,如果我们看到所有其他的星系都远离我们而去,似乎我们必须在宇宙的中心。但是今天的地球人,断然不敢像亚里士多德那样宣称我们处于宇宙的中心。另外一种解释是弗利德曼提出的:从任何其他星系上看宇宙,在任何方向上也都一样。这种情形很像一个画上好多斑点的气球被逐渐吹大。当气球膨胀时,任何两个斑点之间的距离都加大,但是没有一个斑点可认为是膨胀的中心,并且斑点相离得越远,则它们互相离开得越快。这相似于任何两个星系互相离开的速度和它们之间的距离成正比。哈勃所发现,星系的红移应与离开我们的距离成正比。

看来用星系的红移来推断宇宙的膨胀,用宇宙的膨胀来推断宇宙的爆炸和塌缩是人类通过有限的观察而大胆思维的抽象事物。这就是人类建立宇宙定律的特点,精确的观察数据总是迟迟到来。

宇宙膨胀的发现被认为是20世纪最伟大和智慧的发现之一,它告诉我们宇宙是动态的。

为了让宇宙的自然事物以不同的面貌展现,我们不妨用相似原理来分析宇宙膨胀的前述疑点,并得出如下不同的解释:

(1)星体发光从宏观看,是星体与宇宙背景交换能量的过程,宇宙具有按最小能量分布的趋势,也即宇宙星体通过发光与背景交换能量,并使宇宙背景趋于均衡。因此宇宙是动态的,这也许是能量守恒定律在宇宙范围的相似表现。

(2)两个不发光物体之间的引力符合牛顿万有引力定律,不会发生红移现象,就像在地球观察金星、火星、木星和土星等太阳的行星。

（3）两颗发光恒星或两个星系之间,由于发光,使两个发光物体不断失去它们的质量,所以两个发光物体之间的万有引力会随着它们质量的减小,变得越来越小,并导致两者背道而驰,并产生普遍的无处不在的红移现象和膨胀现象。

（4）由于两者质量的乘积正好与两者距离的平方对应,于是任何两个发光星系互相离开的速度必须和它们之间的距离成正比,星系的红移应与离开的距离成正比,这与哈勃的发现相一致。

（5）从哈勃望远镜观察的同一类星体有不相同的红移谱线,是因为同一类星体是由包含数千亿颗恒星构成的类星体,这些恒星正在以自己的方式通过发光与背景交换能量,所以应该观察到它们不相同的红移谱线。

（6）此外,地球与太阳之间以及太阳与诸行星之间万有引力将随着太阳质量的减小而逐年减小,这不仅导致地球与太阳之间距离的变大,还会导致地球和太阳的自转速度的下降。太阳诸行星之间也具有相似的效应,甚至在微观粒子之间都不可忽略失去光子产生的红移效应。

5.13　宏观与微观的相似关系

自然事物在空间和时间中发展与演化的过程极其复杂、丰富、漫长,几乎不存在孤立的自然事物,自然事物之间的互相影响使自然事物在空间和时间中发展与演化的过程变得更复杂和丰富。如果可以把相似原理看成自然事物发展与演化过程的高维的因果关系,那么必然有以下限制：

在宏观世界不能发生的自然事物在微观世界也不能发生;在微观世界不能发生的自然事物在宏观世界也不能发生;反之,在宏观世界发生的自然事物,在微观世界必然存在与之相似的自然事物。

没有必要因上述限制而感到悲观,应该清楚,相似原理的上述限制,提供了观察自然事物的一种方法。

5.13.1　太阳诸行星的离散轨道

宏观自然事物是由微观自然事物发展与演化而来的,其间留下了相似的痕迹和因果关系,自然事物在空间与时间尺度上发生巨大的变化。目前,人类可以观察的时空尺度的差别已高达 10^{50},甚至更大,在如此巨大的时空尺度差别下,宏观与微观的相似关系仍然表现得如此充分,例如氢原子和它的电子构成的微观系统与地球和月亮构成的宏观系统,都服从著名的牛顿万有引力公式,即

$$F = G\frac{m_g M_g}{r^2}$$

如此看来太阳和它的行星们,应该与原子和它的电子们相似,拥有独特的量子化轨道。

事实上,太阳与它的行星相似地服从离散运动轨道,即提丢斯 – 波得定律(Titius – Bode law):

$$l_n = (0.4 + 0.3 \times 2^{n-2}) \text{AU}$$

式中,l_n 是各行星到太阳的平均距离,一个天文距离 $\text{AU} = 1.496 \times 10^8 \text{km}$;$n$ 是各行星离太阳由近及远的次序($n = -\infty$ 水星,$n = 2$ 金星,$n = 3$ 地球,$n = 4$ 火星,$n = 5$ 小行星带,$n = 6$ 木星,$n = 7$ 土星,$n = 8$ 天王星,$n = 9$ 海王星,其中,水星是表达特例)。如此以地球为基准,可计算出地球到太阳的平均距离为一个天文距离 $\text{AU} = 1.496 \times 10^8 \text{km}$。相应推算和实测的对比结果如下:

水星 0.4(推算)/0.39(实测),金星 0.7/0.72,地球 1.0/1.0,火星 1.6/1.52,小行星带 2.8/2.9,木星 5.2/5.20,土星 10.0/9.54,天王星 19.6/19.18,海王星 38.8(推算)/30.06(实测),可以看出吻合得相当好。

根据太阳质量为 $1.989 \times 10^{30} \text{kg}$ 的近似数据,中国学者阎坤在"天体运行轨道的背景介质理论导引"一文中导出太阳诸行星离散轨道表达式。

(1)太阳诸行星离散轨道方程为

$$l_n = 0.097\,5n^2 \text{AU}$$

考虑诸行星的影响增加一个相对 1% 波动分量后方程为

$$l_n = (0.097\,5 \pm 0.001)n^2 \text{AU}$$

$$\text{AU} = 1.496 \times 10^8 \text{ km}$$

但是该公式计算结果与实测数据相差较大。

(2)地球卫星运行的离散轨道。

根据地球质量为 $5.976 \times 10^{24} \text{kg}$,得地球卫星离散轨道方程为

$$l_n = 6.65 \times 10^3 n^2 \text{ km}$$

(3)绕月天体运行的离散轨道。

根据月球质量为 $7.350\,6 \times 10^{22} \text{kg}$,得绕月天体运行的离散轨道方程为

$$l_n = 465n^2 \text{ km}$$

其实从离散数据找到经验公式的方法非常多。原则上符合观察数据的,能够表达太阳与其行星之间关系的、使之具有相似精确度的经验公式有很多。用插值、拟合等方法获得的几个经验公式其相似情况如图 5.16 所示。

$$l_n = (0.4 + 0.3 \times 2^{n-2}) \text{AU} \tag{5.8}$$

$$l_n = 0.020\,526\,9 \times n \times e^{0.549\,454n} \text{AU} \tag{5.9}$$

$$l_n = (0.119\,545 \times n^3 - 0.997\,359 \times n^2 + 2.844\,048 \times n - 1.700\,476) \text{AU} \tag{5.10}$$

但没有理由认为其中哪个经验公式更合理,在这种情况下,人们通常总是把它们的简单性、优美性作为选择的标准。

人类心理驱使我们选择某一公式,常常是因为它比其他公式更简单,一方面是人类心智的脆弱,将排斥任何表达更复杂的实验定律;另一方面是人类坚信自然事物的相似发展演化必然遵循由小至大、由简及繁的连续变化过程,即使变化具有周期性和突发性,自然事物发展演化的规律也必然符合相似的简单性。

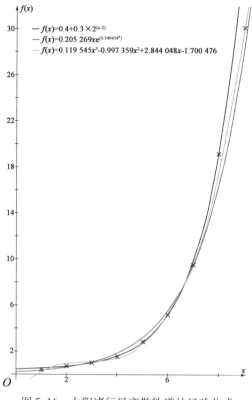

图 5.16　太阳诸行星离散轨道的经验公式

随着人类观察自然事物的深度、广度、精度的提高,可以肯定,将简单性、优美性用于定律、公式的唯一判据的时代已不复存在。越来越多的复杂模型被提出,人类在自然事物的复杂性面前,同样表现出心智的脆弱和无所适从。

不得不指出:应该将简单性、优美性和相似性共同作为选择的标准,因为相似是最普遍的自然现象,它是人们判别抽象事物准确性的工具(详见 2.31 节:相似原理判别法则)。

由此人们乐于选择最具简单性和优美性的公式(5.8),因为公式(5.8)与我们普遍认可的物理学量子离散轨道公式几乎完全相似,尽管公式 $l_n = (0.4 + 0.3 \times 2^{n-2})$ AU 仍不能精确描述太阳与它的行星之间关系。因为我们清楚,微观量子空间中原子与其众多电子之间的相对空间距离远远比太阳与它的行星之间空旷得多;电子的质量与原子的质量之比是如此微不足道。而这些关系,太阳与它的行星之间要弱得多得多,更何况太阳的行星质量参差不齐,电子却拥有一致的质量。这些差别是影响太阳行星离散轨道的原因之一。那么为什么即使如此,它们的离散轨道还具有如此相似的形式?

哲学家马赫认为:"整个科学的目的在于用尽可能简短的智力操作代替经验。"今天,这一看法仍然是对的。

5.13.2　高分子与星系的相似性

高分子是由单体分子单元连接而成的长链分子,根据单体分子单元连接方式的不同,高分子链可表现出不同的形态。线性高分子、环状高分子、支化高分子、梳形高分子、星形高分子、梯形高分子形态如图 5.17 所示。根据相似原理,用物理的方法是可以改变分子形态的,例如,大豆环状高分子(纤维)通过物理方法可以打开环状高分子成线形高分子,并可以拉丝织布。

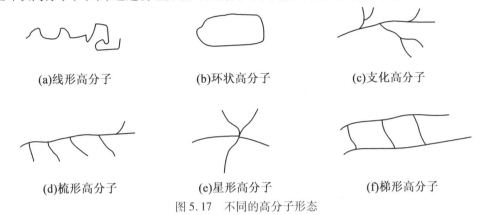

(a)线形高分子　　(b)环状高分子　　(c)支化高分子

(d)梳形高分子　　(e)星形高分子　　(f)梯形高分子

图 5.17　不同的高分子形态

由宏观与微观的相似关系,可以观察到宇宙中的星云也具有相似的各种形态。事实上对人类观察微观、宏观、宇宙三类大空间跨度自然事物而言,观察的难易程度和重要性是不同的。人类身处宏观世界,因此观察宏观世界最容易和最具重要性。下面来欣赏几幅美国宇航局"哈勃太空望远镜"公开的宇宙中的星云图片。

在蛇夫座内可看到一条蜿蜒的暗带,称为"蛇形星云",如图 5.18 所示,又名为巴那德72 号天体,是众多由分子气体和星际尘埃组成的黯黑吸收星云之一。它主要由碳元素组成的星际尘埃颗粒组成并吸收了大部分的可见星光再以红外波段辐射形成星云。像蛇形星云这样的分子云是新生恒星可能诞生的地方。蛇形星云距离地球 650 光年,在天空占据了相当于满月那么大的地方。

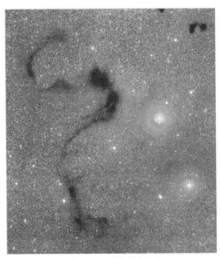

图 5.18　蛇形星云

图 5.19 是名为天籁之桥(UGC 8335)的两个螺旋星系,正在形成复合。UGC 8335 位于大熊星座内,距离地球大约 4 亿光年。

图 5.20 中"VV 705"或"马卡林 848"(Markarian 848)是由两个看似拥抱在一起的星系构成的。两个由气体和恒星构成的长而弯曲的手臂从中心区域伸出,每个都有核心。一条以顺时针方向弯曲的手臂伸向此图的顶部,形成了 U 形弯,并与另一条从下面以逆时针方向弯曲的手臂交错在一起。两个核心之间的距离为 1.6 万光年,两个星系正在合并中。"马卡

林848"位于牧夫星座内,距离地球大约5.5亿光年远。

图5.19　天籁之桥

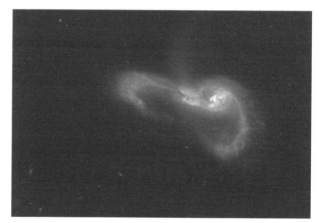

图5.20　相拥星系

　　图5.21是美国宇航局哈勃太空望远镜拍到图片,显示了距离人马座超过4.5亿光年的星系团 Abell S0740 里的各类星系。巨型椭圆星系 ESO 325 - G004 位于该星系团中心。该星系的质量大约是太阳的 1 000 亿倍。哈勃太空望远镜(图5.22)观测到数千个围绕 ESO 325 - G004运行的球状恒星簇。位于该星系远处的呈现点状,并发出昏暗的光。其他模糊的椭圆星系看起来也是一个点。这些星系里的星光主要分布在盘上和螺旋臂上。哈勃太空望远镜为人类观测宇宙和了解宇宙做出了巨大贡献。

图5.21　星系团 Abell S0740

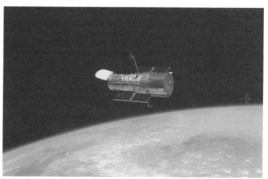

图5.22　宇航员拍到的哈勃

第6章 相似原理的特殊应用

本章选择令人关注又悬而未决的事物和可能导致普遍应用的有趣话题，利用相似原理思辨的方法，通过思维实验和分析，对光的性质、万有引力、细胞分裂和遗传密码、非确定性事物的逻辑相似问题，神经元并行计算机语言等"棘手"的问题进行自由地探讨，并介绍其应用。

6.1　光速传播过程的测量和新的思考

目前，并不完全掌握观察微观世界的能力，能够看到的还只是微观粒子的宏观行为，幸好一个光子的行为永远是微不足道的。光的传播过程是一大群光子（粒子）在微观尺度下"递推"和"同步波动"。光子的传播相当于在自由空间做"简谐运动"，并不消耗能量，光子有相同的频率ν，相同的传播速度c，与光的强度无关，光在真空或均匀介质传播过程中，大量光子（粒子）的平均能量不变。可以构思以下实验来说明光传播的这种方式和速度。

取 1 000 m 长的光纤，如图 6.1 所示，用来测量光脉冲在无光子的介质中传输和在充满光子的介质中传播。光纤输入端有光学传感器 1，用于测量输入光脉冲信号 u_i；光纤输出端有光学传感器 2，用于测量输出光脉冲信号 u_o。由于光的传播需要时间，在两种假设情况下，光脉冲输入信号 u_i 和输出信号 u_o 在同一台示波器上的时间相位差 Δt 可以被精确观察和测量。

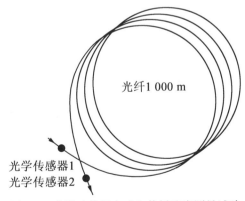

图 6.1　光脉冲传播方式和传播速度测量试验

（1）假设（a），1 000 m 长的光纤传输介质中无光子，光脉冲信号 u_i 的传播距离 $x = 1\ 000$ m，也即光子传播距离 $x = 1\ 000$ m，必然产生 3.3 μs 额外延时。该延时可以在示波器中被观察到。即使只传输 1 个光脉冲信号（光子的宏观行为），产生的额外延时也是 $1\ 000/(3.0 \times 10^8)$ μs = 3.3 μs。如果连续发出间隔时间 ΔT 大于 3.3 μs 的多个光脉冲信号 u_i，在示波器中观察到的结果应该是:光子传播每个脉冲都产生了3.3 μs额外延时,如图6.2(a)所示。如果连续发出间隔时间小于3.3 μs的多个光脉冲信号u_i,在示波器中观察到的结果将发生变化,因为传播第二个脉冲时,第一个脉冲还没有到达输出端(在3.3 μs额外延时之内),因此,光纤传输介质中必然充满光子,光子按"递推"前进,光脉冲信号u_i的增量(也可以是幅值$u_i + \Delta u$)的传播距离只有一个光子尺寸$x = \Delta x$,需要的时间将趋于零,如图6.2(b)所示,输出u_i的脉冲信号的数量将由于"合并"而减少。

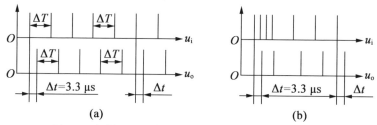

图6.2　假设(a)光脉冲在无光子的介质中传输时的波形

(2)假设(b),1 000 m长的光纤传输介质中充满光子,光子按"递推"前进,光脉冲信号u_i的光子按"递推"前进需要的时间为光速c。那么,不论连续发出间隔时间ΔT大于3.3 μs还是小于3.3 μs的多个光脉冲信号u_i传输到输出端的延时效应必然均为3.3 μs,如图6.3所示。

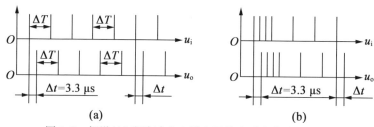

图6.3　假设(b)光脉冲在充满光子的介质中传输时的波形

(3)如果假设(b)成立,说明太空自由空间充满光子,光子按"递推"前进,自由空间光子的密度决定了光传播的速度c的数值,而与观察坐标系无关。并且自由空间光子的密度必然是大于饱和密度的,否则光传播的速度会变慢。

(4)如果假设(b)成立,说明如果向太空发出一束单向激光,会因为单向激光快速离我们而去,而使我们无法看到它(除非我们看到它的反射镜像)。单向激光的能量并不能改变自由空间光子的密度,因为这个密度早已超过了饱和密度。

(5)如果假设(b)成立,光子的传播与电流在导体中"流动"的情况相似,电流的传播速度是光速,因为导体中始终充满着足够(饱和)的"电子"。

(6)如果假设(b)成立,光子的传播与宏观粒子的传播看似区别巨大,但本质相似。例如,水开始从管子的一端流向另一端需要时间,水流所用时间与管子的长度和水流的动能有关。然而当水恒定地从管子的一端流向另一端,并充满管子以后,水流的速度就与管子的长度无关,只是流量与时间有关;向注满水的管子的一端突然注入的水增量,另一端将几乎同时可以检测到这突然注入水的增量,而不再需要与管子的长度有关的时间。与之相似,饱和水流的速度也可以达到光速,也就是说,理论上任何物体都可能达到光速。

(7)与之相似的"作用力"在刚体中的传播速度也是光速。如果上述抽象事物与物理事物的现象一致,不妨进一步假设,万有引力的传播速度也是光速。如果进一步抽象事物与物理现象仍然一致,就不必赋予光速特殊的含义了。

(8)如果宇宙的自由空间充满光子的话,从任何方向观察或估测不同坐标系中的光的传播的速度,就理所当然都应该是常数 c。

(9)所谓的光就是一族光子密度极高的粒子流,并且它们的存在和消失根本无法改变宇宙自由空间中充满的光子。因为当前和过去 135 亿年以来,宇宙的自由空间早已经充满了饱和光子。

(10)在光子的饱和自由空间,每一个光子之间的距离 $S_c \leqslant 3.0 \times 10^8$ m。在充满光子的饱和自由空间,光子以光速传播,S_c 是光子在自由空间的饱和距离。因此光子的饱和自由空间实际上是相当"空旷"的。

(11)在自由空间,粒子的极限运动速度越大,粒子的饱和距离就可以越大。电子无法在自由空间传播,是因为电子的质量太大(光子静止质量小于 7×10^{-22} MeV,电子静止质量为 0.511 003 MeV),电子在良导体中传播的饱和距离 $S_c \leqslant 2.997\ 942\ 5 \times 10^8$ m,简记为 3.0×10^8 m。

(12)光子是目前观察到的最稳定且质量最小的粒子,所以它的特性也最特殊。光子在自由空间的饱和距离最大是 $S_c \leqslant 3.0 \times 10^8$ m。在数量上,一个光子的能量应等于一个电子跃迁的能量变化值 Δe。

(13)光子具有能量,光子就能传递力,光子传递力的速度是光速($c = 3.0 \times 10^8$ m/s),而且光子传递力是以饱和距离来"递推"传递的。但是由于光子的质量太小,所以一个光子传递力在量值上非常小,且为长程作用力。

6.2　粒子的全同性是相似原理的必然结果

从相似原理看,越是低层的事物,就越基本、越相似,相似的极限是相同(全同)。迄今大量关于微观粒子实验结果表明,全同性是微观粒子的普遍特性。不同种类的粒子分别具有各自的内在属性,这些属性不随粒子产生的来源和运动状态变化,其一切内在属性可以作为判断和区分粒子种类的依据。属于同一种类的粒子的内在属性必然完全相同,它们互相之间的相似达到不可分辨的程度。基本粒子的相似性达到相似的极限,即为全同性。粒子的全同性是相似原理的必然结果。

6.3　相似原理中微观世界的极限

微观粒子与宇宙天体是几何尺寸下两类事物的极端。即使存在 10^{35} 倍如此巨大尺寸差异,微观粒子与宇宙天体之间仍然存在相似之处。

星球之间的碰撞,可以互相打碎其结构。这种打碎结构的碰撞,只要能量足够大,在理论上不存在极限。但是在微观世界,打碎后形成的新结构的种类必然非常有限。因为从相似原理的层次讲,物质结构打碎后形成的新结构,其体积必然越来越小、质量越来越小、种类越来越少、稳定性越来越好。因为,相对不变的粒子必然是更基本的粒子,越稳定的粒子越基本,例如光子、电子、正电子、中微子、质子、反质子、中子、反中子。其中光子是质量最小、最稳定的基本粒子。根据相似原理的上述逻辑,必将导致物质结构存在有限的层次性和有限的可分性的结果。物质的本质属性是:最低层次的粒子在物理上无法用其他粒子或同类粒子的力量分割其自身,也许光子的情况就是如此。这也许是相似原理中微观世界的极限。

由于光子是最稳定的基本粒子。如果用大量的最稳定的光子撞击任何其他粒子,从相似原理的角度讲,是最有可能获得可分辨的期望结果的方法。特别是光子具有真空极限运动速度,可以提高光波的频率和密度来弥补它质量小的弱点。

地球表面温度为 6 000 K,已是罕见高温,但还不到 1 eV(1 eV = 11 604.448 K),太阳表面 20 000 000 K,也不过 1.723 keV,与微观粒子世界中的温度比都是低温。欧洲粒子实验中心的粒子加速器的局部温度高达 140 MeV,相当于 1.625 万亿 K,是太阳中心温度的 8 万倍以上。粒子加速器是目前人类观察和研究微观粒子世界的基本分析手段。也许相似原理可以为进一步打开微观粒子世界的秘密提供启发。

6.4　相似原理的量子化表达

相似原理的增量表达与量子化是一致的,它可以反映出离散与连续的一致性。大尺度的宇宙系统与微观的粒子系统是相似的(因为它们都非常基本和原始)。与粒子系统相似,星球之间也存在泡利不相容。微观粒子取各自的运动轨道,星球也只能运行于各自的轨道。但是在微观世界,轨道的"量子数"只能取 $n = 1, 2, 3, 4$ ……非常有限的几个正整数。在宏观的宇宙中,星球运动轨道的"量子数"的取值范围非常大,甚至可以连续取值。原因是,虽然宇宙与微观粒子系统都非常基本和原始,但是微观粒子系统是更为底层和基本的事物。越是基本的事物越相似,这是相似原理揭示的自然规律之一。

电子的运动状态服从 Schrodinger E 方程,即

$$\frac{\partial^2 \psi}{\partial x^2} + \frac{\partial^2 \psi}{\partial y^2} + \frac{\partial^2 \psi}{\partial z^2} = -\frac{8\pi^2 m}{h^2}(E - V)\psi$$

二阶偏微分方程 ψ 是描述电子(或特定微观粒子)运动方程的波函数,即电子在核外空间运动状态的数学表达式,它是空间坐标的函数。若空间坐标确定,波函数的数值也就确定,其中 h 是 Planck 常数。

波函数可以写成基于相似原理的量子化(增量)表达式,并反映出离散与连续的一致性。由于微观原子核具有球形对称的库仑场,可采用球坐标 $\psi(r, \theta, \varphi)$。

假设粒子轨道为圆形轨道,$\varphi = \omega t$,ω 是某粒子圆形轨道的角速度,如图 6.4 所示。轨道的空间取向(粒子的角动量方向)由 ω 的方向决定,相当于传统的磁量子数 m。

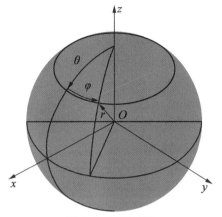

图 6.4　量子轨道

$$x = r\sin\theta\cos\varphi = r\sin\theta\cos\omega t$$

$$y = r\sin\theta\sin\varphi = r\sin\theta\sin\omega t$$

$$z = r\cos\theta$$

$$r = \sqrt{x^2 + y^2 + z^2}$$

$$t \in [t_0, t_1]$$

时间函数 $x(t)$、$y(t)$、$z(t)$ 的时间起点必须对齐。

r 是粒子的轨道角动量量子数,取值 $0,1,2,3,4,\cdots,(n-1)$。

代入波函数 Schrodinger E 方程为

$$\frac{1}{r^2}\frac{\partial}{\partial r}\left(r^2\frac{\partial\varphi}{\partial r}\right) + \frac{1}{r^2\sin\theta}\frac{\partial}{\partial\theta}\left(\sin\theta\frac{\partial\varphi}{\partial r}\right) + \frac{1}{r^2\sin^2\theta}\frac{\partial^2\varphi}{\partial\varphi^2} + \frac{8\pi^2 m}{h^2}(E-V)\varphi = 0$$

只要 r,θ,ω 的方向确定,上述方程的定解条件(或单值性条件)给定的情况下,可以用 3 个增量运动随时间变化的增量坐标:$x_{\varphi_j}(i_x)$,$y_{\varphi_j}(i_y)$,$z_{\varphi_j}(i_z)$ 来表示位函数 $\varphi(x,y,z) = \varphi_j$ ($\varphi_{\min} \leqslant \varphi_j \leqslant \varphi_{\max}$,$j = 1,2,\cdots,n$,$i = 1,2,\cdots$)的空间分布,即 n 个粒子的量子轨迹(相当于等位线)在时间 $t_0 \sim t_1$ 的空间分布,且增量运动表示的粒子轨迹(等位线)很容易得到其量子轨迹与连续轨迹的相似体。

6.5　万有引力定律和库仑定律的相似性

1686 年,牛顿在开普勒三定律基础上提出著名的万有引力定律,其数学表达式为

$$F = G\frac{m_1 m_2}{r^2}$$

此反平方定律可导出另一重要结论:密度均匀的球壳,对其内部质点的引力为零。

1755 年,美国物理学家富兰克林发现绝缘架上带电的银质桶的内表面不存在电荷,且桶内中心用丝线吊起的软木球也不受电的吸引。大约 10 年后,富兰克林将此现象写信告诉了他的朋友普利斯特里。1767 年,英格兰化学家约瑟夫. 普利斯特里核实了富兰克林的试验,并认为富兰克林的软木球放在很深的金属桶内时,没有电力作用在这个球上的事实,是与密度均匀的

球壳对其内部质点的引力为零相类似的事实。因此猜想,也许电力也服从反平方规律。

1785 年,在上述试验和推测的启发下,法国物理学家查尔斯·库仑进一步用扭秤对点电荷之间的引力和斥力作了定量的测定,得到库仑定律,其数学表达式为

$$F = k\frac{q_1 q_2}{r^2}$$

万有引力定律和库仑定律在形式上极其相似,这种形式上的相似决定了万有引力和库仑力具有一系列相似的性质。

表 6.1 是对万有引力和库仑力在形式和特点上的比较。

表 6.1　万有引力和库仑力的比较

关系	表达式	特点
万有引力与质量的关系式	$F_w = -G \times m_1 m_2 / r^2$ $G = 6.675\ 9 \times 10^{-11}\ N \cdot m^2 / kg^2$	平方反比力,适用于质点,长程作用力,是吸引力
库仑力与电荷的关系式	$F_q = K_e \times q_1 q_2 / r^2$ $K_e = 1/(4\pi\varepsilon_0) = 8.987\ 552 \times 10^9 N \cdot m^2 \cdot c^{-2}$	平方反比力,适用于点电荷,长程作用力。同号电荷相互吸引,异号电荷相互排斥
万有引力是有心力	在惯性参照系中受万有引力作用的运动质点对力心的角动量守恒。质点始终在通过力心的某个平面中运动,并且由力心作出的空间矢量在相等的时间内扫过相等的面积	密度均匀的球壳对球外质点的引力犹如它的所有质量都集中在它的球心时的引力;而对球壳内的质点的引力为零 万有引力具有球心等价属性
库仑力是有心力	在惯性参照系中,受库仑力作用的运动电荷对力心的角动量守恒。或电荷始终在通过力心的某个平面中运动,并且由力心作出的空间矢量在相等的时间内扫过相等的面积	电荷均匀分布的球壳形的带电体,对球壳外点电荷的库仑力犹如它的所有电荷量都集中在它的球心时的库仑力,而对球壳内点电荷的库仑力为零 库仑力具有球心等价属性
引力场的强度	$g = F/m$	构成引力场的是暂定的"引力子"
电磁场的强度	$E = F/q$	构成电磁场的基本粒子是光子
质点的引力势能	$\varphi = -G \times M / r$	保守力,做功与运动路径无关
点电荷的电势能	$U = K_e Q / r$	保守力,做功与运动路径无关
引力场的强弱	$g = G m / r^2$	引力线的疏密来描述
电场的强弱	$E = K_e \times q / r^2$	磁力线的疏密来描述
结论	万有引力与库仑力在形式上和特点上极其相似	

由于万有引力与库仑力在形式上和特点上极其相似,可根据相似原理的性质来推测万有引力与库仑力的相似等价性。

6.5.1　电荷平衡物体的宏观质量与微观电荷总量的关系

物质是由质子、中子、电子等基本粒子组成,质子带有一个单位的正电荷,电子带有一个单位的负电荷,中子不带有电荷,而且电荷平衡物体所含有的质子数恒等于所含的电子数。对于电荷平衡的物体,其宏观质量与微观电荷的总量可以通过阿伏伽德罗常数联系起来。

原子核的摩尔质量为 M_m，阿伏伽德罗常数用 N_0 表示，则 N_0/M_m 是单位质量电荷平衡的物体所含的原子核数量。于是质量为 M_1 的电荷平衡的物体所含有的原子核总数量是 M_1N_0/M_m，由于每个原子核都带有一个单位数值为 e 的正负电荷，所以，质量为 M_1 电荷平衡物体带有总的正、负电荷为

$$q_1 = \pm (M_1N_0/M_m)\ M_m \times \Delta e = \pm M_1N_0\Delta e$$

同理，质量为 M_2 电荷平衡物体带有总的正、负电荷为

$$q_2 = \pm (M_2N_0/M_m)\ M_m \times \Delta e = \pm M_2N_0\Delta e$$

式中，阿伏伽德罗常数 $N_0 = 6.022\ 045 \times 10^{23}$（摩尔质量单位取 g/mol 时）；$M_1$ 和 M_1 的单位是 g。

单位电荷：$\qquad\qquad \Delta e = e = 1.602\ 189\ 2 \times 10^{-19} C$

6.5.2 基于相似原理的推测

根据相似原理，在自由空间中，物体自发趋向于能量最小分布。因此，任何物体都自发趋向于对外呈电荷平衡的状态，因为电荷平衡状态下，无论微观还是宏观，物体都呈现为能量最小状态分布。任何相对稳定的物体，它的正负电荷必然是平衡的。因为电荷平衡是构成稳定物体的基本条件，例如金属原子、人体和地球。

物体的电荷力对外具有球心等价属性。所以在微观下，任何微观粒子在距原点外达到某半径 r_0 时，即呈现电中性，也即其正负电荷量的代数和趋于零，半径为 r_0 的球面为该物体电中性壳。如果光子是最基本的和最小的基本粒子，那么光子的质量给定了单位点电荷的质量。单位点电荷的能量，也就是电子跃迁轨道能量 Δe。

质量为 M_1 的电荷平衡物体的正负电荷总量相等，分别为：$\pm M_1N_0\Delta e$，其中 N_0 是阿伏伽德罗常数，Δe 是单位电荷量，也就是电子跃迁轨道能量或光子的能量。

质量为 M_2 的电荷平衡物体的正负电荷总量相等，分别为：$\pm M_2N_0\Delta e$，其中 N_0 是阿伏伽德罗常数，Δe 是单位电荷量，也就是电子跃迁轨道能量或光子的能量。

物体的万有引力对外具有球心等价属性，质量为 M_1 与 M_2 的两物体的中心距离为 r，则两物体之间存在的万有引力为

$$F_w = G \times M_1 M_2/r^2$$

物体的电荷力对外具有球心等价属性。所以质量为 M_1 与质量为 M_2 的两物体的中心距离是 r，两物体之间存在的异性电荷库仑力如图 6.5 所示。相似原理解释如下：物体 M_1 和 M_2 各自对外呈电中性（也即电荷平衡），物体 M_1 的正电荷与物体 M_2 的负电荷之间产生库仑力；物体 M_1 的负电荷与物体 M_2 的正电荷之间产生库仑力，两种库仑力均为向心力，其数值为

$$F_q = K_e \times 2(N_0\Delta e)^2 M_1M_2/r^2$$

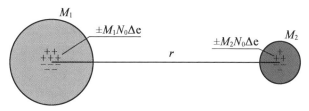

图 6.5 两物体之间的库仑力和万有引力

根据相似原理推测，在自由空间中，两物体之间的万有引力与两物体之间的异性电荷库

仑力等价,成立如下关系:

$$F_w = G \times M_1 M_2 / r^2 = RF_q = R \times K_e \times q_1 q_2 / r^2 = R \times K_e \times 2(N_0 \Delta e)^2 M_1 M_2 \times 10^{-6} / r^2$$

$$G = R \times K_e \times 2(N_0 \Delta e)^2 \times 10^{-6}$$

式中,R 是待定常数。

电荷平衡的物体之间无论相隔距离多远,它们之间仍然存在异性电荷吸引力。当物体的体积相对两者距离很小时,可以根据相似原理,利用万有引力公式来计算它们之间的万有引力或异性电荷库仑吸引力,且两者等价。

构成万有引力场的原因与构成电磁力的原因相同,都是基本粒子——光子来传递的。万有引力的建立时间也是光速 c,因为宇宙自由空间充满了饱和光子。

带电粒子(例如原子和分子)与其他带电粒子(例如原子和分子)之间的作用力,使用库仑力公式既方便又传统。宏观带电物体(非电荷平衡的物体)之间的作用力,使用库仑力公式既方便又传统。宏观远距离物体(电荷平衡的物体,例如星球和天体)之间的作用力,使用万有引力公式比较方便和传统,但与使用异性电荷库仑吸引力两者计算结果等价且一致。

万有引力是电荷平衡的物体之间的异性电荷库仑力的宏观表现形式。像太阳这样的恒星其实不能看成理想的电中性的物体,因为它每时每刻都在放出光芒,它的质量每时每刻都在变化,但是变化量相对不变量微不足道。例如,万有引力常数 $G = 6.6759 \times 10^{-11}$ N·m²/kg²。太阳对地球的万有引力为 3×10^{22} N。地球表面同时受太阳辐射,所受到的总辐射压力约 7×10^8 N,因此太阳光辐射的压力相对万有引力完全可以忽略。

与传统点电荷之间的库仑力计算不同,同号电荷相互吸引,异号电荷相互排斥,必然导致电荷平衡的电中性宏观物体之间的库仑力为零。然而,远距离电荷平衡物体之间的同性电荷库仑力为零,异性电荷库仑力相似或等价于万有引力。原因也许是,万有引力必须通过光子间接传递,且光子相似于极其微小的,仅仅具有单一极性的"负电荷"。

万有引力与库仑力等价性的验证如图 6.6 所示。传统观点认为:电荷平衡的电中性宏观物体之间的库仑力为零。如果能够测得存在力,且随距离的数据变化,就能验证万有引力与库仑力等价性。还可以在 $0.5r$ 处设置电磁屏蔽,进一步验证其等价性。

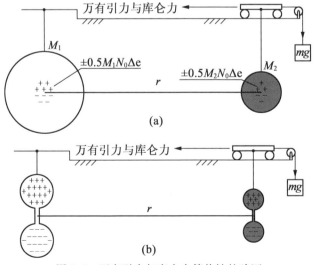

图 6.6 万有引力与库仑力等价性的验证

万有引力与库仑力等价性成立与否,是宇宙中4种力统一的关键。库仑定律包含了万有引力,万有引力是电荷平衡的物体之间的异性电荷库仑力的宏观表现形式。微观粒子(例如原子和分子)之间的作用力,也即微观粒子由于电荷不平衡的平衡过程中表现出来的力,使用库仑力公式更方便。

在微观尺度下,粒子间呈现相互作用表现为核力、电荷力。每一种粒子被其周围其他粒子吸引或排斥,并处于某种运动和变化的动态平衡状态。这种平衡状态必然趋向于核力平衡、电荷平衡,整体按能量最小分布。

在宇宙尺度下,天体间呈现相互作用表现为万有引力。每一个天体被周围其他天体所吸引,并处于某种运动和变化的动态平衡状态。这种平衡状态必然趋向于整体天体按能量最小分布(例如太阳与它的行星们)。

在人观察能力所及的尺度下,观察两个球形永磁体的行为。将两个球形永磁体用细的长线(通过质心处)悬挂起来。只要两球形永磁体之间距离比较远,无论两球形永磁体的质心连线的状态,是面对面极性相同,还是面对面极性相异,还是任意的初始状态,如图6.7(a)、(b)所示。两球形永磁体之间都将持续呈现吸引力,最终形成异性相吸的状态,如图6.7(c)所示。两球形永磁体初始状态极性相同时,两球形永磁体互相吸引的同时,还伴有旋转运动,自动转向两球形永磁体异性极互相吸引的方向,并最终吸到一起。如图6.7(d)所示,8个互相吸引成球形的一组永磁体与4个互相吸引成球形的一组永磁体,将两组球形永磁体用细的长线(在质心处)悬挂起来。只要两组球形永磁体之间距离比较远,无论两组球形永磁体的质心连线的初始状态如何,两组球形永磁体之间都将持续呈现吸引力。值得注意的是,上述吸引力不受铁磁物质或非铁磁物质的屏蔽。

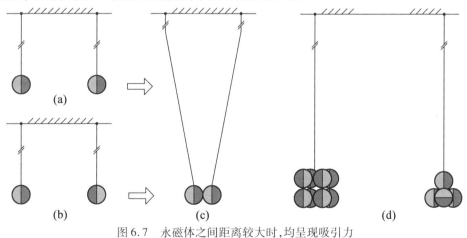

图6.7　永磁体之间距离较大时,均呈现吸引力

上述自然现象与物体之间的万有引力一致,与物体之间的电荷作用力一致,其根本原因是:万有引力和电荷作用力都具有球心等价属性,自由空间中任何物体,无论微观还是宏观都必然按能量最小分布。

6.5.3　待定常数 R 及其物理意义的猜想

电荷力与万有引力的相似关系式为
$$G = 6.675\ 9 \times 10^{-11} = RK_e \times 2(N_0\Delta e)^2 \times 10^{-6}$$

代入具体数值,得

$$G = R \times 8.987\ 552 \times 10^9 \times 2 \times (6.220\ 45 \times 10^{23} \times 1.602\ 189\ 2 \times 10^{-19})^2 \times 10^{-6}$$
$$= 1.785\ 429\ 140\ 73 \times R \times 10^{14}$$

$$R = 6.675\ 9 \times 10^{-11}/1.785\ 429\ 140\ 73 \times 10^{14} = 3.739\ 101\ 064\ 11 \times 10^{-25}$$

可见,电荷力与万有引力的数值相差巨大。

电子质量与光子质量相差巨大,因此两者在自由空间的运动速度也相差巨大。自由空间充满饱和的光子,使光子的运动速度达到光速极限。

电荷力与万有引力是两种量值相差巨大的力,但两者必然存在联系。电荷力是正负两种电荷粒子之间的作用力(非电荷平衡物体),是与距离 r^2 成反比的长程力,而且力的强度很大。万有引力是两个电荷平衡物体之间,由于存在"较远距离",使得两个本来各自电荷平衡物体的电荷再次产生"较远距离"的作用力,该力也是与距离 r^2 成反比的长程力。因为它是两个电荷平衡物体之间的"再次作用力",所以力的强度变小(这与宏观自然事物的普遍现象相似)。原因是:自由空间没有自由电子,所以万有引力必须通过光子间接传递所产生的作用力,而且光子的极性唯一。根据以上相似原理分析,可以推断,库仑作用力(电荷力)必然与电子质量有关,而万有引力必然与光子质量有关,因此,库仑作用力与万有引力之比的相似关系式,必然与光子和电子两者的质量比有关。定义:光子和电子两者的质量比为 M_c/M_e;光子静止质量估计值(目前还不能精确定量)为 $M_c < 7 \times 10^{-22}$ MeV;电子静止质量为 $M_e = 0.511\ 003$ MeV;质量比估计值(目前还不能精确定量)为 $M_c/M_e < 1.369\ 854\ 971\ 5 \times 10^{-21}$。

库仑作用力与万有引力之比的相似关系式,必然与光子与电子两者的质量比有关的相似原理猜想的数学表达为

$$R = M_c/M_e = 3.739\ 101\ 064\ 11 \times 10^{-25}$$

即通过电荷力与万有引力关系式,利用相似原理建立了光子与电子两者的质量关系。

6.5.4　修正后的光子静止质量估计值

根据相似原理猜想的关于光子质量与电子质量的数学关系式,可以进一步获得,修正后的光子静止质量估计值为

$$M_c = 1.910\ 69 \times 10^{-25}\ \text{MeV}$$

这个值比目前光子静止质量估计值($< 7 \times 10^{-22}$ MeV)还要小,该猜想有待实验验证。还可以直接使用修正后的光子静止质量 M_c 代入其他应用中进行间接验证。同时可以期待光子静止质量一旦确定,其结果可能导致微观世界新的分析方法和应用的产生。

6.6　物理定律——相似本质

发现物理规律,其实就是发现相似现象的物理本质或揭示其内在联系。事物本质通常受相似的、简单的规律支配,例如:

(1)1868 年,牛顿发现天体运动与地球上物体的运动受同一规律支配,即万有引力关系式为

$$F_w = GM_1M_2/S^2$$

式中,F_w 为万有引力;M_1、M_2 为两物体的质量;S 为两物体间的距离;G 为万有引力常数,$G = 6.6759 \times 10^{-11}$ N · m^2/kg^2。

(2)两个点电荷间的作用力,与万有引力具有相似性和简单性,其关系式为库仑定律:

$$F_q = KQ_1Q_2/r^2$$

其中,F_q 为库仑力;Q_1、Q_2 为两个点电荷的电量;r 为两点电荷间的距离。

(3)大部分植物花瓣数目的相似性规律:植物的花瓣生长与细胞分裂过程有关,其自相似导致花瓣数目的取值为:$N = N_{i-1} + N_i = 1,2,3,5,8,13,21,34,55,89$ 等。即每一取值为前两个数字的和。例如,喇叭花的花瓣数目为 1,菊花的花瓣数目为 21,34,55,89 等,向日葵的花瓣数目为 34,55 等。当然也有部分植物例外。

(4)质能关系

$$E = mc^2$$

其中,E 为能量;c 为光速,$c = 3.0 \times 10^8$ m/s。

(5)牛顿运动定律

$$F = ma$$

其中,F 为力;m 为物体质量;a 为加速度。

(6)普朗克粒子与波的属性关系式

$$p = mv = h/\lambda$$

其中,p 为动量;m 为质量;v 为速度;h 为普朗克常数;λ 为波长;$h = 6.6 \times 10^{-34}$,$m = m_0/(1 - v^2/c^2)^{1/2}$,$m_0$ 为静止质量。

(7)开普勒行星公转周期与其平均轨道半径的关系:

$$a^3/T^2 = 常数$$

(8)音乐的 7 个音高(阶)与太阳的 7 色光具有相似性,见表 6.2。

表 6.2 音乐的 7 个音高(阶)与太阳的 7 色光具有相似性

音乐的 7 个音高	太阳的 7 色光
机械振动产生声波(1、2、3、4、5、6、7)	电子或光子振动产生光波(红、橙、黄、绿、蓝、靛、紫)
按音调不同划分为 7 个音高	按折射率不同划分为 7 色光
每个音高都是纯音,而非强度不同	每个色光都是单色光,而非强度不同
7 个音高可以组合为和声	7 种单色光可以组合为白光

(9)原子系统与太阳系天体系统的相似性。电子绕原子核公转与自转;太阳系十大行星绕太阳公转与自转;太阳及恒星绕银河系某一未知中心公转与自转。

(10)宇宙的膨胀和分裂与细胞的膨胀和分裂的相似。宇宙快速膨胀并分裂成新的宇宙,与细胞的正常膨胀和分裂也很相似,只是空间和时间的尺度相差巨大。

每个细胞通过不同的方式获得能量必然膨胀,或者说细胞通过不同的方式获得能量后受最小能量分布趋势必然膨胀。细胞向外膨胀将对周围细胞产生影响和作用力,向外膨胀力与向内的反作用力的方向是不均匀的,因此膨胀中必然产生分裂。分裂后的小细胞将以更快的速率膨胀,相似地产生新的细胞分裂。或许分裂是附近细胞的引力和反作用力挤压造成的,膨胀→收缩分裂→膨胀→收缩分裂→膨胀,如图6.8所示。

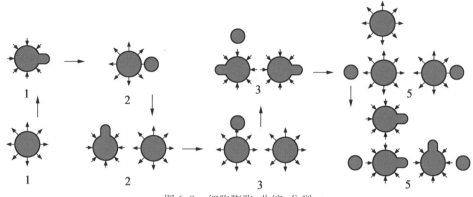

图6.8 细胞膨胀、收缩、分裂

电子绕原子核公转与自转,通过不同的方式获得能量后,受最小能量分布趋势的驱使,外层电子必然争取更大电子轨道空间并产生跃迁。某物体在原子尺度下,内、外各部分均匀一致,正负电子的电荷量几乎相等。因此膨胀受阻,分裂也必然停止。物质通过不同的方式获得能量后,必然产生膨胀和分裂并释放出大量能量。

宇宙膨胀是宇宙中物质与宇宙背景交换能量驱使宇宙中物质重新按最小能量分布所致。宇宙中密度大的空间将向外膨胀,并对周围空间产生挤压的影响,其不均匀导致挤压中的宇宙的分裂,分裂出子宇宙,子宇宙将以更快的速率膨胀,相似地产生新的宇宙分裂。

图6.9是植物细胞分裂、宇宙膨胀和分裂的相似性平面示意图。该示意图还可以画成球状立体3D示意图,此时更接近实际。

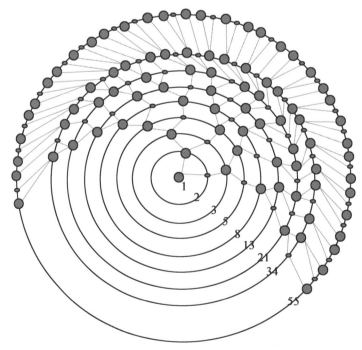

图6.9 植物细胞分裂、宇宙膨胀和分裂的相似性平面示意图

6.7　能量最小分布的相似原理应用

微观物质具有自发地保持最低能量状态的趋势。最终导致宏观物体具有相似的自发地保持最低能量状态的趋势。无论微观物质还是宏观物体都具有自发地保持能量最小分布的趋势。

这类自发进行的相似的物理过程中,能量变化总是导致系统的势能降低。表明一个系统的势能有自然趋小(趋低)的倾向。微观也如此,原子自发地以不同的方式组合成不同的分子。例如,两个氢原子可以形成共享电子,也就是说两个氢原子核连在一起,共同拥有一对电子,这一对电子的共享即构成一条共价键和一个氢分子。氢分子因此具有一个更自然的低能量状态。

在相似的环境中,若每一物体所受的作用力相似,那么这些物体必将趋向能量最小分布。举例如下:

(1)在地球表面环境中,物体受重力场的作用,所有自由物体将按重力加速度 g 下落并到达地球表面,形成能量最小分布。

(2)水盆中的水,在静止情况下保持水平,摇晃水盆,水面起伏,停止摇晃后,在重力场的作用下,水面将迅速趋向水平,并恢复到能量最小分布。

(3)自由空间某物体局部受热,热量将趋向平均或成为等温体,并恢复到能量最小分布。

(4)恒星的光芒必将以球形波的形式向太空传播或扩散,形成能量最小分布。

(5)太阳系的行星们必将趋向能量最小形式分布。这种分布就是目前的行星按各自的轨道分布在几乎一个平面上。

(6)即使是失效的人造卫星,都能找到各自的轨道,达到使太阳系能量最小分布的状态。

(7)在相对不变的化学环境中,只改变影响平衡的一个条件(如浓度、压强、温度),平衡就向能减弱这种改变的方向移动,也即趋向新的平衡并使能量最小分布。

(8)生物体内最普遍的微观运动是趋向能量最小分布的"自然之力"促动的。它并不需要消耗额外能量,是最自然、恰当和高效的。

6.8　自动柔性无源动平衡技术

太阳是一团环绕自转轴高速旋转的灼热气体。可以利用相似原理,将高速旋转气体的概念用于构思出自动柔性无源动平衡技术。

如图 6.10 所示,设刚体以 ω 高速旋转,刚体材料不对称产生动不平衡,同时产生振动和噪声。传统机械动平衡方法很难实现精确的动平衡,特别是当刚体高转速下可能产生微小变形,其动平衡补偿几乎是不可能的。

如果在刚体绕轴的两端分别增加一个密封的环形槽,槽与回转中心保持同心,在槽内放 N 颗直径为 d 的球形滚珠,如图 6.10 所示,即可实现自动平衡。

也可以在刚体绕轴的两端分别增加一个密封的环形凹槽,槽与回转中心保持同心,在槽内放适当的液体,如图6.11所示,即可实现自动平衡。

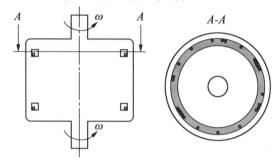

图6.10 高速旋转体自动柔性无源动平衡

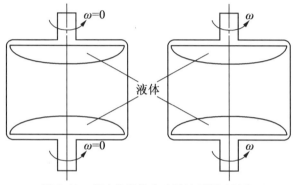

图6.11 高速旋转体自动柔性无源动平衡

根据相似原理,可以判断上述高速旋转体的运动规律如下:

(1)在离心力作用下,N 颗球形滚珠将向回转中心的外沿运动。

(2)在最小能量分布原理的作用下,N 颗球形滚珠将沿环形槽外沿的切线方向运动和分布,趋势是:振动和噪声最小,N 颗球形滚珠分布状态下的能量最小。

(3)N 颗球形滚珠的直径之和应该接近环形槽外沿的周长的 $\frac{1}{2}$,此设计保持动平衡的能力最大。即满足关系

$$Nd \approx 0.5S$$

式中,N 为滚珠数量;d 为滚珠直径;S 为环形槽外沿的周长。

(4)在离心力作用下液体将向回转中心的外沿运动。

(5)在最小能量分布原理的作用下,液体将沿环形凹槽外沿的切线方向运动和分布,其趋势是:振动和噪声最小,液体的表面和密度分布状态使能量最小。

需要注意的是,上述分析中没有计及地球表面重力产生的摩擦力的影响,在地球表面使用还需要附加条件。因此上述自动柔性无源动平衡技术只能在空间应用中才有效。例如,月球表面等外太空的大型储能飞轮装置、巨型空间飞行器等。

6.9 声波与光波

相似是最表面化的自然现象,也是最本质化的自然现象。

声源体的机械振动会引起周围空气振动,空气振动引起周围空气压力波动,人耳可以感受的空气压力的波动称为声波。在开阔空间声波是一种球形波。正弦波是空气压力波动的最简单的波动形式。任何复杂的声波可以理解成由各种不同频率和相位的正弦波叠加而成的复合波。空气、液体水、固体金属等都能够传递声波,并且都是声波的良好传媒。

声波不同于冲击波,声波的前进是相邻空气粒子之间的"递推"接力,单个空气粒子几乎在原地振荡或移动非常有限的距离,空气粒子之间以波动的形式向前传递,也就是说空气粒子并不跟着声波前进。声波是宏观的、质量很大的粒子的递推传播,它的传播速率与空气粒子的密度、种类等有关,并且非常有限。

宏观粒子的质量限制了声波的频率和能量的提高,所以声波几乎无法在真空状态中传播。然而,并非声波无法在真空状态中传播,而是声波在真空中衰减太快。微观粒子的质量极小,电子、中微子、光子这些微观粒子可以在真空自由空间递推前进。其中光子的质量最小,光子传递力是以饱和距离(最大为 $S_c = 3.0 \times 10^8$)来"递推"传递的。宏观粒子传递力的饱和距离几乎是宏观粒子体形本身,所以空间宏观粒子的密度越大,传播声波的能力才能越快。

6.10　动植物获取能量方式的相似性

动物与植物从外界取得能量的方式看似显著不同。动物通过食物的氧化,利用氧化磷酸化获得能量,而植物通过太阳光合作用实现磷酸化取得能量。然而氧化磷酸化和光合磷酸化在分子水平上的机制却是极其相似的。二者都是通过电子在一系列的蛋白质间的传递,造成膜内外两侧电荷的梯度差,然后合成腺三磷。整个生命世界都以合成腺三磷为细胞的各种活动提供能量,动物与植物从外界取得能量的方式在分子水平(层次)是极其相似的。从相似的角度看,不排除可以用人工的方法,介于动物与植物之间的手段直接合成腺三磷生产人工食物。

6.11　相似的层次

自然事物之间的相似具有层次。这种层次是自然事物构成和发展的必然结果。从相似原理看,越是低层的事物,就越基本、越相似,相似的极限可以达到相同(全同)。越是高层事物之间的相似性,就越模糊,相似性随着事物的发展被事物的多样性和丰富性所掩盖,这就是事物相似性的退化现象。因此低层事物的相似性比较容易判别。相似性层次的出现必然具有因果关系,它是事物构成或发展的标志,也可以理解为事物构成或发展的突变的界面。越是低层的事物,相似性层次的界面越清晰、因果关系越简单。

生物、植物的生命周期揭示了事物相似的层次以及相似层次的顺序(详见第 3 章)。无论是有机物还是无机物,其发生的化学反应或物理变化的过程也都可以在不同层次揭示其相似的层次和层次的顺序。

相邻层次的过渡是最值得观察和研究的,因为它可能揭示出事物发展或变化的因果关系。例如,不同生物在 DNA 层次之间的相似性是比较低层的相似,而合成的蛋白质则是更高层次的相似物。这种层次和层次的顺序是显而易见的,通过观察和分析其相似性,我们已经能够干预甚至控制蛋白质合成的过程。

6.12　相似原理与物体构建

物体的构建是人类面临的最迫切需要解决的问题之一。例如,生物体是如何通过细胞分裂成长为生命体的? 物体的构建与生长、细胞的分裂与成长,以及表达物体构建与生长、细胞分裂与成长的"遗传密码"是什么? 有没有所谓"遗传密码"可以来表达物体的构建与生长过程? 这些问题应该归结为"相似问题",可以利用相似原理来解决。前面各章节已经为我们提供了应用相似原理解决相似问题的基础。

任何生命体都是由细胞分裂和组合而成的。它是细胞按一定规律从单个细胞不断分裂后重新在空间排列组合成为新生命体的。细胞及细胞分裂最重要的属性之一就是相似性和连通性。蛋白质可以生长成为更大更复杂的大分子蛋白质,活细胞可以构建形成新的生命体,无机分子在一定环境中也可以生长成为更大的晶体等。

上述自然界的变化过程,是相似变化过程,在数学上都可以抽象或归结为一类与空间有关的"相似变换",可称为"物体在空间的相似构建",简称"空间构建"。

一般来说,第一个原核单元细胞或分子是空间对称的,当然也可以是空间不对称的。其中空间对称的原核单元细胞的分裂和组合将形成新的相似的、对称的空间物体,表达其分裂和组合过程的"遗传密码"服从简单的几何相似约束条件。空间不对称的原核单元细胞的分裂和组合将形成新的相似的、不对称或对称的空间物体。表达细胞分裂和组合过程的"遗传密码"除了服从简单的几何相似约束条件,还可能需要服从物理相似约束条件。两类分裂和组合,各自形成的新物体,它们都必然在细胞层次上是相似体,这是相似原理保证的。

原核单元细胞的分裂必须符合自然规律才有意义。细胞分裂的基本规律是:

(1)原核单元细胞的分裂,由小至大,由内至外,遵循外推成长模式(详见第 3 章)。

(2)每一个原核单元细胞,可以通过分裂成为一条单链细胞分裂和组合的空间物体。

(3)任何一条单链细胞分裂和组合的空间物体,可以由一条字符串或一维遗传密码来表示,且具有唯一性。

(4)原核单元细胞中有一种"原始干细胞",原始干细胞可以启动并行分裂,并行分裂成为最多 S 条单链细胞分裂和组合的空间物体。

(5)原始干细胞决定细胞分裂的速度和分裂的多样性。

(6)任何一个细胞的分裂次数有限,其分裂的次数等于该细胞的分裂的自由度 S。

(7)细胞分裂具有层次,这种层次也就是相似的层次,随分裂过程和层次增加,相似属性退化,个性渐显。

(8)细胞分裂的规则中可以增加各种物理约束条件,以便获得与自然物体的相似性。按物理约束条件构建的物体,必然与自然事物存在相似,这是相似原理保证的。

6.12.1　平面图形的细胞构建

平面图形的原核单元细胞,类似平面图形的"像数",最简单的"像数"是正四边形。正四边形有 4 条边。正四边形原核单元细胞分裂的自由度 $S=4$。

设正四边形的 4 条边的编号分别是 1,2,3,4。编号的空间次序,符合右手定则,例如,1, 2,3,4;2,3,4,1;3,4,1,2;4,1,2,3。正四边形的 4 条边还可以用 4 种颜色表示(国际标准色码),例如,棕、红、橙、黄;红、橙、黄、棕;橙、黄、棕、红;黄、棕、红、橙。它也可以用 2^2 二进制编码表示为:00,01,10,11;01,10,11,00;10,11,00,01;11,00,01,10。用 2^n 二进制编码表示,$n \leq S$。图 6.12(a)表示具有 S 条边的平面原核单元细胞。

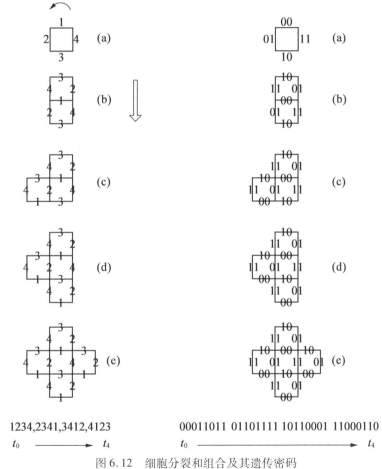

1234,2341,3412,4123

t_0 ⟶ t_4

00011011 01101111 10110001 11000110

t_0 ⟶ t_4

图 6.12　细胞分裂和组合及其遗传密码

图 6.12 中(b)、(c)、(d)、(e)分别表示两种原核单元细胞的 4 次分裂及其相应的遗传密码。

6.12.2　平面中的细胞分裂和组合的基本规则

(1)原核单元细胞有 S 条边,其空间次序符合右手螺旋定则(图 6.12(a))。

(2)原核单元细胞只在平面分裂和组合。

(3)原核单元细胞的每条边,最多可以分裂出一个新的原核单元细胞,也可以不分裂。

（4）原核单元细胞的分裂次序也符合右手螺旋定则，并从原核单元细胞的任意的某一条边开始，分裂出新原核单元细胞的一条相同边。也即，原核单元细胞产生分裂的边的编码与分裂后产生的新原核单元细胞的边的编码必然相同（完全遗传）。也即两者组合形成了编码相同的公共边。每个原核单元细胞，按右手定则或 S 条边的编码顺序为循环进行分裂，最多可以分裂 S 次。分裂后的原核单元细胞与新原核单元细胞组成新的更大的细胞（图6.12(b)~(e)）。

按上述平面中的细胞分裂和组合的基本规则构建的任意图形，都可以用一维标准遗传密码来表示。

6.12.3 平面中的单链细胞分裂和组合的规则

（1）单链细胞分裂的过程可以用每次分裂的公共边的编码，按分裂次序排列形成的字符串来表示（图6.12(e)）。该字符串可以完整地表达单链细胞分裂的过程，称为单链细胞分裂密码（或遗传密码）。

（2）单链细胞分裂密码可以完整地描述依原核单元细胞为像数生成的任意平面单链图形（相当于一笔画图形），且具有唯一性。

（3）单链细胞分裂密码随时间的变化过程，表达了该任意平面单链图形的构建过程。构建过程与时间有关，因此，可以有任意多个、时间快慢不同的、相似的构建过程存在。单链细胞分裂密码是分裂密码随时间的变化过程的时间轴压缩。

（4）若任意平面单链图形的像数为 N，单链分裂密码字符串的字符总长度为 $2^n \times N$（例如，正四边形原核单元细胞的二进制字节长度为 2^2）；单链细胞分裂密码的总字节长度为 N，表示单链细胞分裂的过程的数据量达到最少的极限。

（5）该任意平面单链图形的空间位置只与第一个原核单元细胞的空间位置有关，且被该第一个原核单元细胞的空间位置唯一确定。

（6）平面图形的原核单元细胞还可以有其他许多不同的形式，例如，三叉原核单元细胞、正三角形原核单元细胞、正六角形原核单元细胞等，它们都是由它们的边及边的编号来定义或约束的，如图6.13(a)、(b)、(c)所示。

（7）平面图形的原核单元细胞，不仅可以用它的边及边的编号来定义或约束，也可以用它外露的边的端点及端点的编号来定义或约束，如图6.13(d)、(e)、(f)、(g)所示。

（8）平面图形的原核单元细胞，还可以将它的边及边的编号赋予物理约束。例如，1表示一个"＋"电荷，2表示一个"－"电荷，3表示一对"＋ －"电荷，4表示一对"－ ＋"电荷。分裂规则中可以增加端点电荷必须平衡的物理约束条件（详见第2章2.35分裂自相似）。

6.12.4 原核单元细胞中的原始干细胞

原核单元细胞中有一种具有特殊功能的原核单元细胞，称为原始干细胞。原始干细胞可以启动并行分裂，以并行分裂的形式分裂成为 S 条单链细胞分裂和组合的空间物体。图6.14(a)中右侧的一个白色的原始干细胞，它的1、2、3条边可以并行分裂，形成3条单链细胞分裂和组合的路径，最后形成图6.14(a)的图形。它有3条并行分裂的遗传密码，如图6.14(b)所示。

利用"1234 3412 1234 4123 2341""2341 4123 2341 1234 3412""3412 1234 2341 4123"3条并行遗传密码，可以复现图6.14(a)中原始干细胞的并行分裂过程。

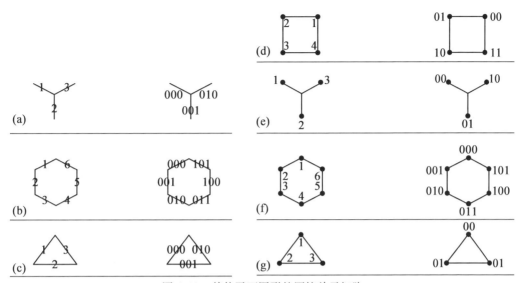

图 6.13　其他平面图形的原核单元细胞

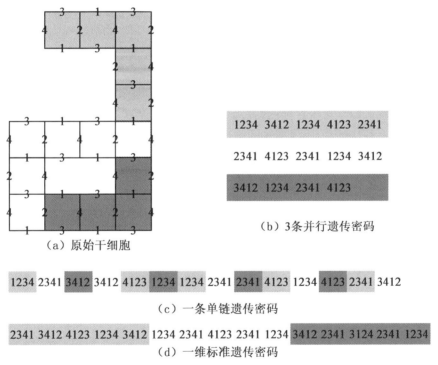

（a）原始干细胞

（b）3 条并行遗传密码

（c）一条单链遗传密码

（d）一维标准遗传密码

图 6.14　原始干细胞并行分裂

图 6.14（a）的图形也可以按一笔画的形式完成分裂,此时细胞分裂的起点必须设在左上角或图 6.14（a）中白色原始干细胞左侧。如果图 6.14（a）中白色细胞左侧为原始干细胞,可以由一条单链细胞分裂和组合来表示,如图 6.14（c）所示。

其实对于分裂完成的平面任意图形,都可以利用平面中的细胞分裂和组合的基本规则来构建,可以用一维标准遗传密码来表示。如果图 6.14（a）中白色细胞左侧为原始干细胞,按平面中的细胞分裂和组合的基本规则,其分裂的顺序和过程如图 6.14（d）一维标准遗传密码。

6.12.5 一维标准遗传密码

基于平面中的细胞分裂和组合的基本规则构建的平面任意图形,只要利用细胞分裂,由小至大,由内至外,遵循外推成长模式的层次属性,都可以用一维标准遗传密码来表示。

一维标准遗传密码规则:

(1)设从任意指定的第一块原核单元细胞的编码最小的分裂边开始,按右手螺旋定则为顺序,记录第二块原核单元细胞的循环编码。如此,直至第一块原核单元细胞的每条分裂边,都完成循环编码。第一块原核单元细胞的第一层次细胞分裂过程结束,不再分裂。

(2)设第二层次细胞分裂过程按第一层次细胞分裂的顺序,开始第二层次细胞分裂过程。对有分裂的细胞,按右手螺旋定则为顺序,记录该原核单元细胞的循环编码。如此,直至第二层次原核单元细胞的每一条分裂边完成分裂和循环编码。第二层次原核单元细胞的分裂过程结束,不再分裂。

(3)以此类推,完成全部细胞的分裂过程。所获得的一维字符串,称为一维标准遗传密码或一维标准分裂密码。一维标准遗传密码对于平面任意图形,具有唯一性。

(4)若平面任意图形的细胞总数为 N,一维标准遗传密码字符串的字符总长度为 $2^n \times N$(例如正六方体原核单元细胞的二进制字节长度为 2^3);一维标准遗传密码的总字节长度为 N,表示细胞分裂的过程的数据量达到最少的极限。

(5)一维标准遗传密码具有分层结构,是按分层结构构建遗传密码;该一维标准遗传密码构建的任意平面图形的空间位置只与第一个原核单元细胞的空间位置有关,且被该第一个原核单元细胞的空间位置唯一确定。

图 6.15 是一维标准遗传密码的分层结构的一个简例。它共有 5 个分层结构,图中用了 5 种色差来加以区别。

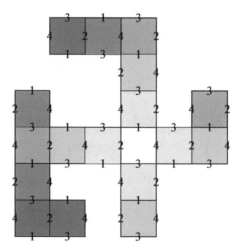

1层分裂　　　　2层分裂
1234 2341 3412 4123　3412 4123 1234 2341

3层分裂　　　4层分裂　　　5层分裂
1234 2341 1234　4123 1234 3412　2341 3412 2341

图 6.15　一维标准遗传密码的分层结构

6.12.6　细胞构建与自相似细胞分裂的区别

细胞构建与自相似细胞分裂是不同的。自相似细胞分裂(详见第 2 章)是自然规律或抽象约束条件下,由原核单元细胞,自主驱动的"满秩"自相似细胞分裂,分裂结果与原核单元细胞的相似程度最高。"满秩"指按最大自由度进行分裂,能分裂出最多的新细胞。细胞构建是在实时"干扰下"的细胞分裂。图 6.16(a)是四叉原核单元细胞自相似"满秩"细胞分裂。图 6.16(b)是四叉原核单元细胞比较任意的细胞分裂。

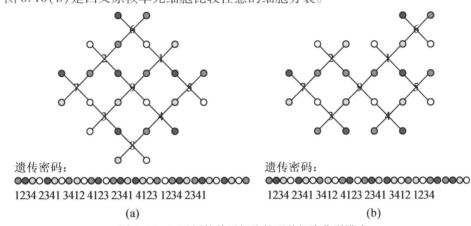

遗传密码:
1234 2341 3412 4123 2341 4123 1234 2341
(a)

遗传密码:
1234 2341 3412 4123 2341 3412 1234
(b)

图 6.16　四叉原核单元细胞的两种细胞分裂模式

图 6.17 是三叉原核单元细胞自相似"满秩"细胞分裂。自相似也可以从原始干细胞开始并行分裂。例如,三叉干细胞通过 3 条并行分裂的形式,加速分裂和组合的进程。导致图 6.17 中 6 次单元细胞分裂一次完成,18 次单元细胞分裂 2 次完成,36 次单元细胞分裂 3 次就可以完成。

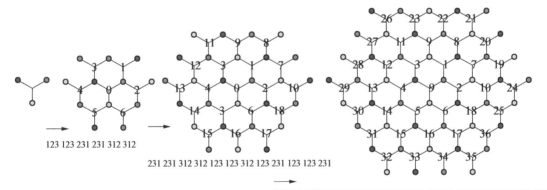

123 123 231 231 312 312

231 231 312 312 123 123 312 123 231 123 123 231

123 123 123 312 231 231 123 123 312 312 231 123 231 231 123 123 312 231 312

图 6.17　三叉原核单元细胞的自相似细胞分裂

6.12.7　三维物体的细胞构建

三维物体的原核单元细胞,类似于具有形体外表的"细胞",最简单的细胞是正六方体。正六方体原核单元细胞分裂的自由度 $S=6$。设正六方体原核单元细胞的 6 个面的编号分别是 1、2、3、4、5、6,编号的空间排列具有连续的顺序,或符合右手定则。正方体的 6 个面也可以用 6 种颜色表示,例如棕、红、橙、黄、绿、蓝(国际标准色码)。它也可以用 2^3 二进制编码表示为000、001、010、011、100、101,如图6.18(a)所示。当然,正六方体原核单元细胞也可以用它的8个端点(角)或12条边,及其编号来表示,如图6.18(b)所示。基于平面图形的细胞构建所提出的方法,三维物体的原核单元细胞的形式在数学上有无限多种。

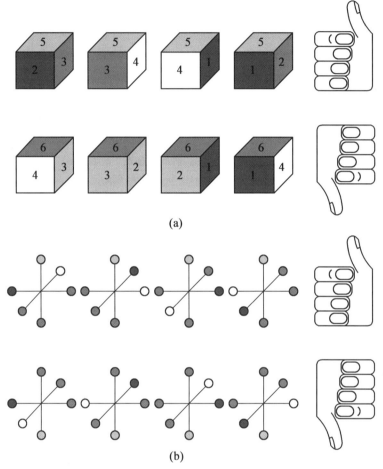

(a)

(b)

图6.18 正六方体原核单元细胞及定义

6.12.8 三维原核单元细胞分裂和组合的基本规则

(1)原核单元细胞有 S 个面(或 $(S+L)$ 个端点或 $(S+L)$ 条边,其中 L 是小于等于 S 的数), S 个面(或 $(S+L)$ 个端点或边)都有不同的编码,所述的编码是顺序码,其编码在原核单元细胞体上的排列具有连续的顺序(或空间排列次序符合右手定则)(图6.18(a))。

(2)原核单元细胞在三维空间分裂和组合。

(3)原核单元细胞的每一个面(或每一个端点或一条边),最多可以分裂出一个新的原核单元细胞,也可以不分裂。

(4)原核单元细胞的分裂次序符合编码的顺序,并从原核单元细胞的任意的某一个面(或某一个端点或某一条边)开始,分裂出新原核单元细胞的一个相同的面(或一个相同的端点或一条边)。也即,原核单元细胞产生分裂的面(或端点或边)的编码,与分裂产生的新原核单元细胞的面(或端点或边)的编码两者相同,即两者组合形成了编码相同的公共面

(或公共端点或公共边)。每个原核单元细胞,按编码的顺序为循环进行分裂,最多可以分裂 S 次,也可以不分裂。分裂后的原核单元细胞与新原核单元细胞组成新的更大的细胞。

按上述三维细胞分裂和组合的基本规则构建的任意物体,都可以用三维细胞分裂的一维标准遗传密码来表示。

三维细胞分裂和组合可以遵循切平面编码相同原则,即细胞分裂和组合中同时保证某个切平面(同一平面)编码相同,如此分裂和组合的更大细胞的最少有 $N/2$ 个编码相同的切平面。

三维细胞分裂和组合可以在每一个三维空间的切平面进行。如果三维分裂中有一维不变,三维细胞分裂和组合就退化为平面细胞分裂和组合,也即退化为一个三维空间的切平面的细胞分裂和组合。

三维细胞分裂和组合在每一个三维空间的切平面进行,可以沿用平面中的细胞分裂和组合的基本规则。

6.12.9　三维单链细胞分裂和组合的规则

细胞分裂的过程可以用每次分裂的公共面(或公共端点或公共边)的编码,按分裂次序排列形成的字符串来表示。该字符串可以完整地表达三维细胞分裂的过程,称为物体的细胞分裂密码。细胞分裂密码可以完整地描述基于原核单元细胞生成的三维空间任意物体,且具有唯一性。

分裂密码随时间的变化过程,表达了该物体的构建过程。构建过程与时间有关,因此,可以有任意多个、时间快慢不同的、相似的构建过程存在。细胞分裂密码是分裂密码随时间的变化过程的时间轴压缩。

若物体的细胞总数为 N,分裂密码字符串的字符总长度小于 $S \times N = 2^n \times N$(例如正六面体原核单元细胞的二进制字节长度为 $S \times N = 2^n \times N = 2^3 \times N$);分裂密码的总字节长度为 N,表达细胞分裂的过程的数据量达到最少的极限。

该构建完成物体的空间位置只与第一个原核单元细胞的空间位置有关,且被该第一个原核单元细胞的空间位置唯一确定。图 6.19 是正六方体细胞分裂的几个切平面图。

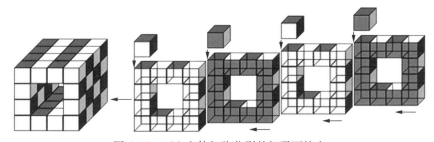

图 6.19　正六方体细胞分裂的切平面特点

三维原核单元细胞还可以有无数不同的形式,例如,60°正三角四面体原核单元细胞、60°正三角八面体原核单元细胞等,可以用它们的面和端点的编号来定义或约束,如图6.20所示。当然也可以用它们的边的编号来定义或约束。

三维原核单元细胞,还可以将它的面、边和端点的编号赋予物理约束。例如,1 表示一个"＋"电荷,2 表示一个"－"电荷,3 表示一对"＋－"电荷,4 表示一对"－＋"电荷,5 表示两个相同的"＋＋"电荷,6 表示两个相同的"－－"电荷,还可以没有电荷。图 6.21 是 6 种电荷物理约束,其分裂(或组合)规则中可以用端点电荷必须平衡的物理约束条件(详见2.35分裂自相似)。

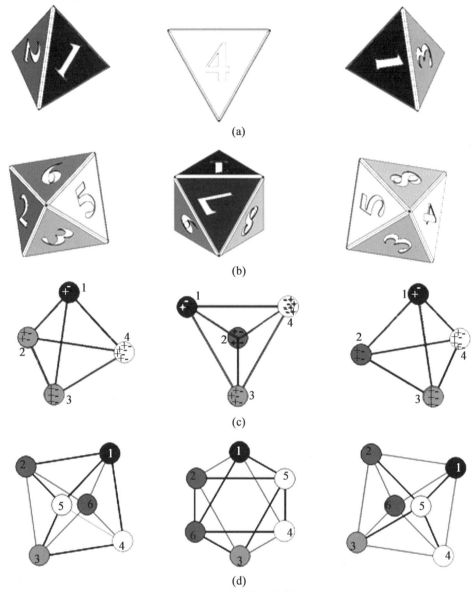

图 6.20　几种三维原核单元细胞

电荷平衡物理约束具有普适性,因此可以将相似的三维原核单元细胞"嫁接"在一起观测它们的分裂或组合。例如,将图6.21中6种三维原核单元细胞作为自由落体从空中撒落,观测它们在电荷作用下的自由组合和增加各种干扰后的变化等。

图6.22是更复杂的三维原核单元细胞。图6.22(a)是12面正六边形三维原核单元细胞。它的任意3个互交的面,也可以被定义为一种三维原核单元细胞,并且它可以分裂(或组合)成如图6.22(a)的12面正六边形三维原核单元细胞。

图6.22(b)是20面正六边形三维原核单元细胞。它的任意4个互交的面,也可以被定义为一种三维原核单元细胞,并且它可以分裂(或组合)成如图6.22(b)所示的20面正六边

形三维原核单元细胞。

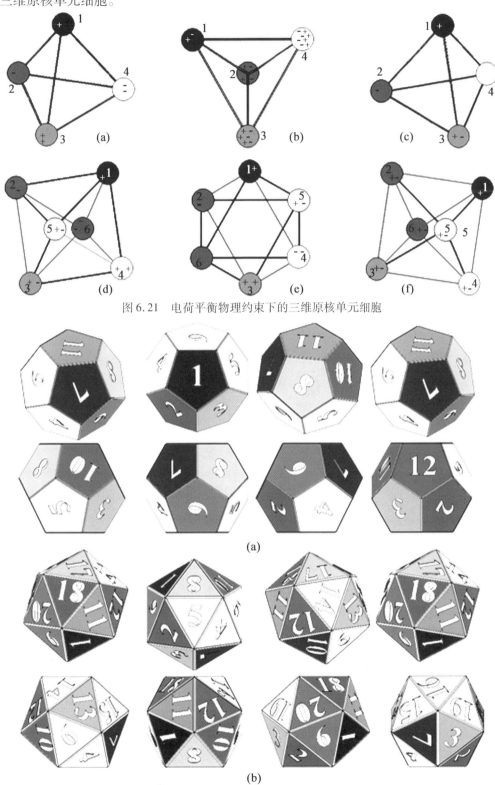

图 6.21　电荷平衡物理约束下的三维原核单元细胞

图 6.22　三维原核单元细胞

6.12.10　非对称性原核单元细胞

在自然世界中可能存在大量非对称原核单元细胞,以上分析其实对原核单元细胞的对称性没有进行限定,所以以上分析适用于非对称原核单元细胞的分裂或组合。但是,非对称原核单元细胞的分裂或组合有自己的特点,例如,非对称本身就是一种编码(特征),因此非对称原核单元细胞的分裂或组合的约束条件可能会宽松一点。

平面直角三角形非对称性原核单元细胞如图6.23(a)所示。图6.23(b)是用非对称性原核单元细胞拼装的图形和相应的遗传密码。

图6.23(c)、(d)是两种非对称性四边形原核单元细胞,它的每个夹角的角度都不同。图6.23(e)则是相应的对称性四边形原核单元细胞。两类原核单元细胞的拼装效果会很不相同。非对称性四边形原核单元细胞可能产生非对称性的物体,有更多变化。

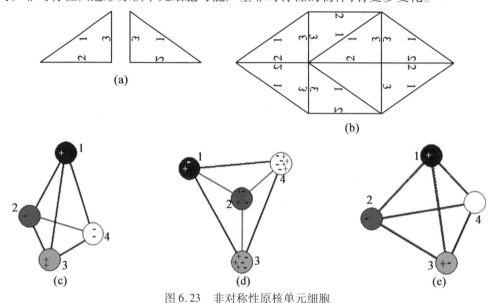

图6.23　非对称性原核单元细胞

6.13　细胞创造平台

相似原理的物体构建方法可用于计算机虚拟现实,通过3D打印机,"打印"出实物模型,细胞创造平台值得研究,该创造平台具有以下特点:

(1)基于相似性及相似原理。

(2)依据数学或物理约束条件进行细胞分裂和组合,来创造三维物体。

(3)每一个原核细胞的分裂和组合次数有限。

(4)原核细胞中的干细胞导致并行的细胞分裂和组合,加速三维物体的创造过程。

(5)细胞分裂和组合形成的任意三维物体是原核细胞的相似体,形成的任意三维物体作为原核细胞部件,依据部件细胞分裂和组合形成的更复杂和更大的任意三维物体是原核细胞的相似体,也是原核细胞部件的相似体。

(6)细胞分裂和组合的完整过程,可以用一条标准遗传密码来表示,也可以用多条并行的遗传密码来表示。遗传密码高度浓缩了物体的完整信息,具有复现、重构、转变、拼装物体等特性。

(7)用少量"原核细胞"、少量"数学或物理约束条件",单调的"遗传密码"就能构建、创造任意复杂而又庞大的万千世界。

(8)物理约束条件下的自相似"满秩"细胞分裂可以表达许多自然物理属性,可以帮助人类构建和创造新的自然物体。

6.14 基于彩色方块的计算机 3D 虚拟仿真系统

一种基于彩色方块的计算机 3D 虚拟仿真系统可以应用于宏观尺度的 3D 虚拟世界(游戏世界),也可以应用于仿真生物体细胞分裂过程(DNA 细胞分裂)。

传统计算机仿真是基于点、线、面(多边形)的实数空间的仿真。利用方块进行 3D 计算机仿真的优点是:

(1)相比基于点、线、面(多边形)的实数空间的仿真,大小一样的方块在数据存储上占用空间更小,方块寻址的速度更快。

(2)计算机渲染起来更方便和快速,并不会丢失特征信息。

(3)方便计算机提取环境信息和物体特征。

(4)所有方块的地位都是等价的,但又不是孤立的。每个方块与周围方块的联系简单和统一。每个方块都存在于一个随时间变化的空间中,可以将任意方块的组合作为一个单元进行仿真。

图 6.24 是由彩色方块构成的 3D 虚拟游戏世界。虚拟世界中的物体都是采用彩色方块创建的。

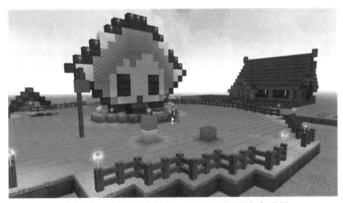

图 6.24　由彩色方块构成的 3D 虚拟游戏世界

人操作虚拟角色,生活在一个由彩色方块构成的仿真世界中,不同的方块有不同的运动规律。人可以操作虚拟角色,也可以用彩色方块搭建和修改虚拟世界中的人物、动物、植物、建筑物,创造并改变环境。

6.15 模拟人脑的计算机

利用相似原理我们能够看出现实世界、人脑和计算机的相似之处。相似原理能够揭示现实世界中事物的必然性及其因果关系。因此通过理解人脑的工作方式,借助相似的方法,能够设计出具有自我演变能力的计算机,并应用于虚拟世界和现实世界。下面先回顾人脑的工作方式,再考虑计算机模拟仿真。

大脑从人出生的那刻起,就不断接受外界信息,并与外部环境发生互动。人出生若干年后,大脑演变成一个异常复杂的仿真系统。我们似乎无法理解大脑如何越变越聪明,也无法预测下一刻大脑还会产生什么画面和想法。但是,相似原理可以帮助我们理解人类的大脑(详见第4章)。自出生那刻起,无论外部环境如何千变万化,大脑内部发生的全部过程均受到了相似性的约束(详见4.31节),这样的过程伴随大脑和人的一生。

假如我们能够将大脑中所有的必然过程全部枚举出来,压缩和删除那些重复的内容,我们就能大概了解大脑下一刻会依据什么来产生什么结果。用相似的方式可以创造出与人脑类似的计算机过程。

人脑的工作方式:

(1)白天人的感官(例如视觉和听觉等,详见4.8节)总是主动地将外部的信息(刺激)转变成随时间变化的多维信号。如果观察婴儿或自己的眼球,你会发现,它们在不停转动,几乎无意识地观察和录入周围环境的信息。并且人类有更多的机会与外部环境发生互动,形成"刺激反馈"(详见4.38节)。

(2)大脑认为过去重复出现的随时间变化的多维信息,未来将会继续重复发生,大脑的神经网络在传递多维信息的过程中,将主动抑制那些重复发生的、相似的时间片断。这就使重复性(周期性)转变成为相似性,并进一步转变成唯一性(详见4.17节)。重复性最高、维度最少的时间曲线组合,也即最相似的时间片断信息,成为最可靠的底层信息。对于一个有上亿维度的视觉+听觉的输入信号组,这种信息单元的抽象过程是并发的、实时的(详见4.38节)。这种大脑的抽象过程,可以理解为特征的提取过程和信息的压缩过程。语言是人类最重要的能力和发明,一个单词,无论声音还是形象都是维数最少而且唯一的时间(片断)曲线组合。语言改变了人类出生后的环境。现代人类刚刚出生时,并不能区别语言和其他视听环境,但是当语言构成的时间维度信息在感官接收的信息中的重复的次数越来越多后,人脑找到了(或学到了)这些重复性最高、维数最少,最具唯一性的时间曲线组合,也就是特征、语言或概念。通过进一步"学习",这些特征、语言或概念还可以与人类创造的"文字"(详见4.8、4.38节)等价。之后大脑就可以通过看、听来感知包含"文字"信息输入的时间曲线组合。

(3)大脑的神经网络是一种节律性波动的网络,几乎所有的感觉细胞都同步地按40 Hz(左右)频率来对刺激做出响应。因此感觉细胞和神经元网络自动地具有同步时间起点。神经元网络的同步时间起点,就是周期性相似的时间片断的相对时间起点。在大脑思维运动中,这种时间起点同步的机制,自动地、必然地引导重复性(周期性)转变成为相似性,并进一步转变成唯一性(详见 4.28 节)。

(4)文字、语言等概念必然在人脑的神经网络中形成了甚为固定的刺激(传递)路径,这些刺激路径很容易被反馈和相似的刺激所确认,因此,这类概念具有相对固定的刺激传递路径。特征、语言或概念并不是时间曲线的终点,它们不断被外部感官触发到,并出现在内部神经网络中。外部刺激与内部刺激不同,内部刺激常常是一种意识的唤醒,包括唤醒的多个特征同步发展时,会触发其他更多的特征。特征(概念)被建立和定义得越多,越有助于人脑在更抽象的层次上思考,因为在人脑中这些概念等同于外部输入的视听信息。人类创造和丰富了物质世界和抽象世界,使得现代人类有更多机会直接或间接与抽象事物重复接触。这些抽象事物和概念的组合,形成人类建立起来的数学、哲学、自然科学体系、艺术等。它们属于人类环境的一部分,影响当代和下一刻出生的人类。

相似性支配着人脑思维过程,所有的事物在被认知过程中均受到了相似性的约束,这就是人脑工作的基本方式(详见 4.31 节)。下面应用类似的方法来建立一套更详细的人脑仿真模型。

人类大脑中呈现的情景(Imagination)是对自然界客观事物的仿真(Simulation);由计算机程序再现出的情景(Virtual World)也是对自然界客观事物的仿真(Simulation)。

人类大脑仿真出的情景要比计算机仿真出的真实很多,人类的梦境和意识能够对自然现象做十分逼真的再现和推演。相比之下,目前计算机的仿真还停留在利用静态数据的变换输出 3D 图像上。

利用相似原理,我们试图建立与人类大脑思维过程更相似的计算机仿真过程。首先建立人类大脑仿真过程示意图,如图 6.25 所示。

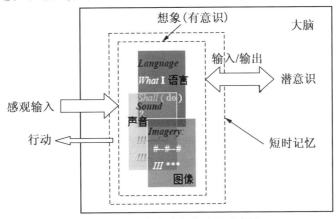

图 6.25　人类大脑仿真过程示意图

图 6.25 中,人类大脑的仿真过程分成 3 个大系统,中间部分是人类大脑正在输出到大脑内部的情景(Imagination),也可以理解为意识(Conscious),它是由语言、声音、图像等组成的,并随时间而不断变化。图 6.25 右侧是人类的潜意识(Subconscious),它与中间部分的意识构成大脑内部的输入/输出(Input/Output)的关系。图 6.25 左侧是由感官进入人脑的输入(Sensory Inputs)以及人类的行为(Action)。意识的部分是我们最终需要的结果,它可以比拟为一个多媒体的虚拟剧院,一切对外在事物的仿真都在这里被播放出来。

基于以上分析,可以建立下面的计算机仿真模型。

(1)仿真的维度(Dimensions of Simulation):我们首先需要将意识部分分解成若干随时

间变化的函数 $f(t)$。大脑所分配的 $f(t)$ 的维度越多,仿真将越逼真。大脑中同时进行的仿真的个数不是一个,而是许多个。具有最高重复性的函数组仿真成为我们的意识。而大脑则是根据某种过程来分配维数,在不同的仿真过程中不停地切换,形成了具有跳跃性的意识。这个大脑分配和选择维度的过程称为注意力(Attention)。

(2)同步仿真(Concurrent Simulation):类似人脑神经元网络的同步节律性波动(详见4.28节),同步进行的仿真个数不是一个。整个仿真过程是由看得见的仿真和大量看不见的仿真组成的。看得见的部分是我们的意识,也就是我们当下感知到的语言、声音、图像的输出;看不到的部分是我们的潜意识,它们的存在是更大量的。所有的仿真都是随时间变化的函数 $f(t)$,而且都在同步地进行着。

(3)意识互动(Imagery – subconscious Interaction):人类的大脑意识和潜意识的部分在不停地相互作用和改变彼此的状态。这个过程一旦启动,并不需要任何外界的输入就可以无限的运转下去,几乎不会重复。人类夜晚的梦境正是在没有外界干扰的情况下,意识互动的结果。

(4)注意力与记忆(Attention and Memory):人类的注意力是一种在多个仿真过程中的选择机制。它将给具有最高优先级的仿真内容,分配更多的维度资源,从而成为能够被意识到的仿真。这种选择的过程十分复杂,它会在很短的时间内分配大量的维度资源给符合某种条件的仿真单元,从而将一个原来在潜意识中发展的仿真过程代入意识中,并影响人的行为。通过记忆,大脑对那些被放大的仿真内容(意识)做强化,并不断地在改造自己的内部的结构。

(5)简单且唯一的时间序列(Least Unique Time Series):人脑会寻找重复次数最多、维数最少但具有唯一性的时间曲线组合作为最底层的信息单元(称为特征或概念)。一旦找到,人脑会给予这些少数的时间维很高的注意力权重(Attention Weight)。这些特征维会根据之前的重复的运动方式向前发展,他们会触发一些高纬度的时间序列,与外界新的信息混合在一起,一同驱动人脑中的时间序列向前发展,如图6.26所示。

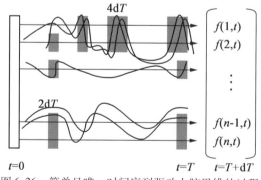

图6.26　简单且唯一时间序列驱动人脑思维的过程

(6)收敛到行为输出:向前发展的时间序列的维数在不断变化。基于重复性(周期性)转变成相似性,并进一步转变成唯一性的原则的驱动,这个原则最终总是促使时间序列的维数减少,最终收敛到某些最具相似性的输出时间序列,产生思维的"结果"并留下了"经验"。

(7)设计出具有自我演变能力的、具有思维能力的计算机是完全可行的。

6.16　基于细胞分裂技术的几个应用

利用 6.12 节提出的细胞分裂技术,也许可以产生一些意想不到的应用。

(1)应用于新的物质或新材料的发明

6.12 节提出的细胞分裂与物体构建方法,可以应用于新的物质或新的材料的发明。图 6.27 是一个正四面体的 4 个面分裂出 4 个正四面体,形成一个正十二面体的示意图和遗传密码。如果上述正十二面体的 12 个面再全部分裂将形成 36 面物体,该分裂称为满秩分裂(详见 2.37)。

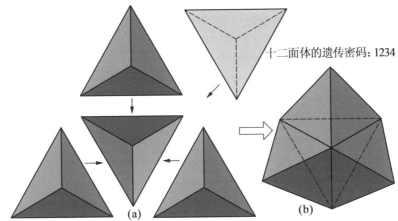

十二面体的遗传密码:1234

(a)　　　(b)

图 6.27　一个正四面体的 4 个面分裂出 4 个正四面体,形成一个正十二面体的示意图

正四面体的 K 次满秩分裂形成 $N = 4 \times 3^n (n = 0,1,2,3,4,\cdots,K)$ 个正四面体的组合。驱动满秩分裂的遗传密码是:1234,1234,1234$\cdots$(S 个 1234)。这个过程与自然物体的结晶、细胞分裂等现象十分相似,可以应用于新物质或新材料的形成。需要研究的是用什么物理或化学的方法使其分裂或结晶。基于目前的技术水平,都是完全有方法实现的。

以上例子可以看到:正四面体经 K 次满秩分裂形成的新物体,它们的原核细胞是相同的,分裂形成的新物体是原物体的相似体(不仅仅是几何意义上的相似),随分裂次数的增加,新物体与原物体的相似程度变小,新物体形态更加复杂。

(2)应用于平面四色定理的证明

6.12.1 节提出用四色的边定义平面图形的原核单元细胞,既然用四色边界的平面图形原核单元细胞可以逼近任意平面图形,也即说明,四色边界可以逼近任意平面图形。

6.12.7 节提出用六色的正六方体原核单元细胞,搭建任意三维空间图形,同理,既然用六色正六方体原核单元细胞可以逼近任意三维空间图形,也即说明,六色边界可以逼近任意三维空间模型图形。

6.17 基于相似原理的传感器

位置传感器是人类日常生活和工农业不可缺少的元件,利用相似原理可以构思各类性能既简单又好的位置传感器。例如,电机转子相对其定子旋转时,两者的转角位置不断变化,可以在转子上安装磁钢,在定子上安装线性霍尔元件来检测转角位置变化。电机连续旋转时,霍尔元件能检测到按周期变化的转角信号,该周期信号随转角 θ 的变化具有多值性,例如:

$$u = u_0 + u_1 \sin\theta + u_2 \sin 2\theta + u_3 \sin 3\theta \quad (\theta = \omega t)$$

其中,u_0 是直流分量;u_1、u_2、u_3 分别是基波和谐波幅值,而且谐波幅值比基波幅值小得多。

为了表达和区别周期信号的多值性,可以增加一个符号函数,在工程实现上可以增加一个开关霍尔元件,来获得与转角信号同步的符号函数,如图 6.28 所示。

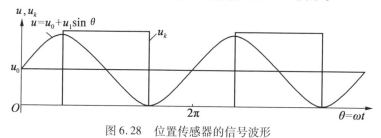

图 6.28   位置传感器的信号波形

$$u = u_o + u_1 \sin\theta$$

$$u_k = \pm \mathrm{sig}|\cos\theta|$$

将两个信号联立,即时间起点对齐,新位置函数变成了单值位置函数。

下面利用相似变换将单值位置函数变换成自动控制需要的锯齿波单值位置函数,如图 6.29 所示。

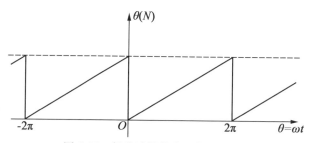

图 6.29   锯齿波单值位置信号波形

具体做法如下,均匀平稳地旋转,用高精度位置给定装置和电压幅值测量仪表同步测得

$$u_{pi} = u_o + u_1 \sin\theta_i = u_{pi}(\theta_i)$$

$$u_k = \pm \mathrm{sig}|\cos\theta|$$

u_{pi} 是 u 随自变量 θ_i 变化的幅值。u_{pi} 是多值函数,但通过 u_k 的参与变成了单值函数,通过逐点查表的方法就可以将图 6.28 的两个信号转变成 6.29 所示的锯齿波单值位置信号

$Q(N)$。如果位置信号 $Q(N)$ 用二进制数表示,可写成 $U_N(Q_i)$。位置分辨率和精度取决于高精度位置给定装置,幅值分辨率和精度取决于电压幅值测量仪的分辨率和精度。

连续的线性单值位置函数,即相似变换的目标函数为锯齿波单值位置函数,$u_N = u_N(\theta_i)$,如图 6.29 所示。将诸式联立,即时间起点对齐,则

$$u_N = u_N(\theta_i)$$

$$u_{pi} = u_o + u_1 \sin \theta_i = u_{pi}(\theta_i)$$

$$u_k = \pm \mathrm{sig}|\cos \theta|$$

相似变换的形式为

$$u_N(\theta_i) = u_{pi}(\theta_i)$$

上述变换,实现了一个正弦多值位置函数到锯齿波单值位置函数的变换。这是两个形态不同的抽象事物之间的相似变换,变换保留了它们共同的周期性,两者是相似函数。尽管这两个函数在图形上是如此不同,但两者之间有人为定义的(抽象的)明确的因果关系。它们是超越形态的相似变换。

相似变换的误差:$\Delta u = u_{pi}(\theta_i) - u_N(\theta_i)$。该相似变换的误差是可控的,同理,就工业应用而言,任意多维函数之间可以做任意变换,其误差也是可控的,而且这种抽象变换是可逆的变换。

类似的、超越形态的相似变换的工业应用可以无限地丰富起来。

6.18　非确定性事物的逻辑相似

某些事物处于几乎相同的环境中,环境对这些事物必然产生影响,这些事物之间又必然互相影响。在绝大多数情况下,我们无法确切了解这些事物之间是如何互相影响和被环境影响的。但从逻辑上可以确认,这些事物在几乎相同的环境中,受环境的影响所发生的变化部分,必然受相似的因果关系的约束,尽管我们不清楚这些影响是什么。这类事物由于受相似的因果关系的约束而产生的变化部分,必然存在相似性。不妨把这类事物之间的相似性称为非确定性事物的逻辑相似。

非确定性事物的逻辑相似,是一类非常特殊和隐蔽的相似现象,然而它又是一类非常普遍的相似现象。

6.18.1　非确定性事物的逻辑相似定律

某些处于几乎相同环境中的事物,必然受相似环境的影响,因此,其中任何两个事物因环境引起的变化部分是相似的部分,条件是两个事物发展变化的时间起点必须对齐。这类相似问题称为非确定性事物的逻辑相似问题。其相似关系可表达成:非确定性事物的逻辑相似定律,其数学表达的微分形式为

$$\Delta x_i / x_0 \cong \Delta y_i / y_0, \quad t_{x0} = t_{y0}$$

它代表两个事物,受相似因果关系的约束,产生的瞬时变化存在相似。其中,x_0, y_0 是两个事物变化前的量;$\Delta x_i, \Delta y_i$ 是两个事物的变化量;t_{x0} 和 t_{y0} 是两个事物变化时间起点。

其数学表达的积分形式为

$$\{f_1(\Delta x_i/x_0);i\in[0,\infty]\}\cong\{f_2(\Delta y_i/y_0);i\in[0,\infty]\},t_{x0}=t_{y0}$$

它代表两个非确定性的、连续的整体事物,受相似因果关系的约束,产生的变化部分的逻辑相似。

不难看出,非确定性事物的逻辑相似,揭示了一类隐含的相似现象。利用非确定性事物的逻辑相似定律,可以将多变量和高维的事物之间的复杂关系简化为最容易理解的两个变量之间的关系。

一般来讲,两个变量之间的相似关系,有可能进一步转化为等价或近似关系。

非确定性事物的逻辑相似定律,并不能保证非确定性事物之间的逻辑相似的程度或质量。逻辑相似的相关显著性可以借助传统的相关性分析。

非确定性事物的逻辑相似定律的意义非常重大,其应用领域非常广泛。我们最期待的应用领域,也许是思维的模拟和人工智能。当然,非确定性事物的逻辑相似定律更可以在工业、军事、自动控制系统中产生大量专利技术和应用。

为了将最深刻的理论与最普遍的应用结合起来,不妨举例说明非确定性事物的逻辑相似定律的几个应用实例。

6.18.2 应用实例——基于逻辑相似的无力矩传感器电动助力车

全世界拥有上亿台电动助力车,作为人类的代步工具。这里介绍一种基于逻辑相似的无力矩传感器电动助力车方案,说明如何灵活运用定律。

现有的电动助力车根据力矩传感器测得的骑车人对脚蹬的用力,来产生相应的电动辅助力矩并驱动自行车,达到按不同比例助力的效果。然而,力矩传感器非常复杂和昂贵,因此希望在无力矩传感器情况下测得骑车人作用在脚蹬上的力矩。考虑到电动助力车的脚蹬上有速度传感器,它与力矩传感器处于几乎相同的环境中。根据逻辑相似定律,力矩传感器和速度传感器的输出信号,由于骑车人作用在脚蹬上的力矩的变化产生的输出信号的变化量存在相似性。尽管影响力矩传感器和速度传感器的输出信号变化的因素非常复杂,例如,骑车人的用力大小、传感器的灵敏度等参数不同、骑车人的体重和载重、骑车人蹬车的习惯、地面状态(上下坡,路面状态不同)、轮胎充气状态、风的阻力等都可以对两者的输出信号产生影响。这些影响几乎是不可能分解和定量描述的,两者的输出信号的表现形式也不尽相同。

逻辑相似定律的数学表达,只需关注两个事物变化前的量与变化量的比。速度传感器的输出信号在理想行驶中的波形是频率和幅值恒定的理想正弦波。当受到上述复杂的骑车影响后,其波形的频率和幅值、上下半周期对称性、上下半周期的面积、一个周期内的谐波分量的多少等都会发生变化。利用某个周期内的幅值与周期构成理想正弦波并求取其面积作为 y_0,再将该周期输出信号的面积与 y_0 的差作为 Δy_i,就可以实时地求取 $\Delta y_i/y_0$。它的物理意义是,电动助力车运行中,由力矩控制导致的速度传感器输出波形面积的相对变化量。它是与力矩变化量相似的瞬时值,力矩变化量正是电动助力车需要的最理想的控制变量(形式)。它与真正的力矩变化量的区别表现在,上述复杂影响因素中存在的非线性,以及求取周期波形面积引起的积分平均效应。不过平均效应对骑车的效果是好事,因为力矩与角速度的积分是功率和能量,这与"助力"的目的完全一致,而小信号非线性通常可以被忽略。为了建立上述相似的数量关系,也即将相似转变成等价或能够认可的相等,采用如下方法: $\Delta x_i/x_0$ 力矩相对变化量与 $\Delta y_i/y_0$ 面积相对变化量相似(注意它们都是无量纲标准值),并存在某种函数关系,这种函数关系可以在产品研制中,通过应变量 $\Delta y_i/y_0$ 随自变量 Δx_i 变化的一次标定试验给予确定。这种试验是非常容易的,通常,将相似关系转变成等价或能够认可的相等,需要试验获得的曲线、系数、插值公式的修正(以便修正其他诸多因素的综合影响)。

基于逻辑相似定律,还可以构思其他等效检测脚蹬力矩的传感器的方法。例如,在脚蹬用力比较敏感的任何部位,沿作用力的敏感方向,贴电阻应变片。当脚蹬用力时,应变片的电阻值将发生变化。基于逻辑相似定律,在任意方便位置(例如,电动机外壳、车架、脚蹬的某个位置)的应变片的变化量 $\Delta y_i/y_0$ 与标准力矩传感器的变化量 $\Delta x_i/x_0$ 之间存在非确定性事物的逻辑相似性,$\Delta x_i/x_0 \cong \Delta y_i/y_0$,并进一步通过类似的一次标定试验确定其等价或能够认可的相等关系。读者还可以举一反三,构思出许多类似的实用技术。

非确定性事物的逻辑相似定律,并不能保证非确定性事物之间的逻辑相似的程度或质量。传统的相关性分析可以提供逻辑相似程度或质量的评价,以便选择相关性显著的具体方案。

通过本例,读者也许可以体会到其实 6.17 节中的超越函数之间的相似变换,也可以归结为非确定性事物的逻辑相似问题。希望本节的应用实例可以启发读者在自己的工作领域内发现和创造新的实用技术。

6.18.3　应用实例——基于逻辑相似的趋势预测方法

正如定律所指出,许多事物处于几乎相同的环境中,环境对这些事物必然产生影响,这些事物之间又必然互相影响。在绝大多数情况下,我们无法确切了解这些事物之间是如何互相影响和被环境影响的。但从逻辑上可以确认,这些事物在几乎相同的环境中,受环境的影响所发生的变化量必然受相似的因果关系的约束,尽管我们不清楚这些影响是什么,是如何参与影响的。不过我们仍可以利用基于非确定性事物的逻辑相似定律,对某些关心事物的未来发展趋势进行预测。这种趋势预测方法是对于非确定性事物的逻辑相似定律的推广应用。

基于逻辑相似的趋势预测方法,表述如下:

处于几乎相同环境中的 n 个事物,必然受相似环境的影响,因此,其中任何两个事物因环境引起的变化部分是相似的部分。当事物发展变化的时间起点对齐,任何两个事物的相对变化量,受相似的因果关系的约束,必然存在非确定性事物的逻辑相似。其数学表达的微分形式为

$$\Delta x_{1i}/x_{10} \cong \Delta x_{2i}/x_{20} \cong \Delta x_{3i}/x_{30} \cong \cdots \cong \Delta x_{ni}/x_{n0}, t_{x10} = t_{x20} = t_{x30} = \cdots = t_{xn0}$$

它代表事物相对变化量之间的瞬时相似。其中,$x_{10}, x_{20}, x_{30}, \cdots, x_{n0}$ 是 n 个事物在同步时间片断中的移动回归平均值;$\Delta x_{1i}, \Delta x_{2i}, \Delta x_{3i}, \cdots, \Delta x_n$ 是 n 个事物的变化量;$t_{x10}, t_{x20}, t_{x30}, \cdots, t_{xn0}$ 是 n 个事物变化的同步时间片断的时间起点。

其数学表达的积分形式为

$$\{f_1(\Delta x_{1i}/x_{10}); i \in [0, \infty]\} \cong \{f_2(\Delta x_{2i}/x_{20}); i \in [0, \infty]\}, \cong \{f_3(\Delta x_{3i}/x_{30}); i \in [0, \infty]\}$$
$$\cong \cdots \cong \{f_n(\Delta x_{ni}/x_{n0}); i \in [0, \infty]\}, t_{x10} = t_{x20} = t_{x30} = \cdots = t_{xn0}$$

它代表 n 个连续的整体事物变化趋势的非确定性逻辑相似。其中,$x_{10}, x_{20}, x_{30}, \cdots, x_{n0}$ 是

n 个事物在同步时间片断中的移动回归平均值；$\Delta x_{1i}, \Delta x_{2i}, \Delta x_{3i}, \cdots, \Delta x_n$ 是 n 个事物的变化量；$t_{x10}, t_{x20}, t_{x30}, \cdots, t_{xn0}$ 是 n 个事物变化的同步时间片断的时间起点。

关于事物变化趋势的短期预测可以通过相似的连续性，用外推来实现。较长的趋势的预测可以进一步利用相似极大值原理（详见 4.42 节）。

逻辑相似的趋势预测方法可以用来观测 n 个事物之间的影响力的程度。那些趋于回归平均值的事物，是影响力一致的重要事物；那些相对变化量趋于极小的事物，是可以忽略的事物。

n 个连续的整体事物的变化趋势的逻辑相似揭示了，受共同影响的事物，其自身的相对变化量受相似因果关系的约束，必然存在非确定性事物的逻辑相似的事实，尽管这些相似现象可能是隐性的，甚至是不可理解的。

以上结论并不容易理解。为此，还有必要举例说明，例如：

（1）动物对地震的敏感反应，就是建立在非确定性事物的逻辑相似的基础上，并经过长期进化的原因，渐渐建立起来的。

（2）煤、油的大量燃烧、植被的破坏、全球碳排放总量剧增、海平面升高、冰川融化等影响到了每一个生活在地球上的人。这样的影响对每一个人是随机的，人们所受的影响也许根本不具有"相关性"。但是从逻辑相似的角度看，上述每一种原因，都导致了"气候变暖"的大环境的变化。这种无量纲的相对变化量的增大的趋势，终将趋于"气候变暖"的回归平均值，所以人类感受到了"气候变暖"的影响。这是非确定性事物的逻辑相似的必然结果。

（3）又例如自二次世界大战结束以来，随着生活水平提高，儿童有了喝牛奶的习惯等原因，日本人的平均身高因此提高了 20% 以上。随着中国的和平发展，人民的生活和医疗水平提高，中国人的平均寿命从 1949 年以前的 35 岁提高到 2011 年的 75 岁。这些数据都与非确定性相似和逻辑相似的结论一致。

（4）著名的"哈勃定律"的实验分析中："红移量"$z = (\lambda - \lambda_0) / \lambda_0$，其中 λ_0 是处于初始位置的光谱线波长，λ 是存在视向速度 v_r 而使该光谱线移动到了 λ 波长。可以看出"红移量"z 是波长的相对变化量，是无量纲标准值。视向速度 v_r 与参考的光速 c 的比值 v_r/c 是相同因果关系下视向速度的相对变化量，也是无量纲标准值。根据逻辑相似定律，$(\lambda - \lambda_0)/\lambda_0 \cong v_r/c$。然而，"哈勃定律"的实验分析告诉我们，它们不仅相似，而且相等，即成立"哈勃定律"：

$$z = (\lambda - \lambda_0)/\lambda_0, z = v_r/c$$

1929 年，哈勃的研究结果发现，距离越远的星系红移越大，它们之间有良好的正比关系。

据此，也许我们可以感受到逻辑相似定律的应用广度和潜力。例如，也可以利用逻辑相似定律，反证不符合"哈勃定律"的某些实验结果，一定是某种其他特殊的因果关系所致。

6.18.4　非确定性事物的逻辑相似关系转化为等价关系的方法

将非确定性事物的逻辑相似关系转化为等价关系的方法如下：

对于 $A(t)/A_0 \cong B(t)/B_0$，时间起点 $t_{A0} = t_{B0}$，可以转化为等价关系：$A(t)/A_0 = B(t)/B_0 + C(t)$，时间起点 $t_{A0} = t_{B0} = t_{C0}$，其中，$C(t)$ 是修正函数，通常需要采用试验的方法，获得逻辑相似变量之间的应变关系，再通过插值等手段建立修正函数曲线或系数。例如，上述红移逻辑相似的分析过程，可以求得"哈勃常数"H，"红移量"$z = H \times r/c$，其中 r 是星系的距离。

6.18.5　逻辑相似关系式的运算法则

$A(t_0)/A_0 \cong B(t_0)/B_0, t_{A0} = t_{B0}$，逻辑相似关系式的运算法则并不特殊。由于函数逻辑相似关系比函数相等关系弱，所以函数之间的等式运算法则对于函数逻辑相似关系式完全适用。也即，实数四则运算法则、交换律、结合率、分配率、分式运算法则；连续函数的运算法则（包括求导、微分）均适用于函数逻辑相似关系式的运算。需要注意的是：关系式的时间起点必须对齐。

6.18.6　非确定性事物的逻辑相似渗透在人脑的思维过程中

基于相同因果关系的非确定性事物之间的逻辑相似是一项重大发现。在人的思维过程中，大脑每时每刻都在自动地利用这类逻辑相似，寻找符合因果关系的相似结果。这一点是由大脑结构和运行模式决定的。

容易理解，在神经网络中，由于各种外部刺激产生和出现的大量具有重复性（周期性）的刺激传递过程中，重复性（周期性）往往对应着许多相同或相似的外部刺激，也即这些刺激基于相同或相似的原因而产生。在大脑思维运动中，通过时间起点同步的机制，自动地、必然地引导重复性（周期性）转变成为相似性，并进一步转变成唯一性（详见4.28）。也就是说，外部刺激在神经网络中传递的结果，就是将刺激的重复性（周期性）转变成相似性。这就建立了不同外部刺激（对应各种非确定性外部事物）与大脑中"注意力"之间的逻辑相似关系，以及不同外部刺激之间的逻辑相似关系。非确定性事物的逻辑相似其实渗透在人脑的思维过程中，是人脑自然具有的能力。而且，人脑具有处理基于逻辑相似基础上的逻辑相似，具有处理深层逻辑相似的能力。可以肯定，非确定性事物的逻辑相似性是未来"人工智能"获得突破的最重要的工具。

由于受相同因果关系支配而产生的相似现象，是一类比较特殊的、隐性的相似现象。这类相似现象，受相同的因果关系的约束产生变化，因此，变化的原因相同，变化的结果呈现相似性。而它可以建立不同事物之间的相似联系。由于这类相似性的形态通常表现出非确定性、隐性，有时甚至难以理解。所以，这类相似现象，长期未能引起重视，甚至几乎被忽视。

将相似现象，扩展到逻辑相似是一项重大发现。因为它揭示了一类非常普遍和重要的相似现象。

非确定性事物之间的逻辑相似的形式非常多，可以构思大量的应用技术。例如，地震的预报、大型电站机组安全运行的监测、宏观或微观经济的预测、疾病的诊断、任意复杂的自动化装置、生产过程控制、机器人技术、航空航天技术、军事诊听、生物工程等。但是，所确定的这些逻辑相似方法的敏感程度或相似的显著性，可能会有很大差别。

6.19　基于相似原理的神经元并行计算机语言

脑科学是人类最期待突破的尖端科学事业之一。通过计算机来构造与人类大脑相似的系统，十分困难，半个多世纪几乎没有太多突破。相似原理提供了比较接近人类思维本质的底层模型和描述,提供了部分表达思维和模拟思维的方法。

为了实现上述最终目标:需要一种接近人类思维本质的新的计算机语言系统,建立丰富的仿真与运算工具集。本节将简单介绍我们在过去 10 年中,研发的基于相似原理的"神经元并行计算机语言"。

神经元并行计算机语言(Neural Parallel Language,NPL)是一种脚本语言。从 2002 年开始构建雏形,到 2012 年已经发展成为有 200 多万行代码的庞大的工具集与仿真系统。它已经被应用到大型 3D 游戏开发中,部署到由数十台计算机组成的网络中。这个游戏应用是一个面向儿童的 3D 创作类网络游戏,已经商业化运营 3 年,有 600 多万的注册玩家。

在 NPL 语言中,每个脚本文件都可以被视为一个有独立运算能力的神经元,神经元文件之间可以单向异步发送消息。大量的脚本文件可以动态部署到任意的网络环境中。我们将运算、存贮抽象成为文件之间的消息传递,开发者无需关心文件运行时的网络与硬件环境。这种编程模式,简洁而优美,并且成功应用于数万人同时在线的大型多人在线 3D 游戏中,全部客户端、服务器端与存储端的逻辑都采用了 NPL 语言来实现。图 6.30 是 NPL 语言中的神经元文件传递示意图。

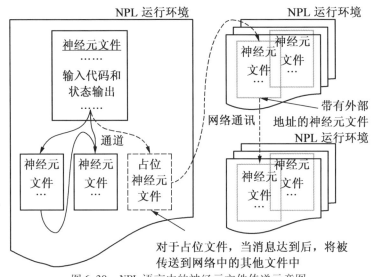

图 6.30　NPL 语言中的神经元文件传递示意图

在设计的某个计算机游戏中,通过 3D 积木的方式,让大量的用户一同去创造有逻辑的游戏世界。一个复杂的世界可以由上百万的积木组成。可以将世界中的每一块积木想象成人脑中的一个神经元细胞。每个神经元细胞都有自己的状态,并且能够从其他细胞接受消息,对消息做处理,并传递给周围的其他细胞。这个运算过程是异步的,有一个大的心跳机制保证每个细胞积木都可以获得一定的运算时间。多个玩家在世界中,好比是思维的注意力,他们的行为决定了哪些细胞是更活跃的。整个积木世界的地上裸露部分以一种与现实相似的 3D 图形方式展现出来,玩家仿佛置身于创作者所表达的思维梦境之中。人脑的意识就好比那些裸露的积木,它们在玩家(注意力)能接触到的范围内,呈现出与现实世界相似的图形状态;与此同时,还有更大量的积木是隐藏的,它们存在于地下,不能被玩家轻易发现,但是它们才是驱动地上世界中各种机关和因果逻辑的主要机制。地下的部分默认拥有很缓慢的心跳(运算单位),甚至有些是不工作的,只有当它们被地上的玩家(注意力)触发时,会马上拥有最高的心跳,并开始一系列连锁反应,它们会改变地上世界某些积木的样子。玩家会发现地上世界在不断地改变,它们是在探索一个在不断发展中的世界(思维梦境)。每个细胞积木的工作方式和它接收与发送信息的关联块是可以被作者定义的,同时我们也提供很多预先定义好的积木逻辑,这种逻辑同样可以在游戏的发展过程中被程序自己修改和替换。

原则上 NPL 语言和我们目前的工具集可以实现无限多的积木仿真和渲染,主要受制于分配的计算机硬件资源量,而硬件之间可以通过互联网连接。

NPL 语言可能成为一种自下而上的基础性并行计算机语言,用于分布式计算的信息交换、存储和 3D 渲染,这正是我们期待的。

6.20　局部神经元网络的模拟

人脑神经网络极其复杂,现在已经清楚,人脑神经网络是按功能分区的,不同的区域功能不同、物理结构也不相同。因此,人工模拟的神经元网络也应该按功能分别模拟和研究。

设在一块扁形四方体内构建局部神经元网络,如图 6.31 所示。正面 n 个表面神经细胞,负责接受输入刺激。设每个神经元有 1 000 个输入树突,有一个轴突,其上有 1 000 个输出神经末梢。神经元的每一个末端输出与另一个神经元的树突连接,形成一个突触。所以,中间四方体内,每一层最多有 $(n/1\,000) \times 1\,000 = n$ 神经元。设四方体内共有 L 层,因此,最多有数量为 $n \times L$ 的体内神经元。扁形四方体内的背面最多有数量为 $n \times L/1\,000$ 个输出神经细胞。这里,n 远远大于 1 000。

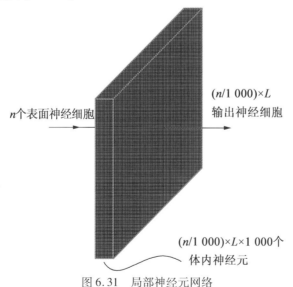

图 6.31　局部神经元网络

人脑在发育初期,可能拥有最多数量的体内神经元,称为最大神经元网络。但在神经元网络形成过程中有大量神经元凋零或死亡,并形成具有个体特征的脑神经网络。

对于神经元网络构建而言,每个神经元的宏观特点通常比微观特点更重要,如图 6.32

所示。神经元的宏观特点是:神经元呈线形,神经元细胞体上伸出有 1 000 ~ 10 000 个树突,树突很短。细胞体上伸出一根(或几根)轴突,轴突很长。轴突形如长纤维,其末端有 1 000 ~ 10 000 个输出神经末梢。

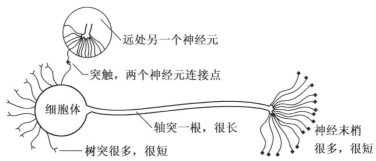

图 6.32　神经元的宏观特点

　　按照这样的个体形态,在构建神经元网络时,必然形成与之适应的分层结构。例如,第一层神经元的树突一定紧贴输入表面,只能接受表面小区域来的外部刺激的变化和刺激的时序,缺失位置信息的广度。第二层神经元必须通过第一层神经元的轴突来获得信息,所以平均信息量将减少 1 000 倍;但是第一层神经元的轴突可以伸展到任何空间位置,因此第二层神经元可以接收网络输入表面任何位置的刺激,其平均位置信息量将增加 1 000 倍。也就是说,第二层神经元有了非常丰富的位置信息,这一点与第一层神经元有极大区别。如果把第一层神经元称为刺激强度与变化敏感层,第二层神经元称为刺激位置变化敏感层,那么第三层开始神经元的功能才是感知层。它既能感知刺激强度与变化又能感知刺激的空间位置,并根据刺激做出反应。自第二层开始,每个神经元可以存在于网络中其他任何位置,几乎不受内部空间约束。此外,输出层神经元的神经末梢数量将减少到与输入神经元细胞相当。可见,神经元的分层是不可避免的,这一点与生物的"外推生长模式"也是一致的。分层是物理需要也是功能需要。

　　神经元运行机制的研究还有许多疑点。通过观察、神经细胞的培养等手段,目前,已经对神经元运行机制有了基本了解。

　　两个神经元之间信息处理和传递主要发生在突触附近。突触的结构示意如图 6.33 所示。突触的上下两部分,分别属于两个神经元细胞。轴突末梢(神经纤维的末梢)有微细胞结构和突触前膜,另一神经元细胞的树突上有突触后膜,每种膜的内外之间都存在电位差,称为膜电位,又称静息电位。大部分细胞的静息电位,膜内偏负,膜外偏正。轴突与树突(两种膜)之间有 10 ~ 50 nm 的间隙,且静息状态下,间隙内电场极性相同,是绝缘的,如图 6.33 所示。当神经元胞体接收到刺激后,通过轴突传到突触前膜的脉冲幅度和数量达到一定强度,轴突的微细胞将透过突触前膜向突触间隙释放神经传递化学物质(例如乙酰胆碱,或其他尚不完全清楚的 30 种神经传递物质),化学物质使突触内电荷重新分布,并改变静息电位,静息电位达到某一电位后,相当于膜的离子通道被打开,将来自轴突的一个等幅、恒宽、恒频(如果受连续刺激)的脉冲信号传递到另一个神经元的树突,又使电荷再次重新分布,即静息电位迅速恢复。由于化学物质不同,所携带电荷不同,影响电荷重新分布,甚至可能强化静息电位,使轴突传来的脉冲信号被抑制。神经元胞体可以控制神经传递物质的种类、性质和数量,达到控制传递的目的,其因果关系目前还并不完全清楚。

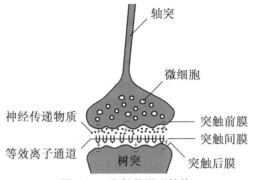

图 6.33 突触的微观结构

基于以上知识,可以设计和构建一块相似的神经元网络。

如图 6.31 所示的局部神经元网络中,如何进一步构建内部神经元的连接关系,赋予神经元细胞体什么样的功能,是神经元网络构建的核心。为此,先假设一个目标:在输入表面,画不同大小的圆,希望在输出表面获得相同大小的圆;在输入表面,画的圆还没有完成时,希望在输出表面能够获得完整的圆。这意味着块状神经元网络具有学习、记忆和产生意识的能力。

(1)内部神经元的连接原则

①遗传属性,第一层神经元的树突紧贴输入表面,或成为输入细胞体。

②遗传属性,第三层开始的神经元中,有 1% 神经元的轴突,到达输出表面附近。使最强烈、最广泛的瞬时刺激能够迅速到达输出表面。

③输出层神经元的神经末梢数量将减少到与输入神经元细胞相当,并且作为输出表面细胞。

(2)神经元细胞体的功能

①数量属性,$A = 100$ 个树突被刺激,该神经元被激活,通过轴突输出一个"＋"脉冲。

②连续属性,树突被连续脉冲($S = 100$)刺激后,该神经元开始疲劳(例如,要求 $B = 500$ 个树突被刺激才能激活)其至"不应",相应呈线性抑制曲线。

③脉冲刺激传递中,不能产生闭合回路。闭合点的神经元输出一个"－"脉冲,其突触将关闭,同时进入"不应"。

④神经元具有同步性,同步周期为 0.1 ms。"不应"的周期为 0.2 ms。

⑤重复性与相似性,重复性必然产生固定的传递路径。固定的传递路径等价于相似性。

⑥刺激在传递过程中,最终不是被自动抑制,就是到达输出而结束。

⑦神经元细胞体对激活阀值有记忆功能,并能对连续脉冲刺激产生疲劳,但对不同的连续脉冲刺激非常敏感,能立即记入新的激活阀值。

(3)神经元网络虚拟仿真

所构建的一块神经元网络中,每个神经元的树突和轴突是虚拟的,可以在计算机中自动随机生成。然后在神经元网络的输入表面虚拟输入,观察神经元网络输出表面的虚拟输出。

局部神经元网络的模拟研究工作目前正在开展,其研究结果可能帮助我们更深入地了解神经元的工作原理。

6.21 认知相似(思辨的相似原理)

认知相似是人脑思维产生的高级相似。不同的人,认知存在相当大的差异,即使同一个人也存在认知的不确定性和不一致性。认知相似的定义非常困难,不如任其自然。例如:宏观天体与微观粒子系统存在相似性,现在已成为人类共识,几百年前就不是这样;公司的成长和发展,甚至任何事物都与生命现象相似,经历诞生、成长、鼎盛、衰亡的过程。这类相似是人脑认知过程中产生的相似。人脑不仅具有处理逻辑相似的能力,还具有处理基于逻辑相似基础上的逻辑相似,人脑具有处理深层逻辑相似的能力。这些深层逻辑相似因人而异。认知相似的能力可以互相影响,可以学习培养,可以传播。认知相似是整体人类进化成果赋予我们每一个人的伟大能力。不同的人,其认知的深度是不一样的,它具有鲜明的个性。它值得我们珍惜和充分利用。第4章说明了相似性是思维的内在驱动力,思维过程中,相似性每时每刻都在提醒我们,帮助我们找到符合因果关系的解答,相似无处不在,其实只要再重复想一想,更深层次的认知相似就会展现。利用思辨的相似原理(第4章中4.46、4.47)中提出的思想实验,在思想实验的同时,综合应用相似原理的数学、逻辑、思辨的方法,就一定能够帮助你获得你希望得到的认知相似结果。我们希望读者可以举一反三,创造属于你的发明。下面举一个比较繁杂和深邃的认知相似的应用实例。

中国明朝的大型船队,往来于北京和江南杭州之间,浩浩荡荡航程几千公里。很多时候,如此庞大的几百艘船,需要通过绳索串联起来,再由成千的纤夫,分散到各条船,用纤绳拉,在统一的口令(船号子)指挥下,牵引前进。未来电动列车可以采用相似的牵引方法吗?

显然,纤夫们分布在船队的各处,需要大部分纤夫步调一致,向前拉,每一个纤夫的用力大小微不足道。

未来电动列车全车可以采用分布的几十台电动轮毂电机,车头有一台轮毂电机采用速度闭环控制,其他几十台电动轮毂电机均采用转矩闭环控制,但确保转矩闭环电机的速度小于或等于速度闭环控制的电机。这种未来电动列车的牵引方法与船的牵引方法非常相似。首先像纤夫那样采用分布式驱动。像船队的口令,它的速度由车头速度闭环的轮毂电机确定;其他转矩闭环控制的几十台电动轮毂电机,需要多少转矩就产生多少转矩,只要不超速,像纤夫,只要绷紧纤绳,跟上船的速度,电动列车驱动起来就像纤绳拉一样富有弹性和绝对安全。

未来分布式电动列车的特点如下:

(1)分布全车的几十台电动轮毂电机,同步地、均匀地驱动列车,从原理上改善列车的加速性能和巡航性能。

(2)在加速、巡航等性能不变的前提下,分布式电动列车的驱动功率可以下降75%,大幅度减轻整车质量。

(3)原理上保证全部轮毂电机具有理想的效率平台,实现全时区高效率运行。全时列车运行的能耗下降40%~50%。

(4)每节列车的轮毂电机均可以实现平稳的、精确的电子刹车,列车只需配备轻便的辅助刹车系统,可大幅度减轻整车质量。

(5)列车同步地、均匀地启动、加速、巡航、停车或紧急刹车等,具有原理上的优势,大幅提高了运行可靠性。列车原理上自动具有转弯差速能力,使轨道的受力均匀、载荷大幅度减轻,轨道寿命可获得明显提高。

(6)分布式电动列车对轨道的适应性很强,从原理来上减少列车对于转弯半径、坡面角度、轨道平整度、自然环境的苛刻要求。即使局部轨道或少量轮毂电机损毁,都不可能颠覆分布式电动列车的安全性。

(7)可望大幅度减少列车及其轨道系统的制造成本、维修成本、配套成本,使不能建设高铁的地区容易发展高铁,降低建设高铁的门槛。

本节认知相似实例提供的技术和方法,还可以扩展到四轮驱动的电动汽车、多轴卷绕设备、同步传动系统等领域。

其实只要再重复想一想,更深层次的认知相似就会展现。通过思想实验,综合应用相似原理的数学、逻辑、思辨的方法,就一定能够帮助你获得你希望得到的认知相似结果,创造属于你的重大发明。

6.22　经络学中的相似性与应用

中医的基础是经络学,经络学形成于 2 000 多年前,由《黄帝内经》做出系统总结而成为中医理论。《黄帝内经》包括《素问》《灵枢》两部,共 162 篇,其中许多篇章对经络有详细记载,是博大精深的中国古代理论和宝贵遗产,是中华民族对人类的伟大贡献。当前,经络系统的客观存在已经得到世界各国科学界的公认,但其实质的存在性仍是千古之谜。本节以相似的视角观察和分析其存在性。

6.22.1　经络产生的根源和基础

中医认为人体中存在经络,经络是传递"精、气、血"的枢纽。西医则认为,人体中已经拥有神经、血液、呼吸、消化和内分泌等系统,所以中医的经络没有存在的必要,而且目前无法观测到经络有特殊的物理结构存在,因此断言中医的经络是虚构的。然而中医也可以用大量实例旁证经络独立于上述系统的存在性,例如针灸、脉诊、按摩、推拿、气功等。

中医和各种气功流派都非常关注位于腹部的肚脐(神阙穴)附近"丹田"区及其背部"命门"区。通过修炼,某些人可以掌握和控制经络中精、气的走动,产生许多"超自然"的能力,例如,使任意器官局部发热,治疗各种疾病,使人体进入休眠状态达数月之久。本文从相似原理的视角看上述现象,分析其是否存在符合相似原理的因果关系。

根据生物的相似性介绍,人卵细胞的分裂、发育,经历了从单细胞到多细胞的转变;从神经管到大脑的演变;从类似的鳃到双肺的转变。心脏发育,初期像鱼的心脏一样只有两腔,之后心房被一系列复杂隔片从上部分成为两腔,然后心室再被一个从下部长出的隔片分成了两腔。心脏发育的过程就像重演了心脏的进化过程:从一心房一心室的鱼类心脏,变成两心房一心室的两栖类心脏,再变成两心房和分隔不完全的两心室的爬行类心脏,最后才是两心房两心室的哺乳类心脏。它符合进化中相似变化的规律,就像人类进化的一个缩影。卵细胞发育成人的过程与人类 50 万年进化过程相似,是高度浓缩的相似过程。在这个过程中,卵细胞首先发育出管状脐带与母体的"命门穴"相连,母体通过脐带向幼体输送空气、血液和神经物质,该过程一直持续约 10 个月之久。在十月怀胎的过程中,这种供应逐渐向幼儿自主呼吸、血液循环和意识建立缓慢转化,直到剪断脐带的最后瞬间,才真正完成。可以想象剪断脐带的瞬间这套供应系统是如何突然向新生儿体内"收缩",最后在幼儿腹部留下"神阙穴"。从认知相似的因果关系看,有可能这套脐带供应系统转化成了经络系统,并且经络是比大脑及神经系统更为基础和古老的机制。为了说明经络产生的根源和基础,需要更多的证据和分析。

经络是脐带供应系统完成转化后留下的人体结构,它既不是神经系统和血液系统,也不是呼吸系统和消化系统,它是介于这些系统之间的起协调、指挥、保障作用的结构。相似原理指出事物发展的连续性,在脐带供应系统逐渐向幼儿自主呼吸、血液循环、意识建立和消化吸收的缓慢转化过程中,必然有一个从直接作用者向协调、指挥、保障者转化的过程,直到剪断脐带的最后一刻才真正彻底完成这一伟大的过程。经络作为人体进化的产物这种说法是合理的。经络可以影响人体的血液系统、神经系统、呼吸系统、消化系统。中医 2 000 多年的历史已经充分证明了经络的存在性,同样西医的百年历史中也大量利用了中医的上述成果。一个最根本的事实是,独立的神经系统离开独立的血液系统,只需几秒钟就会完全失去工作能力,几十秒后就会完全"死亡"。神经系统、血液系统、呼吸系统、消化系统和内分泌系统既是独立系统,又是"伴生系统"。建立它们之间伴生关系的是位于它们之间的经络系统,这是进化的痕迹和使然。

中医脉诊大师韦刃指出,肚脐附近区有十几个"穴位",可以统领遍布人体全身的 360 多对"穴位",其功效具有决定性作用。其实经络系统的十四经脉几乎都通过腹部。大师韦刃通过实时脉诊,判断病症和实时监测治疗过程,实现"精、准"的治疗效果,许多病症仅仅一针就见奇效,这是中医的重大发现和"穴位"存在的有力佐证。

6.22.2　经络系统的存在性

在中医的经络理论中,人体有 12 对最清晰的经络,称为正经,还有任脉和督脉,它们统称为十四经脉,如图 6.34 所示。正经全部起始于肢体端部,向心走行,终于头、胸腹部的规律是生物进化过程中,特别是神经系统和大脑进化遵循"端移原则"的相似性留下的痕迹。神经系统的发展经历了从局部肢体向大脑皮质"端移"的发育变化过程,经络发展和取向与人体进化历程的轨迹相似。

西医的皮下注射是中西医结合的实例,例如,将镇痛剂向足三里穴皮下注射的效果明显优于静脉注射和其他皮下注射。胰岛素静脉注射与腹部(内关穴附近)表皮注射的效果几乎相当,所以胰岛素腹部表皮注射被普遍采用。根据生物的相似性,人体腹部是胚胎发育的界面,具有特殊意义。腹部是经络的敏感区和人体调理的特殊通道和界面,腹部针灸、按摩的功效非常明显。12 对正经以及任脉和督脉均通过人体腹部,因此,对西医而言,其他药物也可以通过改进,采用腹部表皮注射,更加简单、安全和方便。不过值得注意的是,中医穴位的药物效应具有选择性,与经络的路径和性质有关。

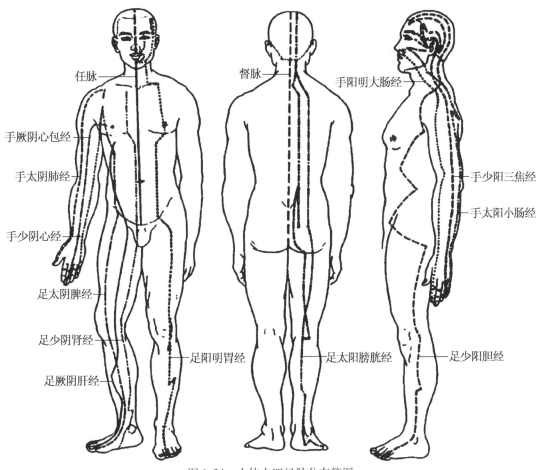

图 6.34　人体十四经脉分布简图

为了了解经络系统,必须首先了解血液循环系统。血液循环(心血管)系统是由心脏、动脉、毛细血管及静脉组成的一个封闭的运输系统。由心脏不停地跳动提供动力推动血液在其中循环流动,为机体的各种细胞提供赖以生存的氧气和其他营养物质,也带走细胞代谢产生的二氧化碳。许多激素及其他神经物质也通过血液运输到达其他器官,以协调整个机体的功能。维持血液循环系统良好的工作状态,是人体得以生存的基本条件。例如,人体血压必须维持在正常水平,脉搏随运动变化但必须迅速恢复和保持平稳。西医通过心电图可以了解心脏的运行状态,中医通过脉诊可以了解人体的"全部状态"。

人体的血液循环系统由体循环和肺循环两部分组成,如图 6.35 所示。体循环(大循环)开始于左心室,血液从左心室搏出后,流经主动脉及其派生的若干动脉分支,将血液送入相应的器官。动脉再经多次分支,管径逐渐变细,血管数目逐渐变多,最终到达毛细血管,在此处通过毛细血管的细胞与其他组织细胞进行物质交换。血液中的氧和营养物质被组织吸收,而组织中的二氧化碳和其他代谢产物进入血液中,变动脉血为静脉血。此间静脉血管的管径逐渐变粗,数目逐渐减少,直到最后所有静脉均汇集到上腔静脉和下腔静脉,血液由此回到右心房,从而完成了体循环过程。肺循环(小循环)的血管包括肺动脉和肺静脉。肺动脉内的血液为静脉血,它是人体中唯一运送缺氧血液的动脉。右心室的血液经肺动脉只到达肺部毛细血管,在肺内毛细血管中同肺泡内的气体进行气体交换,排出二氧化碳吸进氧气,血液变成鲜红色的动脉血,经肺静脉回左心房。

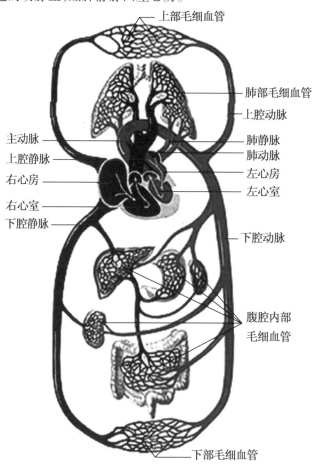

图 6.35　人体的血液循环系统

　　心脏提供的血液遍布全部器官和全身,同样,神经系统也遍布全部器官和全身。图 6.36 是毛细血管与神经末梢关系示意图,神经细胞与毛细血管之间形成"嵌入"和"缠绕"关系。血液循环系统与神经系统具有伴生关系。经络是由神经末梢、血管末梢周围组织构成的微结构,它物理上处于神经系统、血液系统、呼吸系统、消化系统和内分泌系统附近,它是连接(互联)这些分系统的组织结构。经络可以直接通过穿越分系统膜或通过神经系统间接地联系这些分系统。它是伴随这些系统进化、发育成为自主系统过程中逐步形成或留下来的系统结构。经络路径的形成与各分系统进化的空间形成和时序有关。按照生物相似性原则,经络形成的空间时序应该始于腹部,遵循其他器官发育的空间时序,从原始器官和体部开始,指向新的器官和体部,指向心脏和大脑。然后,经络再由心脏和大脑、新的器官和体部出发,指向人体更新鲜的体部。中医根据针刺的感觉,获得十四经脉的循经路线,其规律是,始于四肢的体端,向心走行,向头部走行,经络系统的十四经脉几乎都通过腹部。比较特殊的是,进化、发育过程包括腹部脐带系统的退化过程,从而使经络系统的循经路线复杂化。生物相似性指出,经络系统形成、发育以及循经路线必然遵循进化和发育的路径。

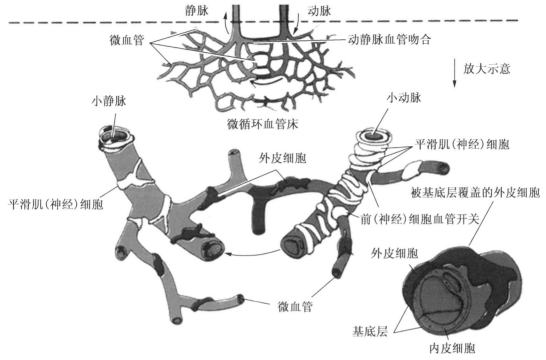

图 6.36 毛细血管与神经末梢关系示意图

因为神经传递是单向的,与之相似,经络传递也应是单向的。经络的输入是,分子层次上相对独立的神经系统、血液系统、呼吸系统、消化系统、内分泌系统的任意部位。经络是建立这些独立系统之间分子层次联系的网络系统。经络的输出是,这些独立的神经系统、血液系统、呼吸系统、消化系统、内分泌系统的对应部位,由于系统是分子膜包覆的独立系统,所以不会形成宏观的闭合回路。经络在胚胎发育期间从直接参与系统功能到参与系统构建,再转变为单纯的协调、联系、监督功能,有 26 条明确的纵向主干经脉路径(12 对正经、任脉和督脉)和复杂的网络化微路径。这些路径是人类进化过程中形成的,也是胚胎发育过程中形成的,必然符合由小至大、由内至外的外推成长原则以及神经系统向大脑皮质"端移"等原则。这些路径遵循人体发育过程的空间和时间的顺序逐步形成,例如,左右对称,从腹部向心房、向大脑、向两侧和四肢末端的时空顺序,每一条经络对应一个或多个人体重要器官。经络最后形成的突变点是脐带剪断的区间和瞬间,但伴随人体神经系统、血液系统、呼吸系统、消化系统、内分泌系统的形成过程,经络也经历了它的变化发展过程。大脑也是如此,大脑皮层具有最高级的功能,所以,由大脑皮层控制经络的功能是人体演变发展的趋向。

一般而言,神经上行传递的目的地是大脑皮质,下行目的地是各种器官,所以经络上行传递的目的地也应该是大脑皮质,但由于经络系统比神经系统更原始,所以经络上行传递的目的地不限于大脑皮质,可以直达下行目的地各种器官。根据生物相似原理中"神经系统端移化原则",未来人体自主控制的发展方向是趋于大脑皮质的自主控制,但目前人类进化阶段,不排除经络通过遗传实现交叉和合并,不必让每条经络都到达大脑皮质。在人体各大系统进化、发育、形成过程中存在时序和空间分布的构建关系,例如,四肢同步发育导致了四肢的对称性。

经络是神经末梢、血管末梢周围组织所构成的微结构区域。这一结论与中医经络学揭示的全部现象和事实非常吻合。它是可以或已经被观察到的微结构,由于这些微结构形成了"生物膜"的共享,而使观察结果不确定和令人疑惑。当中医用针刺这些经络的微结构时,这些神经末梢和血管末梢周围组织都可能有相应的液态物质流出,并导致这些经络微结构在能量最小化原则的触动下,进行新的平衡。同时,"停针"过程中金属的针与这些周围组织渗出的液态物质持续发生电荷交换与平衡的"生物化学过程"。

由于神经系统与血液系统在人体空间呈伴生状存在,神经末梢和血管末梢形成"嵌入""缠绕"和"相交"关系,出现细胞层次的"细胞共膜"现象,这种现象称为神经末梢和血管末梢交越和共膜。交越和共膜是进化的必然结果和产物。因为从生物进化相似原理看,人体不需要多余的生理结构和器官,即使出于进化的原因,渐渐多余的人体结构必然渐渐退化和消失。

神经末梢和血管末梢"交越和共膜"的区域就是中医所述的"经络"。经络具有神经系统与血液系统相似的双重"功能",特别是传导的单向性特点。但是,经络可以间接地触发神经系统,逆向传递"感觉"。经络循经单向传递经络物质信息,间接地触发神经系统,逆向传递"感觉"。

可以肯定,如果把人体神经系统与血液系统的局部或整体"造影"放在位置重叠的 3D 虚拟空间来观察,神经末梢和血管末梢"交越和共膜"的区域将形成明显的、可观察的、沿人体对称分布的 12 对最清晰的正经经络和沿人体中轴分布的任、督两经脉。神经末梢和血管末梢"交越和共膜"的区域形成与神经系统和血液系统非常相似的复杂网络,其中 26 条经络是神经末梢和血管末梢发生"交越和共膜"密度最大的区域,并且形成了经络网的单向性。

6.22.3 中医对经络的定义

经络是经脉和络脉的总称,是遍布人体、纵横交贯、具有循行规律的独立系统。它是分布于神经系统、血液系统、呼吸系统、消化系统、内分泌系统之间,建立这些独立系统之间分子层次联系的网络系统。它可以远距离联络大脑、脏腑和肢体,传导分子信息,调节人体生命活动。

现代中西医临床,可以复现经络的循经现象,可以通过更先进、更精密的方法和仪器设备重复验证经络的存在。经络是神经末梢和血管末梢发生"交越和共膜"密度最大的区域。当前,经络的循行路径图常常用经穴连线图来表示。

6.22.4 经络诊断与相似性

人体最大的自律刺激是心电产生的刺激,称为心电刺激。心电周期性刺激导致心脏肌肉周期性收缩和恢复,使心脏搏动和血液流动,并对人体所有器官和独立系统产生影响。由于心电刺激是周期性刺激,根据生物和思维的相似性,人体大脑神经系统对于完全相似的周期性刺激必然主动抑制,所以大脑神经系统不会响应心电刺激,只有当出现特殊的、非正常心电刺激时,才会做出响应。值得注意的是,经络能够每时每刻响应心电刺激,并按能量最小化原则,自动协调和优化各个独立的神经系统、血液系统、呼吸系统、消化系统、内分泌系统的工作。

西医利用心电图技术诊断疾病,发现心电刺激导致心脏搏动和血液流动,同时导致体表之间约 90 mV 的电压(电位差)波动,电压波动的图示就是心电图。根据西医的习惯,必须找到心电图与心脏机械运动的因果关系,并据此构成西医的心电图诊断技术。因此,西医的心电图诊断技术,基于心电刺激的直接测量到心脏机械运动的相似变换,通过长期观察和总结,形成基于经验的心电图的图形分析的诊断技术。它是基于间接分析的方法,该技术对于心脏疾病的诊断非常有效。作为改进可以利用相似原理和中医理论,利用心电刺激对经络的影响分析,获得对于更广泛疾病的预测能力。

中医利用手腕脉搏感知技术诊断疾病,称为脉诊。脉搏是心脏搏动和血液流动产生的机械振动,并非心电刺激对经络的直接测量。因此,中医脉诊技术也是一种间接测量手段,基于心电刺激导致心脏机械运动以后的间接测量与评估。它是通过 2 000 多年的长期观察和总结形成的基于经验的脉诊技术。这种方法需要高超的艺术和长期训练,没有客观标准,缺乏重复性,容易引入人为偏差。所以脉诊是少数老中医的技艺,难以普及。将脉诊信息电子化,获得电子化的脉搏波形和数字处理技术,可以将中医的脉诊技术标准化和科学化。

从原理上讲,基于心电刺激导致心脏机械运动以后的间接测量,会损失许多信息,特别是信息的细节可能大量丢失。根据非逻辑相似原理,心电刺激变化量与脉搏的变化量相似或等价,脉诊需要精确测量脉搏在各种状况下的变化量,要研制这种精确测量脉搏变化量的现代中医脉诊仪绝非易事,但却是可行的。值得研究的是如何从电子脉诊中分析出“寸、关、尺”三部脉象的含义,找出心电刺激变化量与由于心电刺激引起的脉搏的变化量相似或等价的关系。上述电子化信息,称为经络曲线,是具有重复性的多维的时间曲线,利用中医经络理论和相似原理中的非确定性事物的逻辑相似、相似极大值原理等方法,完全可以获得对疾病的准确判断和对疾病的变化趋势的预测能力。虽然,经络刺激诊断技术需要中医脉诊专家的知识,但这些知识和经验是可以量化的,相似原理可以处理 N 维任意复杂的事物。

如果将人体 14～19 岁的经络曲线作为基准曲线,它是人生命力最旺盛、身体状态最佳时的曲线。日后测量的曲线都可以与基准曲线进行比较,分析其当前的身体状态。如果主观对未来有预期的话,可以利用相似原理推断出应该如何改善身体的方案。一段时间后再测量并检查,如果局部预期未达到,可提出新的未来预期和改善身体的建议。这种长期跟踪,可以最大限度利用人体自身的免疫和治疗能力,实现最高效的、最小代价的、真正有意义的“低成本医疗”,为人类的健康和长寿做出贡献。

6.23 自然事物和非自然事物

6.23.1 什么是自然事物和非自然事物

物质、空间、时间构成了宇宙。宇宙中物质之丰富、空间之广阔、时间之久远都超越了我们人类的想象力。主流科学认为:现在的宇宙诞生于 170 亿年前(图 6.37),最近的那一次“大爆炸”只用了几秒钟的时间,就有了现在宇宙的大小和一百来种完全相同的物质,通过漫长的“演变”、“发展”形成了今天的宇宙。

图 6.37 太阳系:太阳和它的八大行星

银河系在宇宙中无比渺小,太阳系是银河系中难以分辨的一个"小点",而地球是太阳系中一颗中等星球。地球上生物发展历史约 38 亿年。从"微观"的角度看,一切生物似乎都来自于同一本 DNA 蓝图。通过反反复复的调整、变更、改进和修复,人类不过发展得更加充分而已。我们甚至与水果、蔬菜都十分相似。这就是生物的"相似性"。

1. 什么是自然事物

自然物质世界,由处于自然时间、自然空间中的自然事物构成。它是我们能够看到和感受到的大千世界和宇宙。自然事物存在于自然空间和自然时间中,必然具有空间、时间的无限性。

宇宙中物质世界的原始状态,是由少数完全相同的粒子组成的,现在发现有 111 种粒子。它们基于能量守恒的原则,通过最简单、最相似的运动,最终在地球上发展出我们今天的大千世界。

正是由于自然事物具有"粒子性",因此具有自发倾向于"阴阳平衡"或"能量平衡与守恒"的趋势,也必然导致自然事物的演化与发展具有"相似性"(图 6.38)。

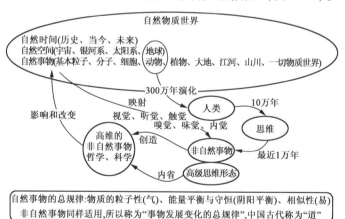

图 6.38 自然事物与非自然事物的产生和发展

自然空间中的地球用了约 38 亿年时间,发展出生命,又花了 300 万年,演化出人类,人类在最近的 10 万年有了思维能力,于是发生了突飞猛进的进化过程。他们通过视觉、听觉、触觉、嗅觉、味觉和内觉来感受自然事物,本能地试图理解、适应和利用自然事物。这导致人类的思维进入"高级思维形态"。人类有了创造能力和"内省"能力,他们学会和掌握了语言和文字,从此人类的智慧"势不可挡地发展"。他们善于"张冠李戴、移花接木、添油加醋",善于用"再相似不过的各种想法"来表达和描述自然事物。

在最近的 1 万年,人类发现,有些事物与时间、空间无关。于是被人类认识为"事物的本源或规律",认识为"道"。例如:"气"、"能量"或者"气化的粒子"、"气的自然运动和平衡"及自然事物的"相似现象"。

总结这些"规律"和"道"的途径,在中国称"内证",在西方称"思维实验"。"思维实验"是我们每个人最常用和最有效的工具。它是由个体完成的高级"思维"过程。阴阳理论、经络理论、原子论、万有引力、量子理论这些影响深远的理论,都首先来自于某个个人的"内证"和"思维实验",然后被千万人千万次重复、理解和修缮。在近代它又被逻辑的、数学的、科学的相关理论和"外证"证明是否准确并被不断地、适当地修改。通常导致重大发展的"契机"或"里程碑式的进步"都首先来自于"内证"和"思维实验"。"内证"又名"冥想"、"内省"、"内景赋"。

古代圣人都具有强大的"内证"能力。例如:伏羲、老子、亚里士多德、孔子、释迦牟尼。这些人可以自上而下或自下而上,自由地描述和解释一切自然事物和自然现象。他们可以通过"思维"在自然事物与非自然事物之间"穿梭"和"创造"。现代人也可以掌握"内证"能力。

2. 什么是非自然事物

非自然事物又被称为抽象事物,是人类思维过程的产物,是人类对于物质世界(自然事物)的反映和描述。它总是被人类抽象到与时间和空间无关的程度。非自然事物源于自然事物,高于自然事物,又称为人类创造的"精神世界"或"非物质世界"。

正是由于抽象,非自然事物高高在上,可以解释和统领一切自然事物;也正是由于抽象,非自然事物解释和描述的精准程度永远无法达到自然事物的精准程度。

人类思维创造的非自然事物,总是被人类抽象到与时间和空间无关的程度,具有自发倾向于"有序"的趋势(熵值最小化的超级平衡)。它被不断有序化、规范化、抽象化,例如人类创造的哲学和科学。

人类思维抽象的最高、最彻底的形式是数和数学,以及语言和文字。中国贡献了二进制数(包括其中适应物品交换的 16 进制度量衡及使用方便的 10 进制),尤其是中国的"汉字"独一无二、优美、表达能力无与伦比。特别有意思的是,数和数学及语言和文字又是思维、抽象的最原始和基础的形态,例如:爸、妈的发音,数的原始形态(用手指表数),是全人类自然统一的。

6.23.2　非自然事物产生过程的实例

人类的思维创造了抽象事物、精神世界和非物质世界,人类因为"思维"而成为人类。本节例举人创造抽象事物的过程,并借此说明非自然事物的主要特点。

图 6.40 中有一个质点 M 绕直径 a 做等速转动,并沿直线作等速移动,其运动方程为

$$M:\begin{cases} x = a\sin\theta = \sin\omega t \\ y = a\cos\theta = a\cos\omega t \\ z = b\theta = b\omega t = h\omega t/2\pi \end{cases}$$

时间 t 对于空间是无限均匀的、任意的、单向的。图 6.39(a) 为质点 M 做右螺线运动(四维,3D 动画);(b) 为质点 M 做左螺线运动(四维,3D 动画);(c) 质点 M 在三个坐标系中随时间变化的运动轨迹(也可以认为是质点 M 的运动被分解后在 x、y、z 三个平面投影的二

维动画)。图 6.39(a)(b)(c)均为时间变量的图像;图 6.39(d)是质点 M 运动方程的二维抽象或质点 M 在 x、y 平面投影的二维动画轨迹;图 6.39(e)是质点 M 运动方程的三维投影。图 6.39(d)(e)均为与时间无关的静止图像。

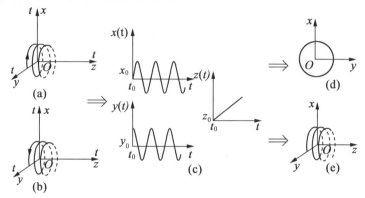

图 6.39 不同的坐标系实现抽象表达

如图 6.39 所示,人可以针对一个点状自然事物的运动,创造出不同的抽象表达。可以将质点 M 的运动表达成为四维、三维、二维等不同的非自然事物,可以与时间相关,也可以抽象到与时间无关。进一步,如果认为质点 M 随时间发光、发声、发热、甚至分裂,那么还可以将其表达成 $6\sim8$ 维,甚至 N 维事物。

可见非自然事物,既是 N 维的,又是任意维的($N\to\infty$)。它能够反映、表达自然事物和自然事物的任意侧面。不同的角度,不同的维度,它是不确定的、是变化的,且永无止境。非自然事物的不确定性并不值得奇怪,真可谓"道可道,非常道,名可名,非常名。"

无论是自然界的自然事物还是人类思维创造的非自然事物,任何事物之间都存在着某些因果关系。这种"现象"或"效应"是什么?在中国古代称为"易"。具体的有,易事、易物、易象、易相、易志、易容、易心、易行、易愿、易意、易见、简易等。研究"易"的经典,是大名鼎鼎的"易经"、"简易经"、"易学"等。"易经"讲的是"变化前与后的现象"、"变化的因果关系"、"因果关系导致的变化"、"利用因果关系推测事物"等。然而,"易"的原因和结果均依赖于"相似"和"相似性"。"易"的简单表述是:自然而然变化,也就是符合自然规律的变化。也可以认为本书赋予"易"现代科学的表达。本书通过三个层次的相似分析方法来描述任意事物之间都存在着的相似关系。

为什么无论是自然界的自然事物还是人类思维创造的非自然事物,任何事物之间都存在着"相似"和"相似性"?最简单或基本的答案是:

宇宙、物质世界的原始状态,是由少数完全相同的粒子组成的,现在发现有 111 种粒子。它们基于能量守恒的原则,通过最简单、最相似、最自然而然的变化或运动,历时 170 多亿年的漫长岁月,一步一步、慢慢地,在地球上演化和发展出今天的大千世界。这一切决定了自然事物的发展变化具有"相似"和"相似性"。

自然事物发展到一定阶段,产生了人类,人类又发展出思维能力,人类的思维创造出非自然事物和精神世界。非自然事物和精神世界,可以超越物质世界,但不可能超越相似性。因为思维的创造过程基于"相似"和"相似性",非自然事物和精神世界是一系列"相似的思维过程"产生的结果。这一切决定了非自然事物的发展变化具有"相似"和"相似性"。

如何表达自然事物、非自然事物,也就是任何事物之间客观和主观存在的"相似"和"相似性"？这是一个巨大的问题。中国古代的"易经"用文字、图片、符号做出了"尝试"。这是中国对世界的贡献。

21世纪的今天，我们需要使用更加科学的方法和手段，把"相似"和"相似性"的分析方法及应用方法提高到现代科学层次。本书提出精确的数学相似、非确定性逻辑相似和思辨相似三个层次的方法来解决自然事物和非自然事物的描述或表达。

6.23.3 内证和思维实验（"思辨相似"分析方法）

（1）什么是内证和思维实验。

"内证"是一种"思辨相似"分析方法，是缜密、准确、高效的思维过程。通过"内证实验"，可以在自我体内感受十二经络中"气、血"的流动，引导它到达它应该到达的脏腑或身体的某个部位；可以建立新的学说，例如，通过"寸口"脉象来解读人体健康状态和疾病。

其实"内证实验"与现代科学中的"思维实验"在本质上完全相同。它们都是"思维"创造非自然事物的过程，属于思辨相似方法的范畴。

"道"是宇宙、物质世界和精神世界的总规律。这个总规律就是：物质的粒子性（气）、能量自然平衡（阴阳平衡）、相似性（易）。

精神世界可以超越物质世界，但不可能超越相似性。因为思维的创造过程基于"相似"。精神世界是一系列"相似的思维过程"产生的结果。在精神世界中，阴阳平衡、天人合一、阴阳五行、相生相克乃至中医理论、西医理论、现代科学体系、文化艺术等，都是基于物质世界，通过"相似的思维过程"产生的。

但是"内证"与"思维实验"的准确性仍需要科学"验证"。我们来看一个没有被"科学验证"的"思维实验"，但是它符合熟知的"合久必分，分久必合"的"内证"结果。

据考古证明，2.5亿年前的地球，陆地呈整体大陆的形态。而2.5亿年以来，受地幔分布变化的影响，大陆板块发生"漂移"，形成今天地球五大洲四大洋的海陆分布。科学界通过分析大陆板块"漂移"的趋势，通过"思维实验"认为：再过2.5亿年以后，地球的海陆分布，将重新呈现整体分布的形态。对此，完全符合"合久必分，分久必合"的道理。古代"内证"结论与现代"思维实验"的结果完全一致。

又一个思维实验产生的物体，称彭罗斯三角形，如图6.40所示，但是它不可能在现实中存在。

图6.40 彭罗斯三角形

本例说明"内证"和"思维实验"仍需要"验证"。"内证"需要无数人获得相似的结果或用实验来"验证"。而科学验证（逻辑和实验）是"验证"的一种最为快捷的好方法。

那么"内证"、"思维实验"和"科学实验"的区别与共性是什么？"内证"和"思维实验"属于"形象思维"。中国人是世界上最善于"形象思维"的民族,通过汉字、哲学、中医、法治、道德、军事、艺术全面形成了有文字记载的、约 5 000 年历史的、最完善的、基于"形象思维"的"科学"体系。

西方文明同样起源于"形象思维"。大约 2 600 年前,亚里士多德创建了用于研究和改进思维的"逻辑学",从而使西方文明慢慢开始从"形象思维"向"逻辑思维"的习惯转变。西方的这一转变经历了 2 000 年,一直到 19 世纪牛顿建立万有引力体系,才彻底改变了西方人的思维习惯。"逻辑思维"是科学发展的必然产物和重要基础。

"形象思维"是思维的本质,也是思维最原始的形态,"逻辑思维"是对于"形象思维"的改进或补充。中国式的"形象思维"发展了 5 000 多年,或多或少是中国强大的农业文明使然。当然中国也发展出包含"逻辑思维"的内容。例如:先秦的名辩逻辑、"易经"的因果关系论、阴阳、五行的相生相克、孙子兵法、中国式的三段论等。中国人保留着"形象思维"的优势,也保留了"逻辑思维"的弱点。现代中国通过科学发展过程已经弥补了弱点,并且创造性地发展出多层次的、更加灵活的思维方式。

(2)如何进入内证状态。

"内证"是一种"思辨相似"的分析方法,是缜密、准确、高效的思维过程。那么人体是怎么进入"内证"状态的呢?

人怎样从觉醒进入睡眠,又从睡眠进入觉醒?其临界状态称为"超低觉醒状态",这个状态是"创新、顿悟、内证状态"。

在《老子》第 15 章中,有一段生动的描述:小心谨慎呵,如冬天踏冰过河;警觉当心呵,如不要惊扰四邻;中规守矩呵,如去做客;它融和疏散,一不当心就可能会冰融雪化而消散;它简单敦厚,质朴而没有雕琢;它空旷豁达,如深山幽谷;它朦胧混沌,如浑水而不能透视。让生命从喧嚣尘上的状态中逐渐地安静下来,它的朦胧混沌将会渐清渐晰;当生命渐渐地静息安定后,生命在安静的状态下会自动地积极活动起来,徐徐地展开自然稳定的生机。

《老子》原文:豫兮,若冬涉川;犹兮,若畏四邻;俨兮,其若客;涣兮,若冰之将释;敦兮,其若朴;旷兮,其若谷;混兮,其若浊。孰能浊而静之,徐清?孰能安以动之,徐生。(本节摘自:金盛渊. 国学经典·经学子籍[M]. 安徽人民出版社,2013.)

这是老子介绍的进入内证状态的方法。其实"内证"也有层次。"冥想"可能是普通的"内证"状态,比较容易进入。通常"初醒"的"朦胧"状态中,很容易通过"潜意识"转入有目标的"沉思"和"冥想"状态。这个状态是许多人解决疑难问题的方法,不管多复杂的问题和目标,"潜意识"都有解决的方法。这样的人,就是初步掌握"内证"和"思想实验"的"高人"了。人人都可以练习和掌握"内证"的能力。当然"无所事事的人"、"平庸的人"、"私欲横流的人"是永远无法掌握"内证"能力的。

(3)内证和内景赋。

古人对人体内部生理活动的认识与现代医学的最大差别在于古人以间接的内在自我感受为重要方法,现代医学以直接的实验观察为主要手段,因此所得结果有很大的差别。古人对于现代生理学的人体知识的描述,常常是以内景感受的形式来表达的。它也是一种"思辨相似"的分析方法。

用自我内景感受的形式表达事物,称之为"内景赋"。历代有诸多著说,如明代张介宾所著《内景赋》很具有代表性,尤其是他对有争议的"命门"等概念有独到的理解。在此引其全文,来说明古人对人体生理活动的认识过程。对于今天深入理解"黄帝内经"、气血阴阳经络、三焦五脏六腑有重要的帮助。

《内景赋》:类经图翼三卷经络类……内景赋

尝计夫人生根本兮由乎元气,表里阴阳兮升降沉浮。出入运行兮周而复始,神机气立兮生化无休,经络兮行乎肌表,藏府兮通于咽喉。喉在前,其形坚健;咽在后,其质和柔。喉通呼吸之气,气行五藏,咽为饮食之道,六府源头。气食兮何能不乱,主宰者会厌分流。从此兮下咽入膈,藏府兮阴最不侔。五藏者,肺为华盖而上连喉管,肺之下,心包所护而君主可求。此即膻中,宗气所从。膈膜周蔽,清虚上宫。脾居膈下,中州胃同。膜联胃左,运化乃功。肝叶障于脾后。胆府附于叶东。两肾又居肾下,腰间有脉相通。主闭蛰封藏之本,为二阴天一之宗。此属喉之前窍,精神须赖气充,又如六府,阳明胃先。熟腐水谷,胃脘通咽,上口称为贲门,谷气从而散宣。输脾经而达肺,诚藏府之大源。历幽门之下口,联小肠而盘旋。再小肠之下际,有阑门者在焉。此泌别之关隘,分请浊于后前。大肠接其右,导渣秽于大便,膀胱无上窍,由渗泄而通泉。羡二阴之和畅,皆气化之自然。再详夫藏府略备,三焦未言,号孤独之府,擅总司之权。体三才而定位,法六合而象天。上焦如雾兮,霭氲之天气,中焦如沤兮,化营血之新鲜。下焦如渎兮,主宣通乎壅滞,此所以上焦主内而不出,下焦主出而如川。又总诸藏之所居,隔高低之非类。求脉气之往来,果何如而相济。以心主之为君,朝诸经之维系。是故怒动于心,肝从而炽。欲念方萌,肾经精沸。构难释之苦思,枯脾中之生意。肺脉涩而气沉,为悲忧于心内,惟脉络有以相通,故气得从心而至。虽诸藏之归心,实上系之联肺,肺气何生? 根从脾胃。赖水谷上敖仓,化精微而为气。气旺则精盈,精盈则气盛,此是化源根,坎里藏真命。虽内景之缘由,尚根苗之当究。既云两肾之前,又曰膀胱之后。出大肠之上左,居小肠之下右。其中果何所藏? 蓄坎离之交媾。为生气之海,为元阳之窦。辟精血于子宫,司人生之夭寿。称命门者是也,号天根者非谬。使能知地下有雷声,方悟得春光弥宇宙。

(本节《内景赋》摘自:刘里远.古典经络学与现代经络学[M].北京医科大学和中国协和医科大学联合出版社,1997.)

"内景赋"的可靠性往往比现代观察还要高,为什么? 因为,"内景赋"是基于自然事物,通过思维加工和创造的结果。思维的高级程度和精确复杂程度因人而异,可能比现代科学观察能力还要高。

中国智慧认为:所谓"观察结果"是固定的"象",凡是"固定的象"一般是"假象"。必须观察到事物的变化及变化前、后之"象",唯具有因果关系的"象",才是"真相"。中国智慧强调"变化的象",也就是"易象"。现代科学的观察方法需要改进,必须注意观察事物变化的部分,才能获得"真相"(详见 6.18 节:非确定性事物的逻辑相似)。现在已经有许多融入东方智慧的科学研究成果出现,十分喜人。

6.24　证明古代和近代某些著名的定律

利用非确定性逻辑相似定律证明古代和近代某些著名的定律,非常有趣和有意义。

6.24.1　证明欧姆定律

德国科学家欧姆,通过研究一段电路的端电压 V 和端电流 I 的关系,在1841年发现和提出欧姆定律并获英国皇家学会的科普利金奖。我们不妨来重复类似的实验,并借助非确定性逻辑相似定律,证明欧姆定律及扩展的欧姆定律的适用性。

(1)取 10 Ω 和 20 Ω 电阻,加1、2、3、4、5伏直流电压,测量其电流,并计算相应的电压增量和电流增量,见表6.3。

(2)由于电压 V_i 变化引起电压相对值 $\Delta V_i/V_{i-1}$ 发生变化,同时引起电流 I_i 及其电流的相对值 $\Delta I_i/I_{i-1}$ 发生变化。

(3)根据非确定性逻辑相似定律,电压相对值 $\Delta V_i/V_{i-1}$ 与电流的相对值 $\Delta I_i/I_{i-1}$ 具有相似性,即

$$\Delta V_i/V_{i-1} \cong \Delta I_i/I_{i-1}$$

然而由表6.3可以明显看出

$$\Delta V_i/V_{i-1} = \Delta I_i/I_{i-1}$$

(4)无论取 10 Ω 还是 20 Ω 电阻,从表6.3中获得的数据都满足 $\Delta V_i/V_{i-1} = \Delta I_i/I_{i-1}$。

表6.3　电阻为10Ω和20Ω时的电压、电流值

	10 Ω 电阻						20 Ω 电阻					
序号 i	电压 V_i	电流 I_i	ΔV_{i-1}	$\Delta V_i/V_{i-1}$	ΔI_i	$\Delta I_i/I_{i-1}$	电压 V_i	电流 I_i	ΔV_{i-1}	$\Delta V_i/V_{i-1}$	ΔI_i	$\Delta I_i/I_{i-1}$
1	1	0.1					1	0.05				
2	2	0.20	1	1	0.10	1	2	0.1	1	1	0.05	1
3	3	0.30	1	0.50	0.10	0.50	3	0.15	1	0.50	0.05	0.50
4	4	0.40	1	0.33	0.10	0.33	4	0.2	1	0.33	0.05	0.33
5	5	0.50	1	0.25	0.10	0.25	5	0.25	1	0.25	0.05	0.25

(5)绘制 $\Delta V_i/V_{i-1} = \Delta I_i/I_{i-1}$ 的函数关系图,如图6.41所示。

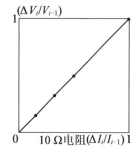
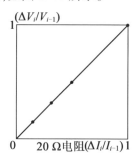

图6.41　两种不同电阻的电压和电流的关系相同

（6）取 10 Ω 电阻时表 6.3 中的数据，根据

$\Delta V_i/V_{i-1} = \Delta I_i/I_{i-1}$，对于所有 i 有：$\Delta V_i/\Delta I_i = V_{i-1}/I_{i-1} = 10$，

取 20 Ω 电阻时表 6.3 中的数据，根据

$\Delta V_i/\Delta I_i = \Delta I_i/I_{i-1}$，对于所有 i 有：$\Delta V_i/\Delta I_i = V_{i-1}/I_{i-1} = 20$。

结论：

（1）一段电路的端电压 V 和端电流 I 的关系，满足 $V/I = R$，即证得欧姆定律。

（2）由于导出 $\Delta V_i/V_{i-1} = \Delta I_i/I_{i-1}$ 没有对序号 i 和电压、电流的性质进行限定，所以已经证明了欧姆定律的一般表达式为 $\Delta V_i/\Delta I_i = V_{i-1}/I_{i-1}$，即 $\mathrm{d}v/\mathrm{d}i = v/i$。该表达式适用于任意线性或非线性电路。

（3）读者可以通过非线性的硅二极管，来证明硅二极管的端电压 V 和端电流 I 的关系并不满足 $V/I = R$，其相似关系如图 6.42 所示。但是，它满足 $\mathrm{d}v/\mathrm{d}i = v/i$。

（4）利用非确定性逻辑相似定律可证明，任意线性或非线性电路的欧姆定律的一般表达式为：$\mathrm{d}v/\mathrm{d}i = v/i$。

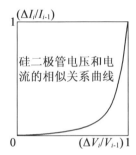

图 6.42　硅二极管的端电压 V 和端电流 I 的相似关系呈非线性

本例虽然简单，却可能使我们意识到，将相似现象扩展到逻辑相似是一项重大发现。一切事物之间的相似关系，均呈现在 0 与 ±1 之间（也可以表达为 0 与 1 之间的函数关系）。它以如此简洁的形式揭示出最普遍和最重要的相似现象。

6.24.2　预测国家未来的国内生产总值 GDP

通过历史数据，有可能预测中国未来的 GDP（国内生产总值）的数值。不妨利用鸡蛋的年平均价格 JD 和 GDP 的历史数据来做预测，一定很有趣和富有戏剧性。

国内生产总值 GDP 与鸡蛋的年平均价格 JD，是完全不同的两种事物，我们仍可以利用非确定性逻辑相似定律，建立两种完全不同事物的关系，找到两者的相似性。方法如下：

（1）通过网络查出 2005 ~ 2015 年中国 11 年以来的每年 GDP_i 数值（$i = 1, 2, \cdots, 11$）。

（2）通过网络查出 2005 ~ 2016 年（2016 年上半年）中国 12 年以来的每年鸡蛋年平均价格 JD_i（$i = 1, 2, \cdots, 12$）。

（3）求取 GDP 的相对变化 $\Delta\mathrm{GDP}_i/\mathrm{GDP}_{i-1}$ 和 JD 的相对变化 $\Delta\mathrm{JD}_i/\mathrm{JD}_{i-1}$，见表 6.4。

表 6.4　GDP 增幅和蛋价增幅

年	2005	2006	2007	2008	2009	2010	2011	2012	2013	2014	2015	2016
GDP 增幅	0.113	0.127	0.142	0.096	0.092	0.106	0.095	0.077	0.077	0.073	0.069	待估计
蛋价/元	5.45	5.55	5.12	6.50	6.49	8.14	8.75	8.18	8.47	9.81	8.69	9.00
蛋价增幅		0.018	−0.077	0.270	−0.002	0.254	0.075	−0.065	0.035	0.158	−0.114	0.036

（4）绘出 GDP 与鸡蛋 JD 平均价格的相似关系曲线图（图 6.43）。

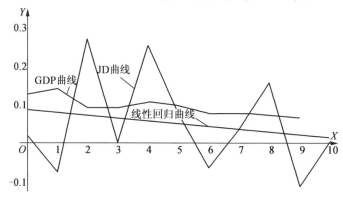

图 6.43　GDP 与 JD 的关系曲线

由图 6.43 可以看出 GDP 与鸡蛋价 JD 的相关性非常差,但仍有一定相关性,可以找到两者的相似表达式。

（5）分析 GDP 与鸡蛋平均价格 JD 的相似关系,可以采用最小二乘法拟合,获得线性方程为:$y = a_0 + b_0 x$,即 $y = 0.087 - 0.007\ 29x$。

（6）利用相似原理,GDP 和 JD 的相对变化 $\dfrac{\Delta \mathrm{JD}_i}{\mathrm{JD}_{i-1}}$ 相似,并且近似地认为 $\mathrm{GDP}_{11} = \dfrac{\Delta \mathrm{JD}_{11}}{\mathrm{JD}_{10}}$,代入 2016 年上半年的鸡蛋平均价格估计值 JD = 9.00 的相对变化值 0.036,可以戏剧性地求出 2016 年的 GDP 估计值为 0.087,也即 8.7%。

类似可以利用两类事物的原始或历史数据,找出两事物的相似关系,然后外推两事物未来变化的结果。通过实例不难看出,上述方法也适用于多个事物之间的相似关系分析。必须指出,实际问题要复杂很多,影响 GDP 的变量成千上万。本例,GDP 与鸡蛋价 JD 的相关性非常差,本质上不能用来做预测,仅作计算方法来介绍。实际问题需要考虑成千上万变量的相似关系和分析,然后才能做出有意义的、比较准确的预测。算法可参考"相似性和相似原理"的相关章节。

6.24.3　证明平面三角形内角之和为 180°

（1）欧几里得几何原本的证明方法。

2 000 年多年前,古希腊的欧几里得在他的几何原本中,利用两平行线与直线的夹角相等,证明了三角形内角之和为 180°。证明过程如下:

如图 6.44 所示,角 A、角 B、角 C 均不为零,构成任意三角形。延长线段 BC 至 D 端,在 C 端作 BA 线段的平行线 CE。由于 BA 线段与 CE 平行,所以:

线段 BC 延长线与 CE 的交角 $\angle ECD = \angle B$,$\angle A = \angle ACE$。

又因为 $\angle ACB + \angle ACE + \angle ECD = 180°$，证得：$\angle A + \angle B + \angle C = 180°$。

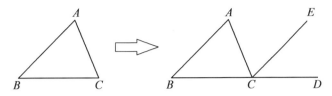

图 6.44　证明三角形内角之和为 180°

2 000 多年前,欧几里得建立了这种基于少数数学公理和哲学意义的推理系统,是人类科学进步的标志性成果。不过,即使是上述证明,他也用到了很多步的前期推理(例如,平行线的相关定理)。下面我们使用非确定性逻辑相似定理来证明,以便体会两者的区别。

(2)非确定性逻辑相似定理证明内角之和定理。

①题设,三角形 $\angle a_0$,$\angle b_0$,$\angle c_0$,其内角之和 $d_0 = \angle a_0 + \angle b_0 + \angle c_0 = 180°$。

②又设,三角形有角度增量,$\angle a = \angle a_0 + \Delta a$,$\angle b = \angle b_0 + \Delta b$,$\angle c = \angle c_0 + \Delta c$,$d = d_0 + \Delta d = 180°$；

也即,$\angle a + \angle b + \angle c = (\Delta a + \Delta b + \Delta c) + (\angle a_0 + \angle b_0 + \angle c_0) = (\Delta a + \Delta b + \Delta c) + d_0$,也就是只需证明:$\Delta a + \Delta b + \Delta c = 0$。

③由非确定性逻辑相似定理成立:

$$\frac{\Delta a}{\angle a_0} \cong \frac{\Delta b}{\angle b_0} \cong \frac{\Delta c}{\angle c_0} \cong \frac{\Delta d}{d_0}$$

根据题设,分母不为零。根据分式运算法则,

也即

$$\frac{\Delta d}{d_0} \cong \frac{\Delta a + \Delta b + \Delta c + \Delta d}{\angle a_0 + \angle b_0 + \angle c_0 + d_0} = \frac{\Delta a + \Delta b + \Delta c + \Delta d}{2d_0}$$

$$\Delta d \cong \Delta a + \Delta b + \Delta c$$

④若满足,$\Delta d \cong (\Delta a + \Delta b + \Delta c)$,$d = d_0 + \Delta d = 180°$,必有 $\Delta d = 0$,即 $\Delta a + \Delta b + \Delta c = 0$。由于三角形内角的增量之和为零,所以三角形内角之和不会变,恒为 180°,得证。可见非确定性逻辑相似定律,可以用代数方法证明几何定理,而无须几何的前期推理。

6.24.4　证明万有引力 $F = G(m_1 \times m_2)/r^2$

(1)牛顿的万有引力定律。

万有引力定律(Law of Universal Gravitation)是艾萨克·牛顿在 1687 年于《自然哲学的数学原理》上发表的。牛顿的普适万有引力定律表达如下:

任意两个质点通过连心线方向上的力,相互吸引。该引力的大小与它们的质量乘积成正比,与它们距离的平方成反比,与两物体的化学本质或物理状态及中介物质无关。万有引力

$$F = \frac{G(m_1 \times m_2)}{r^2}$$

式中,M_1 为物体 1 的质量;M_2 为物体 2 的质量;R 为两个物体质心之间的距离。

依照国际单位制,F 的单位为牛顿(N),m_1 和 m_2 的单位为千克(kg),r 的单位为米

（m），引力常数 G 近似地等于 6.67×10^{-11}（$N \cdot m^2$）/kg^2。

万有引力定律的发现，是 17 世纪自然科学最伟大的成果之一。它把地面上物体运动的规律和天体运动的规律统一了起来，对以后物理学和天文学的发展产生了深远的影响。它第一次解释了（自然界中四种相互作用之一）一种基本相互作用力的规律，在人类认识自然的历史上树立了一座里程碑。

万有引力定律揭示了天体运动的规律，在天文学和宇宙航行计算方面有着广泛的应用。它为实际的天文观测提供了一套计算方法，可以凭少数观测资料，计算出长周期运行的天体运动轨道。科学史上哈雷彗星、海王星、冥王星的发现，都是应用万有引力定律取得重大成就的例子。利用万有引力公式、开普勒第三定律等还可以计算太阳、地球等无法直接测量的天体的质量。牛顿还解释了月亮和太阳的万有引力引起的潮汐现象。他依据万有引力定律和其他力学定律，成功地解释了地球两极呈扁平形状的原因和复杂的地轴运动，推翻了古代人类认为的神之引力。

（2）利用相似原理证明万有引力定律。

万有引力定律是 17 世纪最伟大的发现，如果我们当时掌握相似原理中的非确定性逻辑相似定理，究竟会怎么样？相似原理证明方法如下：

①两个物体都有质量变化：$m_1 = m_{10} + \Delta m_1$，$m_2 = m_{20} + \Delta m_2$。

②两个物体质心间距离有变化：$r = r_0 + \Delta r$。

③两个物体间的引力有变化：$F = F_0 + \Delta F$。

④不考虑地球表面引力常数 G 的变化，根据题设成立：

$$F_0 = \frac{G(m_{10} \times m_{20})}{r_0^2}$$

需要证明

$$F = \frac{G(m_1 \times m_2)}{r^2}$$

⑤根据非确定性逻辑相似定理，对于所考虑的系统，由参数变化产生的引力变化存在非确定性逻辑相似。相似性关系如下：

$$\frac{\Delta F}{F_0} \cong \frac{\Delta F_1}{F_0} \cong \frac{\Delta F_2}{F_0} \cong \frac{\Delta F_r}{F_0}$$

也即 m_1 的相对变化引起：

$$\frac{\Delta F_1}{F_0} = \frac{(m_{10} + \Delta m_1) m_{20}/r_0^2 - (m_{10} \times m_{20})/r_0^2}{(m_{10} \times m_{20})/r_0^2} = \frac{\Delta m_1}{m_{10}}$$

说明引力变化与 m_1 的变化成正比；

m_2 的相对变化引起：

$$\frac{\Delta F_2}{F_0} = \frac{\Delta m_2}{m_{20}}$$

说明引力变化与 m_2 的变化成正比；

r 的相对变化引起：

$$\frac{\Delta F_r}{F_0} = \frac{m_{10} \times \dfrac{m_{20}}{r_0^2} - \dfrac{m_{10} \times m_{20}}{(r_0 + \Delta r)^2}}{\dfrac{m_{10} \times m_{20}}{r_0^2}} = \frac{(r_0 + \Delta r)^2 - r_0^2}{(r_0 + \Delta r)^2} = \frac{r^2 - r_0^2}{r^2}$$

显然,当 $r = r_0$ 时,$\dfrac{\Delta F_r}{F_0} = 1$;当 $r \to \infty$ 时,$\dfrac{\Delta F_r}{F_0} \to 0$,引力变化与 r^2 的成反比。

⑥作 $\dfrac{\Delta F}{F_0} \cong \dfrac{\Delta F_1}{F_0} \cong \dfrac{\Delta F_2}{F_0} \cong \dfrac{\Delta F_r}{F_0}$ 的相似关系如图 6.45 所示。

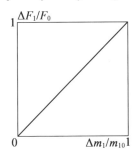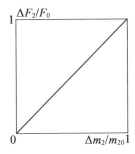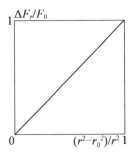

图 6.45　万有引力与两质量和距离的相似关系

⑦结论:万有引力与两质量和距离引起的引力变化的关系曲线的图像完全相同。证得:$F = \dfrac{G(m_1 \times m_2)}{r^2}$。由于万有引力非常微弱,无法通过实验的方法来验证,所以本方法若放到 17 世纪的牛顿时代(图 6.46),也会很有意思。类似的方法,读者不妨自己来证明库仑定律 $F = \dfrac{K(q_1 \times q_2)}{r^2}$。

图 6.46　牛顿与万有引力

6.24.5　证明物体下落时间与速度和质量无关,只与引力常数 G 有关

(1)伽利略的斜塔实验。

1589 年,这段时期的科学研究非常活跃,有很多崭新的科学发现。流传的故事说,斜塔实验源自比萨大学 26 岁的教授伽利略与马斯莫(一个虚构的角色)打赌。伽利略通过比萨斜塔实验,证明了物体的下落速度与其质量无关,同时下落的不同质量的物体将同时落地(图 6.47)。该实验科学地说明了自由下落物体的运动规律,并且证明了 2 400 多年前,伟大的哲学家、科学家亚里士多德通过"思维实验或内省"得出的"重量大的物体(非自然事物)下落快"的结论,是错误的。

图 6.47　比萨斜塔和重力加速度

（2）证明物体下落时间与速度和质量无关，只与引力常数 G 有关。

①设下落距离为 S，下落时间为 t，下落初速度为零，下落速度为 v，物体质量为 m（任意）。

②引力 $F = \dfrac{G \times M \times m}{(R+S)^2}$，其中，$G$ 为引力常数，R 为地球半径，M 为地球质量。

③由于地球表面物体下落距离 S 相对地球半径 R 非常小，所以距离变化引起的引力变化很小，根据相似原理，引力的相对变化为

$$\frac{\Delta F_r}{F_0} = \frac{(R+S)^2 - R^2}{(R+S)^2} = \frac{S(2R+S)}{(R+S)^2} \bigg|_{S \to 0} = 0，趋于零$$

即，因下落距离 S 变化引起的引力变化可以忽略，物体下落过程中引力不变，可以简化推导的书写。

④于是，根据 $F = ma = \dfrac{m\mathrm{d}v}{\mathrm{d}t}$，$F\mathrm{d}t = m\mathrm{d}v$，$Ft = mv$，

下落时间：

$$t = \frac{mv}{F} = m\left[\frac{(R+S)^2}{G}\right]mv = \left[\frac{(R+S)^2}{G}\right]v = \frac{v}{K}$$

其中，$G/(R+S)^2 = K$，是常数。

说明自由落体的下落时间与物体的质量无关，与 G 成反比。

下落速度：$v = \dfrac{Ft}{m} = \left[\dfrac{G}{(R+S)^2}\right]t = Kt$，其中，$K = \dfrac{G}{(R+S)^2}$，是常数。

说明自由落体的速度（包括下落终速）与物体的质量无关，与 G 和下落时间 t 成正比，时间越长速度越快（后来被牛顿总结为加速度），与下落实验地点的海拔高度有关（海拔与 G 有关）。

证得：物体下落时间 t 和速度 v 与质量 m 无关，只与引力常数 G 有关。

附加说明：为了简化证明过程的书写，认为距离 S 变化引起的引力变化可以忽略，不会影响证明的准确性，因为引力变化同时影响两个物体下落。

6.25　利用非确定性逻辑相似定理可以建立一切事物之间的关系

（1）利用非确定性逻辑相似定理可以建立一切事物之间的关系。任何环境中，不同性质、不同类型的任意事物之间的关系，均可以表达成 0 与 ±1 之间的函数关系，既简单又直观。

（2）当一切事物之间的关系可以被轻易确定时，包括人与人之间的关系、人与物之间的关系、物与物之间的关系，真正的人工智能时代就会到来。

（3）当一切事物之间的关系可以被轻易确定时，包括人与人、物与物、人与物之间的关系将会变得越来越清晰、融洽，越来越简单，生产和社会活动的效率会越来越高，人与自然的关系会越来越和谐。

6.26　生命曲线的秘密

把自然事物中的生命现象用非自然事物,即曲线和数字化的形式表达,是很有意思的事情。它也许可以帮助人们形象地看清某些生命现象的侧面,但是它不可能精确描述或表达生命现象的细节。更有意思的是,这一表达过程中充满着思辨相似。

(1)内禀生命曲线。

人类经历了约 300 万年的进化历史。从父母给予的受精卵到胚胎发育的 10 个月,这个期间小生命经历了人类 300 万年相似的进化历程。这个过程给了小生命独一无二的内禀生命曲线,图 6.48 所示为人类平均内禀生命曲线。内禀生命曲线是大自然和父母所赐。

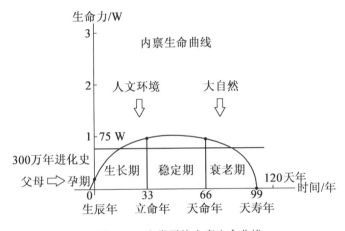

图 6.48　人类平均内禀生命曲线

图 6.48 所示人类平均内禀生命曲线 $f(t)$,纵坐标是生命力,1 个生命力的单位是 75 瓦特(W),横坐标是时间,以年为单位,分成 4 个区域。孕期:10 个月,0.83 年,为胚胎发育,成为人的特殊时期。生长期:从生辰年至立命年,共 33 年,是人发育成长达到稳定的时期。稳定期:从立命年至天命年,共 33 年,是人最稳定的时期,生理成长过程结束,抗冲击能力从最强缓慢减弱。衰老期:从天命年至天寿年,也是 33 年,是人快速衰老时期,抗冲击能力最弱。人的天寿年是 99 岁,最长可达天年 120 岁及更长。然而由于在其生命周期内不能与自然人文环境融合和平衡,往往人类平均寿命不能达到平均内禀生命曲线中的天寿年 99 岁。现代人的平均天寿年约 72 ~ 82 岁。"和于阴阳、法于术数",那些懂得将自己和于自然与人文环境的人,甚至可以享受 120 岁天年。

图 6.49 是不同人的实际生命曲线,它们具有相似的形态。其中平均内禀生命曲线(1)是应该和可能达到的生命曲线;然而有的人生命力过于旺盛,但生命周期比较短(2);有的人生命力不强,但生命周期却比较长(3);还有的人生命力一般,生命周期又比较短(4)。每个人的生命周期曲线与其基因的关系比较大,但通过后天努力仍有可能改变其生命周期曲线,变得更长寿。

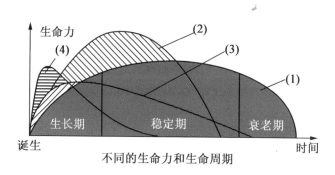

图 6.49　不同人的实际生命曲线

（2）孕期。

"孕期"是胚胎发育,成为"人"的特殊时期。300 天孕期与人类 300 万年进化历史之比,说明孕期的一天相当于进化历史 1 万年（300 万/300 天）。期间,胚胎从腔肠动物的雏形进化到鱼类雏形,再进化到脊椎动物,经历从鳃到肺的进化过程。心脏的发育,就像是重演了心脏的进化过程:从一心房一心室的鱼类心脏,变成两心房一心室的两栖类心脏,再变成两心房和分隔不完全的两心室的爬行类心脏,最后才变成两心房两心室的哺乳类动物的心脏。胚胎发育经历了人类 300 万年相似的进化历程。真可谓,胚胎发育"一天等于一万年"。

（3）生命力。

生命力的单位是瓦特（W）,那么普通人的生命力是多少？假设:马和人存在相似性,马和人的质量比是 800 kg/80 kg,那么,马和人的生命力之比是 750/P_r。于是人的平均生命力可表示为

$$P_r = 750/(800/80) = 75(W)$$

图 6.48 中一个人力为

$$75(W) = 心力 + 脑力 + 其他器官力 + 体力(肌肉和骨骼)$$
$$= 7 + 14 + 20 + 34(W)$$

其中,心脏和大脑占的生命力最大,运行中消耗的功率和能量也很大。人体的静息生命力 $P_{r0} = 7 + 14 + 20 = 41(W)$,修炼中的人甚至可以小到 $0.2 P_{r0} = 8.2(W)$。

（4）生命（生命能量）。

生命力曲线所包围的面积,即生命力曲线对时间的积分,它就是生命或生命能量。平均内禀生命曲线 $f(t)$ 的时间积分就是普通人应该具有的生命或生命能量。如果 p_p 是平均内禀生命曲线 $f(t)$ 的积分平均值 $p_p = \frac{1}{99}\int_0^{99} f(t)\,dt = 70$,那么,普通人应该具有的生命或生命能量为

$$w_p = \int_0^{99} f(t)\,dt = 70 \times 100 \text{ 年} = 70 \times 365 \times 24 \times 100 = 613\,200(kW \cdot h)。$$

可惜普通人都不能在其生命周期内拥有他本来应该拥有的生命能量。普通人生命周期内留下的生命曲线,所包围的面积都不能达到 613 200 kW · h。下面将分析其原因。

（5）生病耗能和耗命。

儿童生病时,既耗生命力又养生命力。因为儿童处于生长期,可以通过吸纳和休养,及时获得大自然和人文给予的生命力和能量补充。成年人,特别是超过立命年后,生理成长过程结束,生病时的付出无法完全通过吸纳和休养从大自然和人文给予中获得补充。成年人

入不敷出不可避免,所以生病导致耗能和耗命。

（6）举重运动的耗损估算。

举重运动过程中运动员需要付出很大的瞬时能量。例如举重 200 kg,举重发力的效率 80%,0.5 s 内将重量举过 2 m,那么其瞬间需要的平均功率

$$p = 0.5 \frac{mv^2}{\eta} = 0.5 \times 200 \times 4 \times 4/0.8 = 2\,000\,(\mathrm{W})$$

大大超过生命力极限（生命力极限一般为 3 倍人力）。

举重 100 h 耗能：

$p \times 100 / w_p = 2 \times 100/613\,200 = 0.032\,6\%$

举重 100 h 导致减寿：$0.032\,6 \times 0.01 \times 365 \times 99 = 11.6$（天）。本例说明剧烈运动对健康不利。

图 6.50 是举重瞬间体内和体外能量平衡示意图。真所谓"天人合一",每时每刻"能量平衡"。瞬间大的体内能量输出,又无法迅速接受体外能量的完全补充,结果内禀曲线所包围的面积减小,产生"透支"。人和自然的能量总和是平衡的。

（7）中年压力和坏习惯的耗损。

中年压力最大,经常超负荷工作,生活习惯不好,付出巨大,经常入不敷出。如图 6.51 和图 6.52 所示,其大量耗损导致其生命曲线发生变化。其生命曲线所包围的面积,有很大一部分被瞬间耗损取代;在未来必然导致生命力下降和寿命变短。

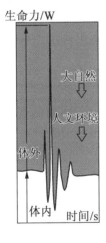

图 6.50　生命曲线在举重瞬间体内
和体外能量平衡

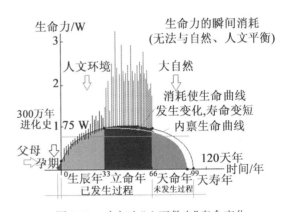

图 6.51　中年人"入不敷出"寿命变化

（8）看电影和打游戏的耗损。

大脑的平均功耗 p_{d0} 约 14 W。看电影和打游戏时,精神高度集中,大脑的平均功耗剧增为 $p_d = 4p_{d0} = 56\,(\mathrm{W})$。其他器官的功能也会被调动,平均功耗可能达到平时的 3 倍以上,$p = 3p_0 = 3 \times 75 = 225\,(\mathrm{W})$,超过人的生理极限。如果连续 24 h 耗损,则 $pt = 225 \times 24 = 5.4\,(\mathrm{kW \cdot h})$,长此以往,危及生命也未尝不可能。

（9）跑步的利与弊。

在慢跑和适度运动中,$p_r = $ 心力 + 脑力 + 其他器官力 + 体力 $= 7 + 14 + 20 + 34 = 75\,(\mathrm{W})$,会有所调整和变化。在呼吸均匀、心跳稍微加快、肢体协调情况下作周期性惯性运动（能耗不大）,p_r 可能增加 $1.25 \sim 2$ 倍,但不会很大,完全在人的生理极限以内。通过现场吸纳和后期

休息,完全可以从大自然和人文的给予中获得充分补充,同时交换出去许多不需要的能量,获得那些需要的能量,称为"吐故纳新"。但是,补充的效率会随着年龄的增长递减,变得越来越不充分。

在快跑和比较激烈的运动中,呼吸的均匀性不良,心跳变化加剧,肢体协调惯性运动难以持续保持,所以 p_r 可能增加 2~4 倍及以上,可能明显超出人的生理极限。运动过度,这样的运动得不偿失,而且随着年龄的增长,越应该避免运动过度。

(10)静坐休养生息的原理。

静坐休养生息,可以将生命力调整到最低。此时,体力(肌肉和骨骼)完全释放,几乎不再耗能。人体的静息生命力 $P_{r0} = 7 + 14 + 20 = 41(W)$,修炼的人甚至可以小到 $0.2P_{r0} = 8.2(W)$。从图 6.52 中可看出,中年有耗损,进入天命之年后,通过修炼,结果达到了超越 99 岁天寿之年的境界。

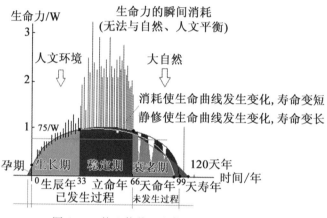

图 6.52 静坐休养生息使生命提升

静坐可以自然吸收天地之精气,是真的吗? 这关系到静坐的科学,解释如下:

静坐可以使自身所处的空间能量变小。也就是静下来、不思考、均匀呼吸,从胸式呼吸转为腹式呼吸,再慢慢自然地进入数秒一次的浅呼吸。平时大脑思考问题时的功耗约 10~14 W,心脏搏动的功耗约 2~7 W,静坐时这两项损耗将大幅下降。因此,此时你所处空间的能量也会大幅变小。

由于静坐人所处的空间能量变小,所以在"自然之力"的促动下,周围的能量就会源源不断地向你涌来。你缺少的会自然地得到补充,那些多余的也会自然地被交换出去。静坐的趋势是,自然而然地与周围和谐融合,使周围整体能量趋于最小,趋于新的平衡。显然,在此过程中关键是必须缓慢地使自身所处空间的能量变小。

如此看来,选择好的环境来静坐也很重要,因为静坐的结果是融入环境和自然,吸收环境的天地之精气。因此,在不良环境中静坐是毫无意义的,甚至有害。

静坐的姿势如图 6.53 所示,以坐姿和成球状为最佳,例如盘腿而坐或背靠静物盘腿而坐等。原因是球状的能量分布极化影响最小,能量分布也最均匀,更有利于融入环境和自然地吸取环境的天地之精气。静坐休养生息可以进入"天人合一"的最高境界。

图 6.53 静坐的姿势

6.27　气、粒子和宇宙之"道"

6.27.1　气、粒子

宇宙、物质世界的原始状态,是由少数完全相同的粒子组成的,现在发现有111种粒子。它们基于能量守恒的原则,通过最简单、最相似的运动,最终在地球上发展出我们今天的大千世界。

今天地球文明,大千世界变得越来越复杂,千姿万态。自然事物的相似性正在不断弱化,但相似仍然无处不在,相似是必然的。例如:生物的相似,自然规律的相似,我们每个人当前想法的相似等。下面来看一个事关"生存法则"的"相似性"例子。

6.27.2　生物如何利用自然之力克服重力影响

所有的生物都遵循"天人合一"的自然法则。生命现象的绝大多数过程是通过"自然之力"在无需消耗能量(或只消耗微弱能量)的前提下完成的。

首先不妨来回答:大树的根,是如何把"水"送达树冠,树冠的叶片又是如何把"光合作用"产生的"氧"送到根部的? 上述过程每时每刻都在进行。在炎热的夏天,树冠叶片"蒸发水分"需要的总水量,大得惊人,然而这一切是通过"自然之力"在无需消耗能量的前提下完成的。

这就是,生物如何利用自然之力克服重力影响的重大问题。其实,亚马逊热带雨林的巨型大树,途经百米之遥,将成吨、成吨的"水"送达树冠。在这个过程中,大树是不需要消耗任何能量的,秘密在哪里?

将大树的任何横断面,放在100～200倍的显微镜下,你可以看到,除了"管路"还是"管路";观察大树的纵向切面,可以看到这些数不清的细管道。水分子、氧分子及其他有机、无机的营养分子,它们的尺寸是如此之小,以至于"重力",也就是"万有引力"对其不起作用。水分子、氧分子及其他有机、无机的营养分子,这些"微粒"在大树的细管道中"如入无人之境"。这些"微粒"就像在外太空的"自由空间",受"自然之力"的支配,可以到达它应该到达的任何地方。大树如此,其他植物如此,动物也如此,所有的生物皆如此。

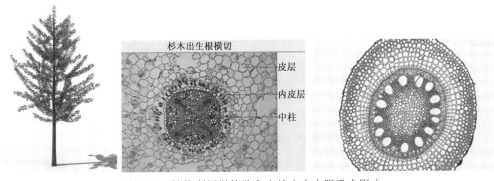

图6.54　植物利用微管路和自然之力克服重力影响

动物的内部结构比植物复杂和精细,需要在400～700倍的显微镜下,才能看到其遍布全身的微管路结构(图6.55)。人体的血液循环系统、神经系统、免疫系统及其他所有生理系统,其绝大多数生理过程是通过"自然之力"在无需消耗能量(或只消耗微弱能量)的前提下完成的。

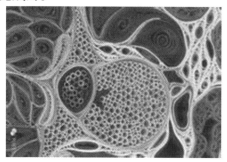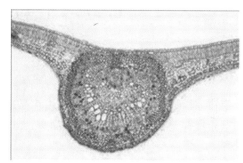

图6.55 人体小腿骨局部截面图

通过以上实验观察和思辨相似分析,可以获得以下结论:

任何生物,无论是植物还是动物,其内部或外部进行物质交换,都必须首先将物质转变成物质的原始形态,即粒子形态。

只有原始形态的物质才是"自由的物质形态",可以受"自然之力",也就是能量守恒原则的支配,自动运动到使能量平衡的位置。中国称这个过程为"气化","气化"的能量能够必然地、自发地、自由地运动。它运动的唯一目标是:保持生物系统的阴阳平衡、生物与自然的平衡。阴阳平衡运动就是自然运动和变化,8 000年前由伏羲总结,经6 000年千锤百炼,在2 600年前成书于《易学》《易经》。

科学界将事物分成物质世界和精神世界。中国古代习惯将事物分成三界:下三界相当于物质世界;上三界相当于精神世界;中间还有承上启下的中三界。中三界是朦胧的粒子化的物质世界。中三界中的物质处于"物质的自由形态",受"自然之力"、"阴阳和合"、"天人合一"和"电荷平衡"原则自由地、自然地支配。

中医看着下三界的五脏六腑、血液循环系统和神经系统,关心的却是中三界经络中的"气、血、神"如何在脏腑和人体中循环变化或进行内外物质交换。三界中,生物的生存之"道"和运行规律,中医在2 600年以前就已经了如指掌,但是未用科学语言表述。

6.27.3 睡眠的方向

睡眠的方向也应该满足与大自然的相似性。人体的生物场是有极性的,儿童体型像个球(俗称:长得球球蛋蛋),随着人体成长变高,人体的极化现象越来越明显,头顶呈阳(正极),双脚呈阴(负极)。所以人睡眠时,人体的极化方向最好与地球的磁场方向保持一致。也就是,取南、北方向为最佳,避免东、西方向睡眠。取南、北方向而眠,可以与地球磁场自然地保持一致,有利于融入地球的大环境,自然吸收环境的天地之精气。如果取东、西方向睡眠,因为人体的生物场与地球的磁场"正交",两个正交场互不影响,导致无法很好融入地球的大环境和自然吸取环境的天地之精气,或则说只能吸收环境的一小部分能量。长期取东、西方向睡眠,对成年人而言是重大损失,不过对球球蛋蛋的儿童而言,什么方向睡觉都是一样的。

6.27.4 心脏"高效"之谜

现代医学关于血液循环系统的描述仍存在不完善的地方,例如,心脏产生的动力如何将血液送遍全身？心脏将血液送出左心室的功率仅仅 2 W，如此微小的功率，是如何克服血管的阻力和地球的引力，将血液送到十万八千公里以外（毛细血管的串联总长度可绕地球 2 ～ 3 圈，地球周长约 4 万公里）。这其实是三百多年以来的人类科学之谜，一直没有说法。

　　心脏在植物神经（大脑与神经系统的最原始部分）的促动下有规律地搏动，左心室射出的血，由心脏、动脉血管及其动脉血管周围组织以谐振波动的方式推动血液，当血液到达毛细血管后，受"自然之力"的促动，以几乎不耗能的方式通过毛细血管使血液得以布满人体全身。

　　如果用一台效率高达 96% 的高速螺旋泵，在直径 8 mm、长度 2 ～ 4 m 的管路中，连续地建立 120 mmHg 水压（相当于在人体内建立 120 mmHg 血压），需要 7 ～ 14 W 的功率。如果进一步，用一台高效、高速的螺旋泵做成的"人工心脏"去替代牛、羊，甚至人的心脏，在其血液循环系统中建立 120 mmHg 的连续血压，此时所需的功率也是 7 ～ 14 W。这充分说明，不能用泵的效率来与心脏的效率做比较，两者有 7 倍之差。心脏的工作原理与传统泵的工作原理看来非常不同，甚至没有可比性。心脏的"高效"之谜，必然另有原因。

　　心脏工作原理的传统叙述，无法解释心脏的"高效"之谜。描述心脏工作原理的数学模型很不完善，因此值得研究。人体是自然造就的最精密、最完美、最高效的生命物体。图 6.56 所示是心脏的结构简图，血液由心脏左心室挤压出来，一出左心室就会撞击逆转 180° 的主动脉弓，主动脉弓极富弹性，"撞击"使血液的动能极大部分都转换成弹性势能，由于主动脉弓、主动脉血管及下层动脉血管的分支均富有弹性，而且这些血管均被其周围组织包裹、悬挂和支撑了起来（这些周围组织包括肌肉、神经、筋腱和结缔组织，也都富有弹性）。因此，主动脉弓的弹性势能能够沿动脉血管的层层分支，同步地随着心脏的搏动、动脉血管壁的径向振动和血管的轴向递推移动（涌动），将血液递推到毛细血管的输入端。即血液以

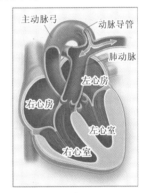

图 6.56　心脏结构原理图

压力波的形式，搏动、递推输送血液。动脉血管层层分支的终点是毛细血管的输入端，毛细血管的输出端与层层分支的静脉血管相连，再由主静脉血管与右心房相连，完成心脏的体循环。

　　血液在动脉血管中的运动是"递推运动"，就像海浪的递推，以波动的方式推进。血管、血管沿线的神经系统、肌肉组织、筋腱和血管周围的结缔组织都与血管中血液的搏动处于谐振或准谐振状态。血管沿线此起彼伏的搏动，以谐振波动的方式，把血液推往毛细血管。血液到达毛细血管后，由于毛细血管直径很小，管内血液物质具有粒子性，所以这些细小的粒子在毛细血管内完全不受地球引力的影响。它们不再需要外力推动，而是在基于能量守恒的"自然之力"的作用下，自发地到达它们应该到达的位置。在人体各类器官（包括五脏六腑）和体表的有节奏的"召唤"下，利用"自然之力"的促动，到达那些需要血液的部位。期间，部分血液中的氧和成分被就地利用或得到各类器官提供的新的补充物质，并继续送往新的目的地。最后，血液到达毛细血管与静脉血管交界的根部，再由层层分支的静脉血管，向主静脉血管结集，以谐振波动的方式，回流到右心房，完成心脏的体循环。

　　人体血液循环系统中，血液的"流动"是心脏、血管及其血管周围组织共同作用的结果，这种状态的效率极高，耗能极低。这一点好像偶然发现玻璃突然振动起来，其原因可能是数十米外一辆汽车开过引起的"共振"。由于玻璃的自然谐振频率与车的振动频率很接近，使车产生的振动波的能量以如此之高的效率传递过来。海浪也以波动的方式推进，其效率也

非常高,地震可能在遥远的彼岸引起海啸,原因就在于此。现在,人体心脏的"高效"之谜已经可以解释了,它是由于心脏、血管及其血管周围组织以谐振波动的方式推动血液,血液到达毛细血管后受"自然之力"的促动,使血液得以布满人体全身。

还有一个原因是心脏搏动的频率(心率每分钟 60 ～ 70 次)非常合理,它被"进化"优化到了"极致"。从心脏到动脉血管末梢(毛细血管的输入端)的距离约 1 m 左右,脉搏的波长约 10 m,如此低的频率使血液在动脉血管中传输的损耗非常小。虽然毛细血管串联总长达数十万公里,但由于实际的毛细血管是四通八达的立体网络,它们依据"自然之力"运送血液,因此,心脏的每一次搏动都有足够的时间花在毛细血管网络的自由"选择"中,都可以把热血输送到人体最远和最需要的地方。就是如此,人体的"精妙"进一步造就了人体心脏的"高效"。由于上述原因,还可以推断,心脏的任何一次搏动,都包含了将血液输送至全身的足够信息,因为心脏的每一次搏动,理论上都可以把热血输送到人体最远和最需要的地方。

6.28　胚胎的发育过程是人类进化过程的"缩影"

胚胎的发育过程是人类进化过程的"缩影"。一个单细胞的卵子,允许一个精子进入,并开始来到子宫,发育出胚囊(图 6.57)。8 天后胚囊着床,并分裂发育成几百个细胞(图 6.58)。

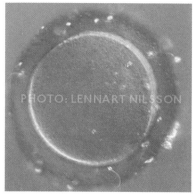

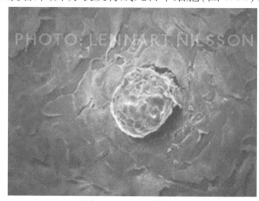

图 6.57　一个精子进入卵子　　　　　　图 6.58　　胚囊着床

24 天后,第一批发育的器官是:卷成管状的脊柱和端移的大脑雏形,还有已经开始跳动的心脏雏形,如图 6.59 所示。

40 天后,胎盘和胚胎被流动着生命之血的脐带紧密连接在一起。有点像鱼,并且有一根长长的尾巴。内脏也像鱼。这时候的心脏像鱼的心脏一样,只有两腔。之后,心房被一系列复杂隔片从上部分成了两腔,然后心室再被一个从下部长出的隔片分成了两腔。这个心脏发育的过程,就像是重演了心脏的进化过程:从一心房一心室的鱼类心脏,变成两心房一心室的两栖类心脏,再变成两心房和分隔不完全的两心室的爬行类心脏,最后才是两心房两心室的哺乳类心脏。符合进化中相似变化的规律,就像人类进化的一个缩影(图 6.60)。

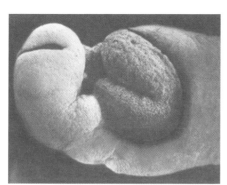

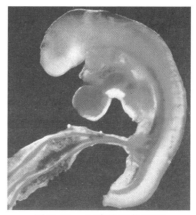

图 6.59　脊柱、大脑和心脏锥形　　　　图 6.60　心脏的进化过程

6 周后,有清晰的脊椎,神经系统快速发育和成长。尾巴不见了,四肢开始生长(图 6.61)。

7 周后,眼睛成型,人形可见(图 6.62)。血液循环系统与神经系统同步快速发育和成长。8、9 周后,V 形血管在头骨融汇处发育,已清晰可辨,大脑膨大很快(图 6.63)。

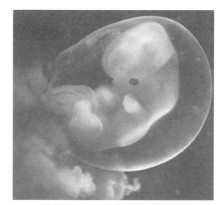

图 6.61　清晰的脊椎　　　　　　　图 6.62　眼睛成型,人形可见

母体通过脐带向幼体输送空气、血液和意识的过程一直持续约十个月之久。不过,十周后,大约 30 mm 的胚胎进入胎儿阶段(图 6.64,图 6.65)。脐带供应系统已逐渐向胎儿自主血液循环、自主呼吸、自主意识建立缓慢转化。

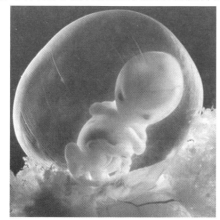

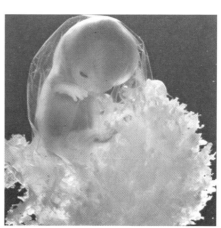

图 6.63　V 形血管和大脑膨大　　　　图 6.64　手长出来了

16周的胎儿可以探索自己的身体和周围的环境(图6.66),听到声音,如汽车喇叭以及父母交谈声。胎儿自主血液循环、自主呼吸、自主意识开始起作用了。

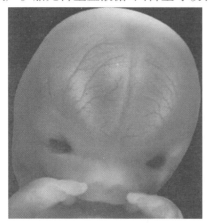

图6.65　鼻和嘴的雏形

图6.66　开始探索周围的环境

16周胎儿的腿充满能量,骨骼主要由软骨构成,动脉清晰可见(图6.67)。20周后,皮肤上出现胎毛和头发,皮脂腺和汗腺出现;会张嘴吞咽羊水;肠道内有胎粪积聚,主要为胆囊排出的胆汁。肾已经能排尿,尿液排入羊水中,胎儿的四肢能活动。五脏六腑的自主功能都在跃跃欲试,300天后生命诞生(图6.68)。

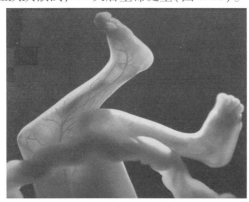

图6.67　腿部软骨和动脉清晰可见

图6.68　300天后生命诞生

在十月怀胎的过程中,母体脐带供应系统,逐渐向婴儿自主呼吸、血液循环和意识建立和发展缓慢转化,直到剪断脐带的最后瞬间,才真正完成。可以想象剪断脐带的瞬间这套供应系统是如何突然向新生儿体内"收缩",最后在幼儿腹部留下一个"神阙穴"。"神阙穴"是生命的转折点和里程碑。(本节的图片来自网络视频)

6.29　从生物的相似性看经络的存在性

从生物中普遍存在的相似现象可以看出经络存在的原因、存在的目的和应该具有的功能。观察人体不同器官如何进化、进化的时序和趋势,分析进化的原因就可以看出经络存在的端倪。

（1）无论是植物还是动物，对生命体而言，其内部任何系统之间进行物质与能量传递、交换、合成过程，必须退回到物质最原始的形态来进行。例如，血液循环系统与神经系统之间的物质与能量的传递、交换与合成，必须将双方需要交换的物质变成原始状态的"分子"这样的"微小粒子"，因为粒子化的物质才有可能在经络中完成物质与能量的传递、交换与合成。经络是两个系统之间由其各自的末梢互联形成的微结构和微管路，物质在这样的微结构中运动不需要消耗能量，可以利用"自然之力"进行自由运动，其效率、合理性及整体效果总是最优的。

（2）大脑皮层是大脑进化中最新鲜的部分，而脊椎是神经系统中最古老的部分，也是最原始的部分或结构，大脑主体居于进化时序的中期。大脑皮层作为大脑进化中最新鲜的部分，每天都在进步和变化，使得人能够更好地适应环境和自然。

（3）免疫系统是人体最后进化形成的系统，分布在人体的脊椎、胸腺、淋巴、脾脏、肝脏、盲脏、血液循环系统、神经系统、消化系统、呼吸系统和生殖系统周围的微观组织之中。它与上述所有系统或脏腑保持着"分子"层次的密切联系。免疫系本身不像五脏六腑一样，具有独立器官的生理形态和结构，但它具有明确的生理目的和生理功能。它的产生、发展和进化均以生存为目的，并且它的作用正在变得越来越重要。人体的免疫系统每天都在进步，它进化出新的"分子或细胞"去应对不断变换的"危机"，使人能够更好地适应环境和自然。

（4）经络系统是人体血液循环系统和神经系统伴生发育过程中，在其交界区域形成的微观互联组织，具有物理实质和结构。经络系统具有明确的生理目的和生理功能。它与免疫系统非常相似，分布在人体全身；又不像五脏六腑那样，具有独立器官的生理形式。事实上经络系统与免疫系统密不可分，因为进化的需要，经络系统的一部分早已进化成为免疫系统的一部分。所以也可以认为，免疫系统属于经络系统，是古老经络系统中比较新鲜的那一部分。

呼吸系统是在人出生的最后时刻被完全激活的器官。它是通过血液循环系统向整个人体提供"氧"的重要器官。"氧"这种粒子化的物质可以通过人体的任何微循环"管路"到达人体任何需要"氧"的部位，这一切受"自然之力"支配。

（5）对于人体这样复杂和精密的大型系统，其内部的分系统，常常是无法明确界定的。它们的全部、整体都以微观组织的形式互相交接、复合、融合，这在生物体内是非常普遍的自然形态。人体内部任何系统之间都必须通过最原始的粒子形态来进行物质的传递、交换和合成，这是一条非常重要的规律。即使是五脏六腑之间，以及五脏六腑与人体内部一切物理实质之间，都无一例外必须通过那些互相连通、交接、复合、融通的微观组织来传递、交换、合成这些原始粒子形态的微观物质。所以认为经络系统、免疫系统应该像五脏六腑那样具有明确结构的猜想是天真和不切实际的。其实人体大脑，也不过是神经系统中规模较大的一部分，脊椎和布满人体每个角落的神经及其神经末梢才是神经系统规模最大的部分。因此，神经系统是与其他所有人体器官互联的巨大网络系统。

（6）生命现象的绝大多数过程是通过"自然之力"在无需消耗能量（或只消耗微弱能量）的前提下完成的。

6.30　不同时间和空间尺度下的保守系统和耗散系统

　　整个宇宙是能量守恒的保守系统。宇宙中物质的分布是不均匀的,就是这种不均匀促使宇宙向均匀的方向变化,并使宇宙产生运动。宇宙运动的平均趋势是使得宇宙能量分布按最均匀、最小的方向变化。虽然这种平衡状态永远不可能达到,但趋势是永恒的。

　　从宇宙尺度看,太阳系也是能量守恒的保守系统。总有一天,太阳系会土崩瓦解,融入宇宙。太阳系中的唯一恒星是太阳,它与它的 8 大行星们,有着不同的身份。太阳是有序的液态大火球,太阳拥有太阳系全部质量的 90%。太阳正在每时每刻燃烧自己,放出能量,失去质量,带领着整个太阳系融入宇宙。

　　然而,从太阳系的尺度看,太阳与其背景(整个宇宙和太阳系中的行星们)交换能量。太阳既从宇宙吸收到大量能量,又向太阳系内部迅速耗散它的能量。从宇宙尺度看,太阳系正在从有序走向无序。然而,从太阳系的尺度看,太阳是无序的液态大火球,为了维持太阳系的有序性,太阳正在耗散它的能量。它的 8 大行星们吸收太阳放出的能量,大家一起千方百计地保持自身有序的结构和在太阳系中的地位。太阳的质量与它控制的全部行星(和小星体)的质量时刻保持着平衡。所以,从太阳系的尺度看,太阳系是典型的耗散系统,它能够维持自身的有序性。因此,在不同时间和空间尺度下,保守系统和耗散系统是可以转化的。

　　太阳系中有一颗叫地球的行星。地球上有丰富多彩的生物,每一个生命体都会从周围吸收能量,又向周围放出能量。生命体来自有序的分子或细胞,通过吸收周围的能量,使自身向更加有序的形态发展。从地球的尺度看,生命体被称为耗散系统。但是从生命体的尺度看,生命体的内部存在着大量局部的保守系统和保守系统具有的行为。例如,任何生物,无论是植物还是动物,其体内各部位之间物质的传递、交换、合成,必须通过最原始的粒子形态来进行。在生物体内,能量物质的传递、交换、合成必须以粒子的形式才能进行,这些几微米或亚微米的物质在人体各类毛细管路中运动,就像处于"真空自由状态",并不需要人体提供额外的能量,它们由"自然之力"驱动,总是依最优的路径和方式到达它们应该到达的部位。因此在这个尺度下,人体是典型的保守系统。地球上的生物,无论是植物还是动物都利用物质的粒子性和基于能量守恒的"自然之力"来克服地球引力。因此,从整体看,人体是耗散系统,能够通过获取外部能量来维持人体的有序性和生命;而从微观看,人体每时每刻利用物质的粒子性,利用基于能量守恒的、保守系统才拥有的"自然之力",来传递、转换和利用外部获取的能量。因此人体既是耗散系统又是保守系统。人体具有耗散系统和保守系统的双重性,除非这个人体已经无法维持其生命走向了死亡,它才彻底属于保守系统的一部分。

6.31　发明各向异性材料

　　"认知相似"可能涉及不同性质事物之间的相似,可能涉及受相似因果关系约束而呈现的相似现象。其实任意事物之间总能找出它们的某些相似。

　　我们来举一个发明新材料的例子。一个普遍的认识是:任何材料在"场"的作用下,都会受某些影响,而产生某些变化。这些"场"包括重力场、磁场、电场、温度场和辐射场等,可能从原子层次或分子层次对材料产生作用和影响。在"场"对任何材料施加作用和影响时,必然产生许多相似的因果关系约束。因此,材料发生的变化部分也会呈现逻辑相似现象。这些变化可以被逻辑相似原理理解为逻辑相似的现象,它可以被利用,可以启发我们研究、发明和制造出新的功能材料。

(1)既绝缘又导热的涂料和漆。

电机(发电机和电动机)中普遍使用表面涂布绝缘漆的铜线,称为漆包线。绝缘漆是绝缘又绝热的材料,因此漆包线的导热能力差。将普通绝缘漆改性成为既绝缘又导热的涂料和漆,意义重大。这个项目不仅可以节约用铜,还可以用铝线代替铜线,属"绿色能源项目"。

方法(a):在涂料和漆中添加氧化铝粉,可以使导热能力提高 4~20 倍,而绝缘性能基本不变。

方法(b):在涂料和漆固化期间,施以"场"的作用和影响,使固化后的材料的导热性能具有明确的方向性,成为各向异性的导热材料。如果材料沿正交两个方向的性能有明显区别,那么必然是某个方向上的性能更突现,而另一方向的性能被弱化。

(2)各向异性的永磁材料。

高磁能积永磁材料(例如:钕铁硼磁钢,磁能积 $B_r \times H_j$ 很高,其中剩磁感应强度为 B_r,矫顽力为 H_j)是各向异性的永磁材料。将铁、钕、硼等微粉材料通过模具挤压制成坯料,然后在高温炉中烧结成磁钢毛坯。如此工艺制备的磁钢,是各向同性的磁性材料。它的磁能积低,但是可以任意方向充磁,称为各向同性的永磁体。

如果在模具挤压制成坯料期间,对坯料施以"恒定磁场",坯料中导磁的微粉材料就能沿磁场方向取向,退磁后,取向不变。如此取向后的坯料在高温炉中烧结成磁钢毛坯,也具有取向的相似性质。它充磁后成为各向异性的磁性材料,其磁能积可以提高 2~4 倍,但是只能平行于取向的方向充磁,称为各向异性的永磁体。各向异性的永磁体的出现是材料科学的一项重大发现,对 20 世纪 80 年代以来永磁电机的迅速发展产生了决定性影响。

铁氧体可以用相似的方法,制造出各向异性的铁氧体永磁材料。

塑料永磁材料没有相似的生产过程,所以目前塑料永磁材料都是各向同性的,磁能积非常低,但是我们仍然有办法将塑料永磁材料做成各向异性的塑料永磁材料。

认知相似发现:在地球重力作用下,球状物体自由堆满正方体容器后,必然是对称和各向同性的。片状物体、椭圆状物体或线状物体,在地球重力作用下,自由堆满正方体容器后,必然是非对称和各向异性的。因为,在地球重力作用下,片状物体、椭圆状物体或线型物体的自由下落状态趋于一致,这些物体的长轴方向趋于水平方向。

先将铁、钕、硼等微粉材料磨成椭圆状、片状或线状材料,再将这些有向材料混入塑料、溶剂中,在有向"场"(力场或磁场)的作用和影响下固化。固化过程中可以形成与有向"场"方向一致的各向异性的永磁材料。定向充磁后,它成为各向异性的塑料永磁材料。此外,在塑性材料加温挤出时,片状物体、椭圆状物体或线状物体的长轴方向也会自动地按挤出方向排列,结果同样可以获得各向异性的塑料永磁材料。各向异性的塑料永磁材料,特定方向的磁性能也有 2 倍左右提高(通常取决于材料的长径比)。

(3)OLED 超大屏幕的导电基板制备工艺改进。

OLED 超大屏幕的尺寸已经达到 200 in,制造工艺非常复杂。超大屏幕显示器的导电基板的经纬电极若采用传统氧化铟锡镀膜和刻蚀工艺,尺寸越大,电极的电阻就越大,图像信号的损耗太大,不能满足技术要求。新技术采用纳米银浆和转印工艺,在玻璃基板或塑料薄膜上制备经纬电极。同样,这种工艺也存在电阻大、图像信号损耗太大的问题。

考虑到银浆转印后存在固化过程,固化过程需要时间,于是为利用固化时间进行各向异性处理提供了可能性。具体方法是:在银浆转印后的银浆电极固化时间内,对电极通电,此时,在直流电场作用下,本来呈各向同性的银浆内的纳米银粒,会沿电流方向排列。固化后形成的经纬电极线将呈各向异性状态。也就是说,经过上述各向异性化处理,超大屏幕显示器的导电基板的经纬电极的电阻大幅度减小,并可以满足超大屏幕显示器的技术要求。

(4)"场"的作用特点和利用。

重力场、磁场、电场、温度场、机械力场和辐射场等是不同的场,它们的性质和特点非常不同。重力场、温度场可以从分子层次对材料(微粉或颗粒)产生作用和影响。特别是材料处于气态、液态或凝固态环境中,这类场更能起作用。

磁场、电场可以从原子层次对材料产生作用和影响。因为在原子层次下,任何材料内部的粒子之间的相对距离很大,空间非常空旷,所以电子等基本粒子在磁场、电场作用下可以产生受控的运动。磁场、电场也可以同时从分子层次对材料产生作用和影响。高磁能积永磁材料的制备工艺,利用磁场从原子和分子层次对材料产生作用和影响,但是分子层次的性质利用很不充分。如果能够采用本节各向异性的塑料永磁材料的工序,将铁、钕、硼等微粉材料磨成椭圆状、片状或线状材料,再进入后续工序,可能使永磁材料的磁能积有更大提高。由此可见,深层的认知相似原理帮助我们更全面利用了"场"的性质。

有机分子的"键合"过程中同样可以通过施加重力场、磁场、电场、温度场、机械力场和辐射场来影响其"键合"的结果。用物理方法是可以改变分子形态的,例如,通过物理方法可以打开大豆环状高分子(纤维)成线性高分子,并可以拉丝织布。又如电场作用下的离子化学处理方法。再如,加入氧化铝粉环氧树脂胶,在实际的发热场中固化,那么,该固化的结果对该实际的发热场的散热效果必然自然倾向于最优,通常散热效果可以提高20% ~ 30%。

其实只要反复思考,更深层次的认知相似就会展现。通过思想实验,综合应用相似原理的数学、逻辑、思辨的方法,能够帮助你获得你希望得到的认知相似结果,创造属于你的重大发明。

6.32　量子递推运动

当前量子理论在波尔量子理论的基础上其实并没有多大发展,甚至出现了许多有争议的解释。

量子现象的本质是:量子具有"同一性",例如光子、电子、中子等,它们都具有"同一性"。也就是从个体而言,它们具有相同的质量、体积和运动性状。

"同一性"是一种特殊性。例如图6.73,一段1 m长的管子,如果一个小球的直径为1 mm,那么它要运动1 000个1 mm的身位,才能从1 m长管子的A端运动到B端。如果运动时间需要1 s,那么小球的运动速度是1 m/s。如果1 m长的管子中预装了1 000个小球,那么显然,A端小球运动一个身位,也即1 mm,B端就可以出现一个完全相同的小球。也就是说,在量子领域,由于粒子的"同一性",该小球量子的运动速度可以达到1 000 m/s。这类量子化的运动称为量子递推运动,图6.69所示为量子递推运动原理示意图。

太空中的光子、导体中的电子、水管中的水流,都作量子递推运动。图6.69是宏观尺度下,用宏观物体的运动解释微观递推运动的"特例"。比较遗憾,我们当前还缺乏物理手段去观察真实微观下的量子递推运动。

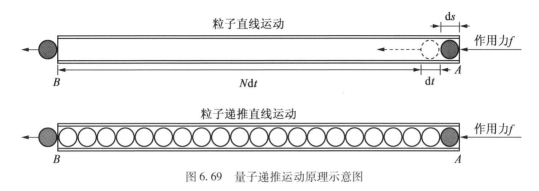

图 6.69 量子递推运动原理示意图

6.33 认识宇宙和事物的基本方法

什么是认识宇宙和事物的基本方法？为什么可以通过微观来认识宏观,也可以通过宏观来认识微观？有办法证明吗？

其实"利用相似性和相似原理"可以证明:由于任何自然事物的变化与发展都具有相似性,所以无论是通过微观来认识宏观整体,还是通过宏观整体来认识微观,都具有相似意义下的科学性。将两种方法结合起来,更是认识宇宙和自然事物的最佳方法。

真可谓老子《道德经》开篇云:"道可道,非常道。名可名,非常名。无名,天地之始;有名,万物之母。故常无欲,以观其眇;常有欲,以观其徼。此两者同出而异名,同谓之玄,玄之又玄,众妙之门。"(本节摘自:金盛渊. 国学经典·经学子籍[M]. 安徽人民出版社,2013.)。

这段话的解释如下:

"恒无欲"是对事物的认识由"无形的微观"而及于"形";"恒有欲"则是由"有形的整体""徼"而及于"微妙",即"眇"。两欲观察法互相配合,由"眇"及"徼",又由"徼"及"眇"。两种方法"同出而异名,同谓",若能天衣无缝地配合,更是妙不可言"玄之又玄"。可见,中国的老子在 2 600 多年前就提出了认识宇宙、解开一切奥妙"众妙之门"的钥匙。

6.34 用相似原理分析超导电性状

通过机械、物理、化学的方法使组成物体的物质粒子外层电子的相互间距减小或接近,特别地,当接近程度达到其物质粒子的外层电子轨道间距时,该物体瞬间呈现超导电性状。外层电子轨道间距可以近似理解为等效的物质粒子间距。

当物质粒子间距接近程度达到其物质粒子的外层电子轨道间距时,物质原子核对外层电子的束缚力大幅度减弱。也可以理解成物质共享电子的概率大幅增加,出现大量新的化学键。原子核共享外层电子后,导致大量电子呈现"自由电子"状态,即可能出现超导电性状。

使物质粒子外层电子的间距减小或接近的方法如下:

（1）降低温度，可导致等效的物质粒子间距减小。纯金属的电阻随温度的降低而降低，并在绝对零度附近时消失。其原因是，绝大多数工业用的纯金属材料仍是由大量小块晶体组成的多晶体。在整块材料内部，每个小晶体（或称晶粒）由空间三维界面与其他近邻晶体相隔。这种界面称为晶粒间界，简称晶界。晶界厚度约为两三个原子，因此它们都不可能呈现常温超导电性。当温度降低时，小晶体的排列趋向能量最小分布，即小晶体的排列趋向更加整齐和致密，从而导致小晶体与小晶体的表面接触的面积和紧密度提高，等效物质的粒子间距减小。当晶界厚度变为一个或两个原子以下时，就可能出现超导电性状。

（2）氧化物晶体中也可能出现高温超导电性。因为理想晶体表面是由外层电子构成的，晶体的多面体的表面与相邻晶体的多面体的表面非常接近，部分氧化物晶体与晶体的表面接触的面积比较大且紧密度高，其等效的物质粒子间距比较小，可能在高压低温（几 K 至几十 K）下出现超导电性状。

（3）石墨烯作为一种单层（或几层）原子构型，当两层石墨烯以一个"特殊角度"缠扭在一起时，它们甚至表现出常温超导电性。原因是：石墨烯单网层中，碳原子的间距为 142 pm（近似于物质粒子外层电子的相互间距），每一层间的距离为 340 pm，此时每个碳原子与其他碳原子只形成 3 个共价键，每个碳原子仍然保留 1 个自由电子。当两层石墨烯以一个"特殊角度"缠扭在一起时，两层间的距离将减小或接近 142 pm，就会增加新的共享电子，因此产生大量自由电子，从而呈现常温超导电性。

（4）由于天然石墨的自然分层，一定条件下，少量粉碎后的天然石墨颗粒具有类石墨烯的单网层结构，将其漂在水中，在室温下偶然能表现出少量天然石墨颗粒呈现超导性（抗磁性）。

（5）膨化石墨渗铝后，成为铝基石墨材料，该材料在高压常温下可能出现超导电性状。将膨化石墨泡在水中，常温下施加高压或将其冷冻，均有可能出现超导电性状。这也许是超导最具前景的普及应用。

（6）传统的铜基氧化物、铁基铜氧化物、铌锗合金、铅、汞、碳纳米管等超导应用已经比较成熟。通常导电性能好的金属和非金属及其化合物容易通过机械、物理、化学的方法提高其导电性，甚至产生超导性。

6.35　为什么使用神经元并行计算机语言

"神经元并行计算机语言（Neural Parallel Language，NPL），是一种接近人类思维本质的新的计算机语言系统，它是面向未来人工智能时代的计算机语言系统。在 NPL 语言中，每个基本单元文件相似于一个具有独立运算能力的神经元，神经元文件之间可以单向异步发送消息。NPL 的编程模式高效、简洁、智能，具有极高的容忍性和无限的可扩展性。

NPL 是并行计算机语言，这一点与传统计算机语言有很大不同。NPL 有能力在一台计算机上同时处理许多不同的"事件"，也可以让许多不同的计算机一起同时处理更多的不同"事件"。具体说，NPL 的编程可以从原理上避免出现"程序冲突"，并且可以从原理上快速处理"并行突发事件"。NPL 的这个特点与我们人类的"神经元网络"非常相似，NPL 的编程就像在编织一张巨大的神经元网络。

大脑和神经元网络是人类长期进化的产物，NPL（神经元并行计算机语言）是相似性和相似原理的具体应用，它建立在与"人类神经元网络"相似属性之上，是 21 世纪最重要的计算机语言系统。

6.36　基于相似原理的可自主运动的人工智能人物(机器人)

当你有了"随心所欲"创作任意复杂 3D 动画、游戏和电影的能力时,还可以接触更有挑战性的学习和研究。研究和创造基于相似原理的可自主运动的人工智能人物(机器人),并且通过动画、游戏、电影的形式来展现和仿真人工智能。

当今,基于深度学习、大数据技术的发展,人工智能初见端倪,但本质上仍然没有太大突破。我们已经有点熟悉的相似原理和 NPL 提供了比较接近人类思维本质的底层模型和仿真平台,提供了部分表达思维和模拟思维的方法和展现平台。

研究一个由 16~24 维骨骼变量和一维声音变量描述的电子人物;研究上述多维电子人物运动维度的分解方法,对其时间维和空间维进行压缩或延拓的表达;研究其不同维的时间起点发生偏离后的行为表现;研究其忽略不同维的运动表现;研究上述多维电子人物的分维表达、相似性匹配、运动的压缩存储、运动的复现、运动的组合等关键技术……这些研究使得该多维电子人物在时间片断中的全部行为可以被记忆和复现,行为的速率可以被加快或减慢。

进一步通过增加维数和相似度匹配算法,上述多维电子人物可以通过自我学习而拥有"智能",例如对不同环境的反应。随着多维电子人物的运动库和知识库不断扩充,多维电子人物有可能拥有"思维"能力,做出与之"经历"相似的创新行为和动作。

上述多维电子人物,通过少量主动训练和随着大量随机的自主学习过程,可以学会和自我改进其行走、奔跑、跳跃、转向、攀爬、躲避、游泳、飞檐走壁、避障、复杂的肢体运动、表情动作等能力。该多维电子人物对物理碰撞有反馈,对环境和周边人物可以做出反应,甚至面对特殊的新场景做出特殊反应。当成千上万的人参与其中,为增加电子人物的知识提供创新的具有智能的"时间片段"时,人工智能的发展可望突飞猛进。如图 6.70 所示,由具有人工智能的可自主运动的多维电子人物构成的动画能够与观众互动随机产生动画情节,这是前所未有的人工智能成果的展现。

图 6.70　具有人工智能的可自主运动的多维电子人物

基于相似原理的人工智能可自主运动的人物动画仿真系统不仅是新理论的研究成果，而且体现了人工智能走向实用的就近理论和实用方法。这些理论和方法可以在工业、军事等领域直接使用。该研究成果的应用和推广，可望导致人工智能的新理论、新方法和实际应用出现突破性进展。

1. 正在开展的研究内容

（1）多维电子人物的分维表达理论和方法研究；

（2）运动的压缩存储、运动的复现、运动的组合理论和方法研究；

（3）时间维和空间维进行压缩或延拓的算法研究；

（4）不同维的时间起点偏移对行为影响、自动对齐时间起点的算法研究；

（5）多维电子人物的分维和减维对人物表达的影响；

（6）相似性匹配理论和算法研究；

（7）多维电子人物的物理碰撞与反馈研究；

（8）主动训练和随机训练、自主学习的机理和算法研究；

（9）行走、奔跑、跳跃、转向、攀爬、躲避、游泳、飞檐走壁、避障、复杂的肢体运动、表情动作的"捕捉"，模型化，构建自适应数据库；

（10）基于相似原理的人工智能自主运动的人物动画仿真平台的开发研究；

（11）多维电子人物的群控、合作、群体性研究；

（12）人脑模拟研究包括：人类的注意力、长期与短期记忆、神经元的不应期（一种避免重复播放，类似人类强迫症的保护机制）、情绪（一种与注意力相关的无处不在的能量维度）、时空相似匹配（基于粒子时间序列的快速匹配算法）；

（13）基于相似原理的人工智能自主运动的人物动画仿真系统应用示范。

2. 应用扩展

（1）培养出大量具有人工智能的可自主运动的多维电子人物，并推广与应用；

（2）智能多维电子人物在游戏、教学或军事仿真系统中的应用示范；

（3）商业应用研究。

6.37　相似原理在 3D 动画与编程工具中的应用

将相似原理应用到人工智能领域，让计算机拥有和人脑相似的能力意义重大。从相似的角度看，人类的记忆如同计算机中的 3D 动画，人类的思维如同计算机中的编程。

人脑 = 记忆 + 思维 = 3D 动画 + 编程 = Paracraft（创意空间平台）（图 6.71）

图 6.71　基于相似原理的 3D 动画与编程工具

本节介绍基于相似原理研发的 Paracraft 创意空间平台。Paracraft 是一款免费开源的 3D 动画与编程创作软件,可以用它创建 3D 场景和人物,制作动画和电影,学习和编写计算机程序。在 Paracraft 创意空间平台上,你可以与成千上万的用户一起学习创作和分享个人作品。

Paracraft 官网: https://paracraft.keepwork.com,推荐参考图书《Paracraft 编程入门》。

3D 动画与编程工具一直是推动整个计算机技术向前发展的两大源动力。电影、游戏、各种图形化软件都需要借助 3D 动画与编程工具来开发。这里推荐的《Paracraft 编程入门》,也可以认为是相似原理的入门教程和展示平台。

相似性和相似原理是驱动人类大脑的基本工作原理,Paracraft 也可以看成是使用相似原理进行创作的工具。将相似原理的思想融入其中,可以让你在学会编程的同时对人脑和宇宙万物的工作方式有一定的认知。程序员是虚拟世界的造物主,而虚拟世界与现实世界和人类大脑存在必然的相似之处。

宇宙内部的相似性从“易经”开始到“亚里士多德”,直至今天,它已经被无数科学家研究过。可能相似性太普遍,导致在使用中几乎忽略了它的存在。在当今的人工智能时代,我们有必要把它作为专门的理论去系统地加以研究。人类大脑由神经网络中单向传递、变化着的记忆信息构成,记忆是时间序列,或者说是 3D 动画,我们很难去修改自己的某个记忆,但是我们可主观、动态地选择一组记忆信息的时间起点在大脑中同时播放。其背后驱动这些记忆播放的源动力就是我们的思维,或者说是相似性。如果说万有引力让苹果掉到地上,那么相似之力则让大脑可以呈现异彩纷呈的画面并具有逻辑性。

6.37.1　Paracraft 原理介绍

《Paracraft 编程入门》是一本人工智能学习与编程学习的入门教材,主要面向 7 岁以上的学生、家长和教师。Paracraft 和魔法哈奇社区自从 2009 年上线以来,已有 500 多万的注册用户。他们中大多数是小朋友,还有大学生、老师和专业 IT 人员。编程入门的第一步:教会你如何随心所欲地创建任意复杂的三维时空序列,也就是动画。Paracraft 平台网上有成千上万的小朋友自己创建的 Paracraft 动画片段和电影片段,可供你学习和参考。编程入门的第二步:教会你如何用代码去控制这些动画片段和电影片段的播放,就像一个导演或音乐指挥家一样,让你新创造的动画在你代码的指挥下重新组合和播放。当你随心所欲地掌握这两项技能时,你就可以像控制自己的思想和梦境一样去控制数字世界中的一切。

Paracraft 使用 NPL 语言开发完成。NPL 语言全称 Neural Parallel Language(神经元并行计算机语言),是本书作者李西崎于 2004 年为了解决基于相似原理的 AI 仿真问题研发的一种编程语言,语法与主流编程语言兼容。NPL 社区通过 github 开源了 200 多万行引擎与 NPL 类库代码,期待编程爱好者的加入。NPL 语言官网:https://github.com/LiXizhi/NPL-Runtime。

Paracraft 模拟了人类大脑的工作方式,例如人脑具有以下几个核心能力:

(1)对 3D 世界的抽象建模能力。人类生活在 3D 世界中,所以人脑天生对 3D 世界具有抽象建模能力。最近的研究发现,人脑中存在大量相似的神经元细胞,具有和 3D 几何世界对应的空间关系。

(2)对动画的记忆能力。人脑的记忆不是静态的,而是随时间变化的动画片段。这些记忆一旦形成很难被修改,但是片段可以被任意组合成新的片段。如果将一个人从出生到 20

岁看到和听到的一切,用手机录制下来,大概需要 6 000 GB,约等于 15 部 512 GB 的手机容量,但对计算机来说,这并不是很多。

(3)对记忆的控制能力。人类的语言与行为其实是对过去记忆的重新剪接与播放。人的大脑仿佛是一个电影导演,指挥着很多动画记忆片段的播放,而驱动记忆重放的主要原则是相似性。

通过 Paracraft 软件,你可以控制计算机去做类似的这三类事情:

(1)主要用方块构建 3D 几何世界。人脑中的单元信号也是粒子化的,比如视网膜上有 650~700 万个视锥细胞可感受颜色和光强,而我们用手机拍摄的照片则由大概 2 000 万个方块点构成。科学家观测到,在人脑深处,当我们从不同角度观察一个熟悉的环境时,某些神经元细胞构成的点阵也会以相似的模式被依次激活,仿佛在我们脑海深处也有一个相似的由点阵组成的立体世界。这也许可以解释为何孩子对乐高积木特别喜欢,因为这种建模方式与人脑相似。

(2)用电影方块记录动画。编程入门书中有相当的篇幅和项目是教你如何制作和播放 3D 动画片段。3D 动画(也包括图片、声音)其实是编程的主要素材。在各类软件中可以看到的一切可操作的图形界面,或者游戏中会动的人物都需要先制作成可被计算机调用的动画素材。3D 动画就如同我们的记忆一样,没有海量的记忆,人类无法思考;没有大量的动画素材,程序无法呈现。

(3)用代码方块控制动画。编程可以看成是用逻辑去控制动画的过程。人类的思维也可以看成是通过相似匹配去控制记忆播放的过程,只不过人类还没有搞清楚这个相似匹配的全部规律。不过可以用人类语言去描述输入和输出的关系,从而控制在什么情况下,动画从哪里播放,到哪里结束。在 Paracraft 中,就是采用这种简单易学的"面向动画"的编程方式。

总结:Paracraft 致力于提供一个面向个人的 3D 动画与编程创作环境,探索了一种类似人脑的建模方式。无论是小学生还是成年人,通过学习 Paracraft,可以达到随心所欲地创建 3D 动画、电影、游戏,甚至创建出极其复杂的专业计算机软件系统,这些软件成果可以独立发布到 Windows/MAC/Android/iOS 等众多平台。

6.37.2 相似原理在 Paracraft 中的应用举例

2004 年,作者做基于相似原理的人脑仿真研究时,发明了 NPL 语言。人脑仿真需要 3D 动画,因此 2005 年作者又编写了 ParaEngine 分布式 3D 游戏引擎,后者逐渐成为了 NPL 语言的一部分。Paracraft 是完全用 NPL 语言编写的一款创作工具。其实 Paracraft 已经成为 NPL 语言的重要开发工具,它包含了电影方块、记忆方块、自主动画系统、视觉系统和代码方块等,是一个开源了百万行 NPL 代码的复杂系统。受篇幅所限,这里无法呈现它的全部功能,仅仅展示几个相似原理在 Paracraft 中的具体应用。

1. 应用 1:粒子性

宇宙是由完全相同的粒子构成的,这既是相似原理成立的原因,也是它的推论。遗憾的是,人类用计算机去创建和仿真 3D 物体所采用的方法很少是基于粒子的。乐高积木算是一种近似的粒子化的建模方式。

在 Paracraft 中用方块构建 3D 世界是一种基于粒子的建模方式;相似的,编程也是一种抽象的用代码去建模的方式。其实学习任何知识,都应该具有这种粒子化的建模能力,因为我们的大脑也是粒子化的。

在编程领域有一个最常用的建模方法,称为面向对象的建模。Paracraft 中的方块、人物、图形界面都可以看成是对象,对象的内部还可以有其他对象。克里斯多夫亚历山大在 1960 ~1970 年提出了模式语言,直接催生了对象化编程和设计模式的发展,但是他本人更希望将软件看成是生命体,每个生命体由很多"生命中心"构成。

原子、分子、蛋白质、细胞、器官、生命体(人)、社会、地球、太阳系、银河系、宇宙都可以看成是不同层次下的"生命中心",其中生命体(人)是自然界中最复杂和有序的形态。生命的结构与软件的结构具有相似性,生命的进化与软件的开发过程也具有相似性。在 Paracraft 中,并不强调面向对象的编程方法,强调的是希望用户在一开始就能将写代码看成是一个粒子化的创造生命的过程。它是粒子化的,是积累起来的。你创作的程序,哪怕只是一个单细胞生物或是一个庞然大物,但是你创造过程中需要让它时时刻刻保持"活力"。

2. 应用2:动画系统

如图 6.72 所示,在 Paracraft 中,场景和人物角色可以由粒子构成,并且可以在时间轴上做骨骼动画。角色本身也是一种粒子,可以随意地存放在电影方块中,电影方块可以有任意数量的角色,它们的时间起点被对齐后,就形成了动画。我们还可以通过扮演的方式分别录制多个角色动画,再将他们的时间起点对齐。利用这种方式,7 ~ 12 岁的小朋友就可以制作出任意复杂的 3D 动画了。现在视频网站上已经有数万小朋友,用这样的方式创作出了自己人生的第一部动画片,他们的自豪感和信念必将成为这个时代的动力。

图 6.72　由粒子构成的场景和人物

如图 6.73 所示,多个电影方块在场景中串联或并联可以形成更长的动画或电影。

图 6.73　多个电影方块串联或并联形成动画电影

3. 应用 3：面向动画的编程系统

人类的大脑是一台超级计算机，而人类智能的本质，其实就是通过层层的相似性去控制自己的记忆（动画）。你可以将记忆中的每个词汇、动作、概念和情绪都看成是虚拟角色。这种抽象能力是人类大脑的核心能力，也是程序员的核心能力。当用计算机代替人脑解决问题时，要能够将问题抽象成虚拟角色，然后用代码去控制它们。在 Paracraft 中，提出了一种面向动画的编程模式。你也许听过面向过程的编程和面向对象的编程，概念有点相似。

面向过程是一种底层的基于单方向的输入和输出模型的编程模式，人脑中的单个神经元就是按照这种单向的输入输出模型工作的。至今面向过程的编程仍然是应用最广泛的编程模式之一。

面向对象是一种建立粒子化层级的编程模式。在面向过程的基础上，它不断地抽象出功能相同的粒子模块，再由这些模块组成更高级的模块。虽然人脑并非按照这种方式在工作，但是人脑中却存在着相似的层级关系。

面向动画（记忆）的编程是 Paracraft 中提出的一种新的编程模式。可以这样来看待面向动画的编程的合理性：假如计算机处理的输入和输出信息只有动画，也就是有许许多多组的时间序列，那么程序员应该如何编程呢？很显然，人脑作为一台超级计算机所面临的情况是：人的视觉和听觉输入的是动画，人的肢体动作和语言的输出也是动画，而人记忆中存储的数据也大都是格式化的动画。就是采用如此自然的理念，建立起面向动画（记忆）的编程方法。Paracraft 作为一款 3D 动画工具，已经让用户可以随心所欲地创作出基于粒子的 3D 动画。

具体的，在电影方块的旁边放置一个代码方块来控制其中的动画。代码主要用来控制电影方块中角色动画播放的时间起点，场景中所有的代码方块以并行的方式运行。我们用这种方法已经制作了上千款小游戏，目前还没有遇到不能编写的程序。这种方法让一个游戏的代码量变得非常少，再结合图块化编程，连 7 岁的小用户都可以掌握和运用自如。

如图 6.74 所示，代码方块永远控制的是离它最近的电影方块。在真实的 3D 世界中，我们会看到有很多代码方块组成的程序。如图 6.75 所示，蓝色框中的三个代码方块控制的都是蓝色框中的电影方块，因为它们三个离电影方块最近；红色框中的代码方块控制的是红色框中的电影方块。图 6.75 左侧是一个拉杆开关，打开时代码方块亮起，里面的逻辑才生效。

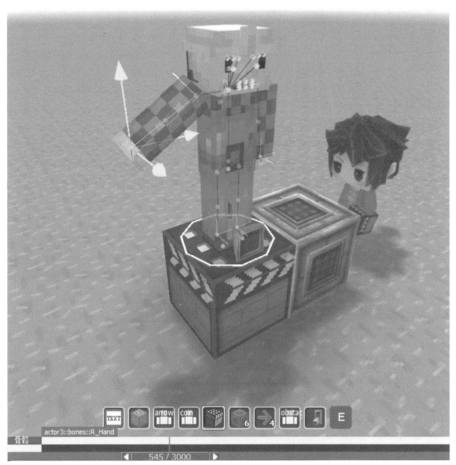

图 6.74 代码方块控制离它最近的电影方块

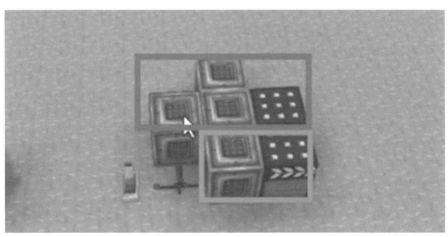

图 6.75 代码方块控制离它最近的电影方块

如图 6.76 所示,点击代码方块,可以对它进行图形化或文本化的编程,并且有丰富的指令来控制电影中的动画,比如 play(10, 1000)代表播放从 10～1 000 ms 的一段动画。

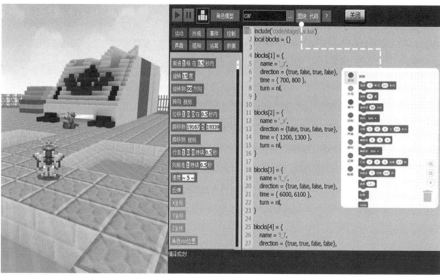

图 6.76　图形化或文本化的编程

4. 应用 4：动画方块与动画识别

如图 6.77 所示，在 Paracraft 中用户可以用方块搭建任意模型，并在它附近放置一个动画方块，系统会识别它。例如它像一头牛，系统便会自动赋予其牛的骨骼和动画，并自动变成一个会行走和摇尾巴的四足动物。

图 6.77　自动变成会行走和摇尾巴的四足动物

动画方块初步实现了对粒子的静态相似匹配过程，并且能够将记忆库中的任意动画（骨骼动画）赋予任意角色模型。也就是，记忆库中四足动物的行走、奔跑、跳跃、转向、攀爬、躲避、游泳、飞檐走壁、避障等复杂的肢体运动、表情动作的任意动画片段及其组合可以赋予任意角色模型。随着记忆库的扩大，这样组合的可能性将趋于无限。即使是儿童，创作任意复杂的动画和电影也完全可能。

5. 应用5：记忆方块

Paracraft 中的记忆方块是一套更复杂的相似匹配与自主动画系统。记忆方块和代码方块类似，总是会触发与之相邻的电影方块。所不同的是，代码方块用开关和编程的方式控制电影方块中的时间序列，而记忆方块则通过主角附近的输入，以及它本身所处的状态来决定是否播放和如何播放。

如图 6.78 所示，人物会通过视觉观察周围的环境，并自动触发记忆中的动画，并与真实环境发生互动。例如图 6.78(b) 中人物抓住绳子的动作来自用户用记忆方块和电影方块制作的一段动画。人脑也是利用相似原理，将我们过去的静态记忆重新对齐时间起点，并播放和作用于物理仿真环境的。自主人物动画系统展现出全新的人工智能行为，令人耳目一新。

(a)自主动画1　　　　　　(b)AI视觉　　　　　　(c)自主动画2

图 6.78　自主人物动画系统

记忆方块是一个还在不断开发完善中的模块，它仿真了人类的注意力、长期与短期记忆、神经元的不应期（一种避免重复播放、类似人类强迫症的保护机制）、情绪（一种与注意力相关的、无处不在的能量维度）、时空相似匹配（基于粒子时间序列的快速匹配算法）等。

6. 应用6：Paracraft 在教育中的应用

目前，作者有一个团队，致力于将 Paracraft 应用到青少年儿童的编程教育中。学习计算机语言和学习其他自然语言，如中文和英文是一样的。你要不停地使用它，创造出自己的作品。其实人类学习任何技能也都一样。教育的本质就是：让人保持思考和一直有事可做。因此，我们还为 Paracraft 开发了一个学习平台，称作 KeepWork，官网是：https://keepwork.com。

KeepWork 有两个字面意思：

一是保持(keep)有事可做(work)：人不能放弃工作和创作，大人小孩都一样。这是教育的本质。

二是保存(keep)作品(work)：保存你所有作品和更改历史。作品是未来教育的重要评估方式，不再需要考试的分数。

只要你安装了 Paracraft，后面的一切就可以交给孩子自己去探索、学习和创造了，而你只需要观察孩子是否一直保持有事可做即可。

目前国内外的编程教育体系不重视 3D 动画，缺乏合适的工具，最终学生只掌握了一点编程的初步概念，无法真正做到随心所欲地创作计算机作品。

控制机器去做梦（动画）与思考（编程）是未来人类的必备技能。传统的教学模式无法满足高效的计算机普及教育，希望通过 Paracraft 和 KeepWork 工具平台和教学模式的创新，让每个学生都有既当学生又当老师的机会，能够结伴学习、相互启发、激发兴趣、创造出个人作品。相信让更多的儿童从小就掌握相似原理，并学会使用 Paracraft 创作动画或游戏，将能为社会培养出更多的高科技人才。

参考文献

[1]   李之光. 相似与模化[M]. 北京:国防工业出版社,1982.

[2]   张光鉴. 相似论[M]. 南京:江苏科学技术出版社,1992.

[3]   周美立. 相似学[M]. 北京:中国科学出版社,1993.

[4]   巴纳特. 宇宙与爱因斯坦[M]. 任鸿隽,译. 上海:上海科学技术出版社,1959.

[5]   罗素. 逻辑与知识[M]. 苑莉均,译. 北京:商务印书馆,1996.

[6]   赵光武. 思维科学研究[M]. 北京:中国人民大学出版,1999.

[7]   MARK F. Neuroscience:exploring the brain [M]. 2 版. 王建军,译. 北京:高等教育出版社,2004.

[8]   JEREMY M. Biochemistry[M]. 6th ed. New York : W. H. Freeman, 2007.

[9]   BRUCE A. The molecular biology of the cell[M]. 5th ed. US :Garland Publishing Inc,2007.

[10]   FALCONER K. 分形几何——数学基础与应用[M]. 曾文曲,译. 沈阳:东北工学院出版社,1991.

[11]   卡尼曼[美]. 思考,快与慢[M]. 胡晓姣,等译. 北京:中信出版社,2012.

[12]   刘里远. 古典经络学与现代经络学[M]. 北京:北京医科大学中国协和医科大学联合出版社,1997.

[13]   蔡自兴. 人工智能基础[M]. 北京:清华大学出版社,1996.

[14]   孙珩著. 浅谈人工智能的发展趋势[J]. IT 与网络,2002,6:37-38.

名词索引